## 口絵①　レンズマメ

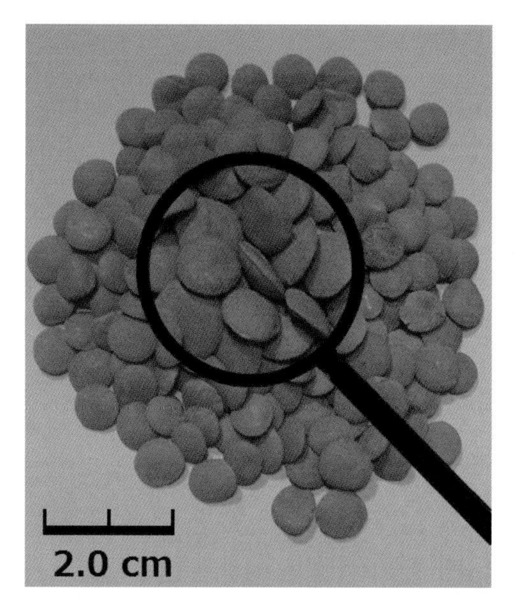


人類とレンズマメの付き合いはとても古く、レンズマメは紀元前から食物として栽培されてきた植物である。旧約聖書の創世記にも登場する。

レンズマメはこの写真のように凸レンズに似た形をしている。現代の私たちはレンズマメを見て「レンズに形が似ている」と思うかもしれないが、本当はその逆でレンズの形がレンズマメに似ていたからレンズと名付けられた。

## 口絵②　カメムシの背中の水滴

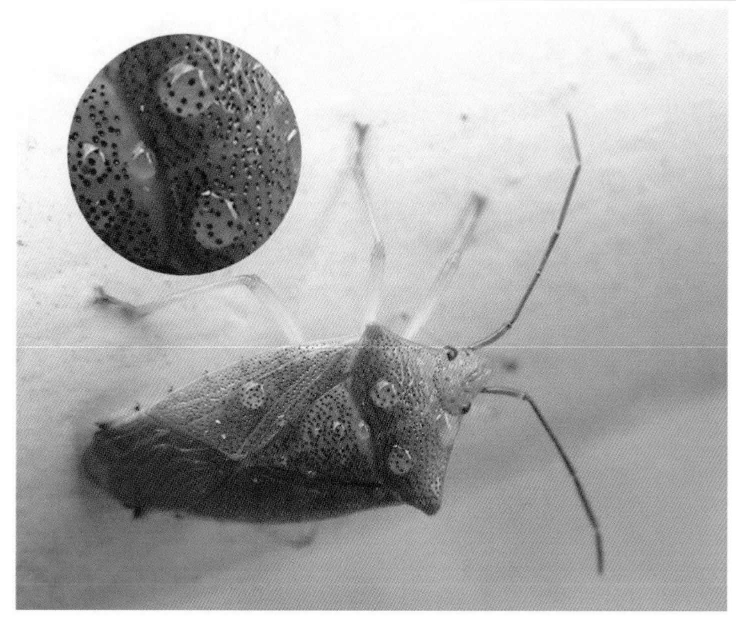

カメムシの背中の模様が水滴レンズで拡大されて見える

## 口絵③　凸レンズつきのカメラオブスクラ

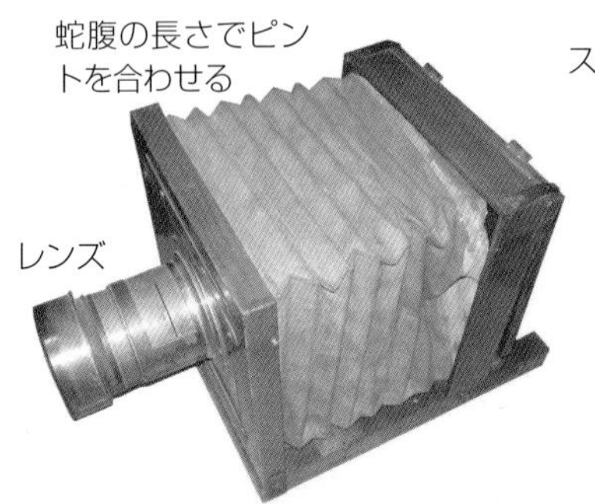


スクリーンに映った像

凸レンズで光を集めて、スクリーンに物体の像を鮮明に映すことができる。

## 口絵④　トンネルの中のナトリウムランプ

トンネルの照明には散乱しにくく、視認性の良いナトリウムランプの黄色光が使われることが多い

## 口絵⑤　懐中電灯とレーザーポインターの光線

レーザーポインターの光はほとんど広がらずに直進する

## 口絵⑥　プリズムによる光の分散

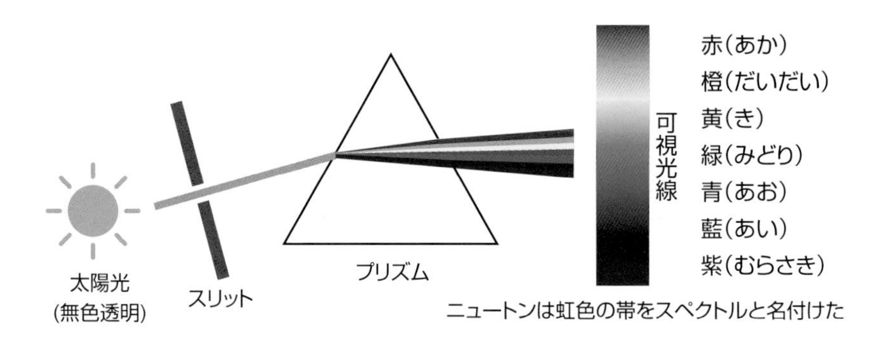


## 口絵⑦　主虹と副虹

上側が副虹で、下側が主虹である。光の色の順番が逆になっていることがわかる

## 口絵⑧　連続スペクトル

黒い暗線はフラウンホーファー線といい、太陽の上層や地球の大気中に存在する元素によって吸収された光である

## 口絵⑨　ナトリウムランプの線スペクトル（D線）

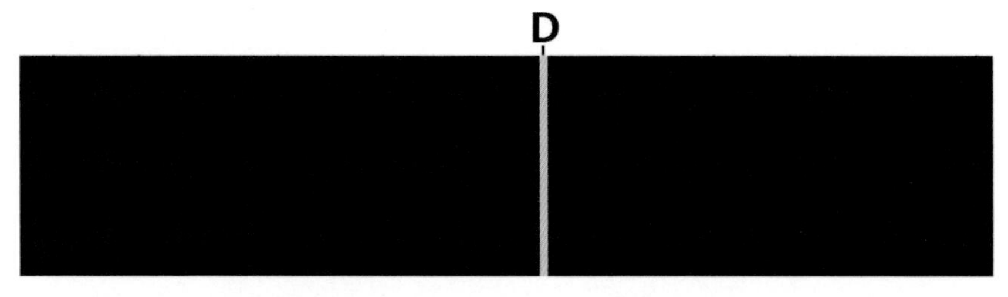


D線は実際にはごく近い波長のD1 線（589.6 nm）、D 2 線（589.0 nm）からなる

## 口絵⑩　シャボン玉

石けん膜の外側と内側で反射する光が干渉して、虹のように色づいた干渉縞ができる

## 口絵⑪　CD-ROM

CD-ROMの裏面を電灯にかざすと、光がCD-ROMの溝で回折し、
反射光が干渉して、虹のように色づいた干渉縞ができる

## 口絵⑫　光と色の三原色

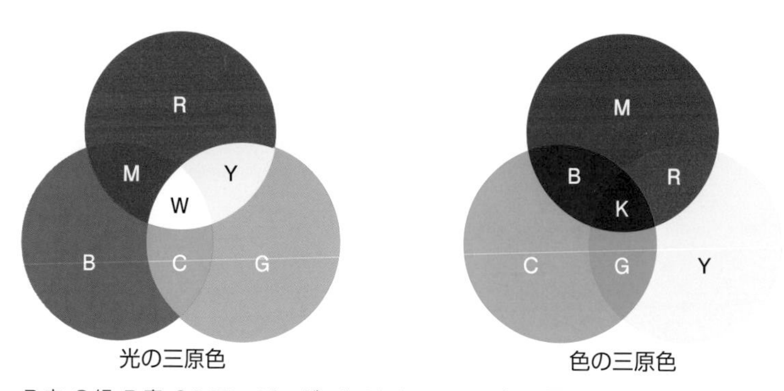


R:赤、G:緑、B:青、C:シアン、M:マゼンタ、Y:イエロー、W:白、K:黒

## 口絵⑬　絵の具に光の三原色で作った白色光を当てた場合

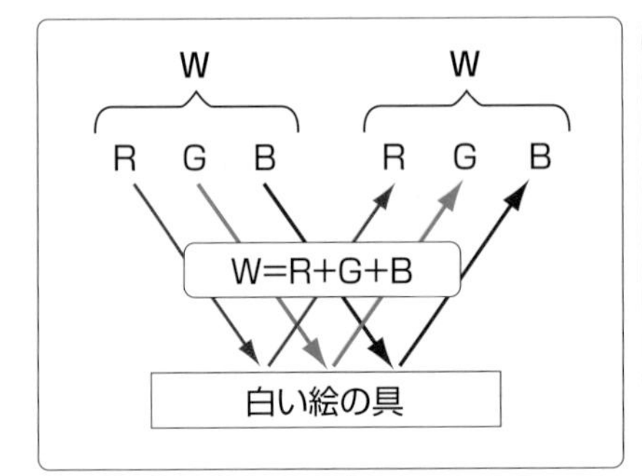


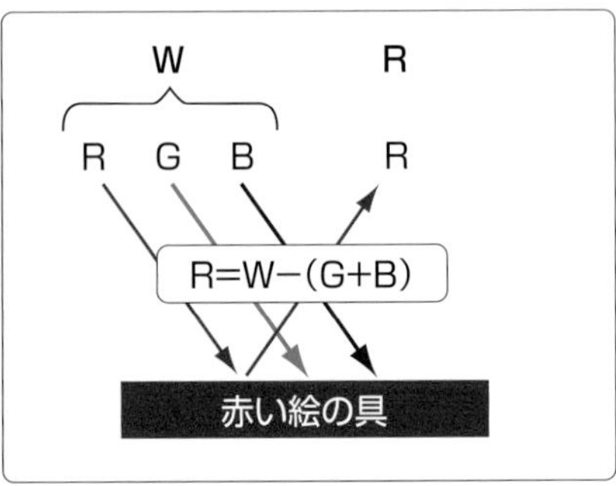


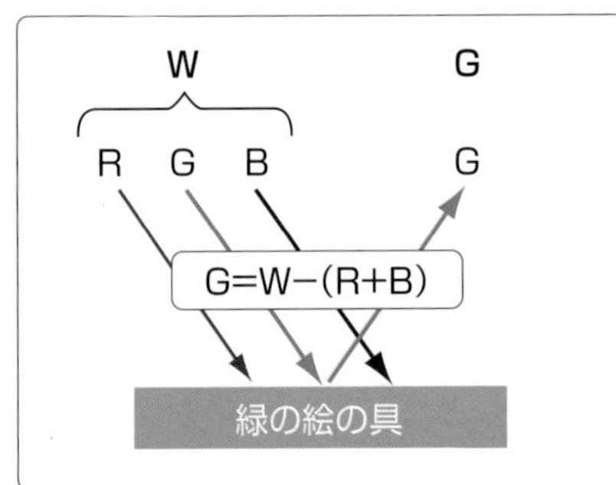


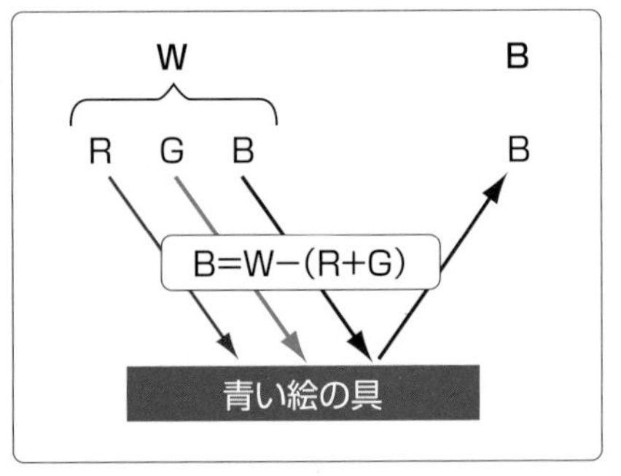


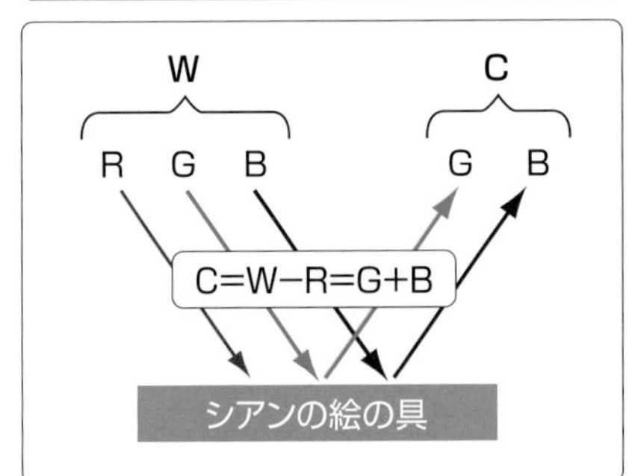


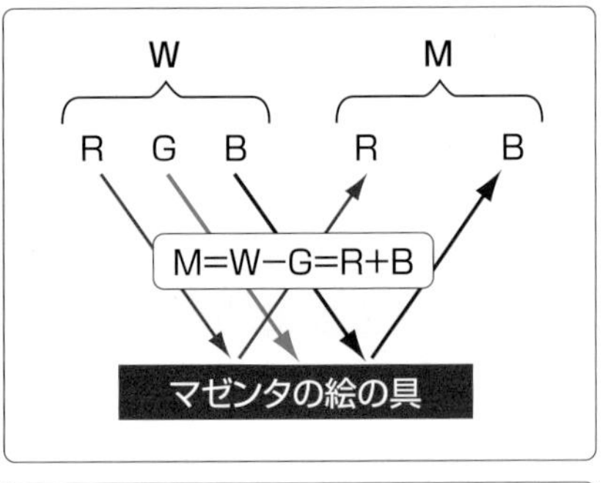


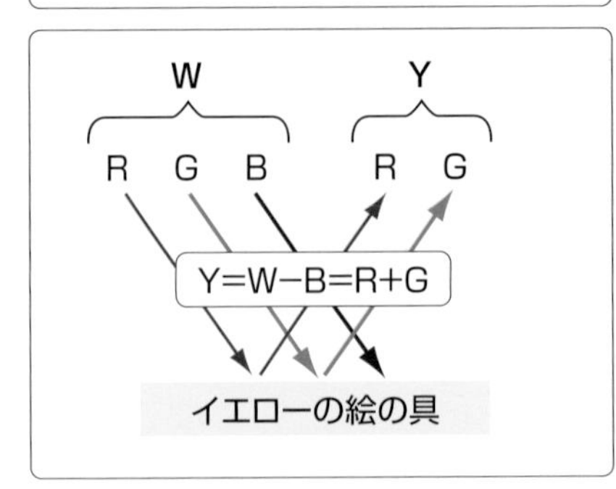


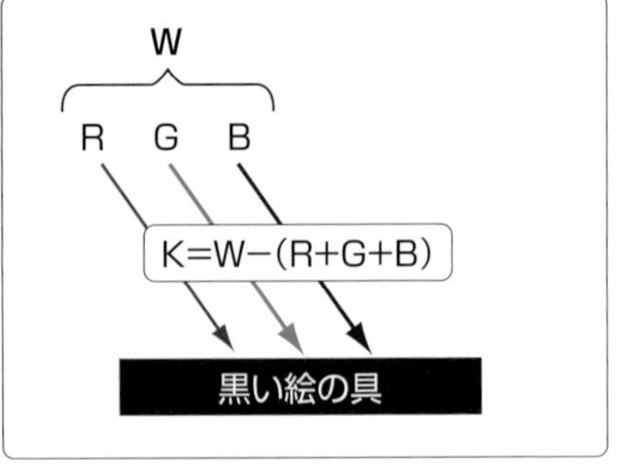


R:赤、G:緑、B:青、C:シアン、M:マゼンタ、Y:イエロー、W:白、K:黒

## 口絵⑭　灯台のフレネルレンズ

## 口絵⑮　ガラスの透明度

厚さが 1.5 cm のガラスを 2 枚重ねて撮影。左側が 3 cm、右側が 1.5 cm の厚さ。左側の方が暗くなっている

## 口絵⑯　2004 年の暮れに北海道白老町の海岸で観察された下位蜃気楼

## 口絵⑰　重力レンズ効果で 4 個に分裂したクエーサー

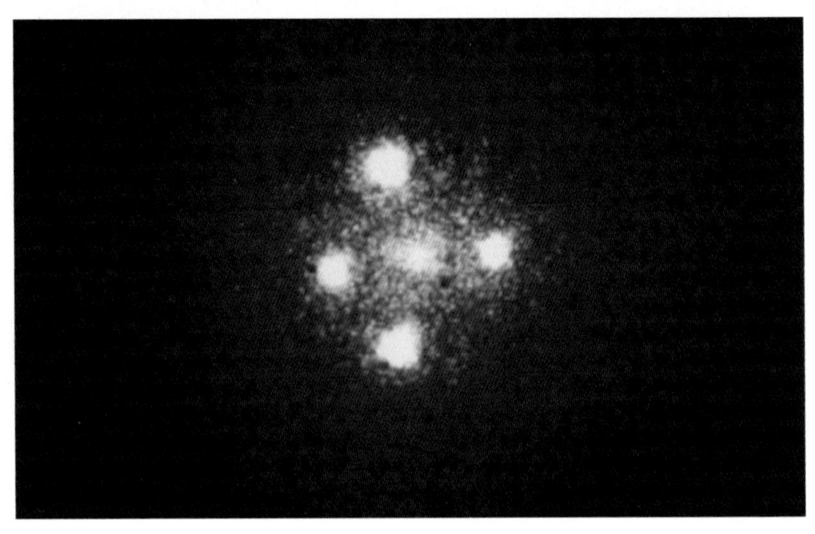

厚さが 1.5 cm のガラスを 2 枚重ねて撮影。左側が 3 cm、右側が 1.5 cm の厚さ。左重力レンズ効果で 4 個に分裂したクエーサー。アインシュタインクロスとも呼ばれる。
The Einstein Cross Gravitational Lens
Image Credit & Copyright: Credit: NASA, ESA, and STScI

よくわかる最新

# レンズの基本と仕組み

身近な現象から学ぶレンズの科学と技術

［第3版］

桑嶋 幹 著

秀和システム

●注意

(1) 本書は著者が独自に調査した結果を出版したものです。
(2) 本書は内容について万全を期して作成いたしましたが、万一、ご不審な点や誤り、記載漏れなどお気付きの点がありましたら、出版元まで書面にてご連絡ください。
(3) 本書の内容に関して運用した結果の影響については、上記(2)項にかかわらず責任を負いかねます。あらかじめご了承ください。
(4) 本書の全部または一部について、出版元から文書による承諾を得ずに複製することは禁じられています。
(5) 本書に記載されているホームページのアドレスなどは、予告なく変更されることがあります。
(6) 商標
本書に記載されている会社名、商品名などは一般に各社の商標または登録商標です。

## はじめに

21世紀の科学技術は「光の時代」と言われています。現在、光の先端技術を応用したものが、私たちの生活の中にたくさん入ってきています。

光の技術があるところでは、必ずといってよいほどレンズが活躍しています。レンズはカメラや望遠鏡だけではなく、CD/DVDプレーヤーやコピー機、レーザープリンタをはじめとする、光を使った様々な製品に使われているのです。レンズは光技術の立役者であるといっても過言ではありません。

本書の構成にあたっては、レンズの専門家ではない人や、物理は少し苦手と思っている人が、「レンズについて知りたい」「勉強したい」と思ったときに、どのような入門書があればよいのかを中心に考えました。

レンズを勉強するためには、光の基本的な性質を理解しておく必要があります。なぜなら、光とレンズは切っても切れない間柄だからです。この本では、光の基本的な性質についても、ページをかなり割いて説明しました。本書で取り上げたものは、レンズを学ぶ上で必要となる知識です。本書1冊で光の基本からレンズの仕組みまでを理解できるように、あるいはレンズの専門書で行き詰まったとき、理解を助けるために読んで頂けるように心がけて、執筆を進めました。また、数式がたくさん出てきますが、数式を読み飛ばしても図解と説明で概要が理解できるように執筆したつもりです。

本書は2005年3月に第1版、2013年3月に第2版が発売され、初版から15年を経て、ここに第3版を出版する運びとなりました。今回の改訂にあたっては、本書の基本的な主旨は踏襲し、読者の皆さんから頂いた質問や意見などを参考に、最新情報なども加えて、よりわかりやすい内容に仕上げることをめざしました。

読者の皆さんが、本書を手にすることによって、光とレンズに関する基本知識を身につけられ、本書がレンズ光学の専門書への橋渡しの役割を果たすことができたとしたならば、著者としてこれほど嬉しいことはありません。

最後になりますが、本書の作成にあたっては、北海道理科サークルWisdom96（初版当時）の皆さんに、文章を読んで意見を頂いたり、写真を提供して頂いたり、お世話になりました。この場を借りてお礼を申し上げます。また、編集作業を担当していただいた秀和システムの編集部の皆さんに深くお礼を申し上げます。

2020年3月
桑嶋　幹

# 図解入門よくわかる 最新レンズの基本と仕組み［第3版］

## CONTENTS

## 第3章　レンズの基本的な仕組みと働き

## 第4章 レンズの分類



## 第5章 レンズの収差と性能

## 第6章 レンズを使った製品と技術

第 1 章

# レンズとは何か

この章では、レンズがどのようなもので、どのような働きがあるのかを、難しい話は抜きにして簡単に説明します。

またレンズが、どのようにして発明され、どのように利用されてきたのか、その歴史を振り返ってみましょう。

## 1-1

# そもそもレンズとは？

私たちの身の回りには、眼鏡、ルーペ、カメラ、望遠鏡、顕微鏡など、レンズを利用したものがたくさんあります。また、光を利用する装置の多くにレンズが使われています。例えばCDやDVDのドライブ装置、レーザープリンタやコピー機にもレンズが使われています。最初に、レンズとは何かを簡単に確認しておきましょう。

## ▶▶ レンズとはどのようなものか

**レンズ**は、ガラスやプラスチックなどの透明な物質でつくられています。一般にレンズは図1.1.1のように丸い形をしていて、その片面もしくは両面が球面になっています。球面が膨らんでいるものを**凸レンズ**、球面がへこんでいるものを**凹レンズ**といいます。ものを拡大して見るルーペに使われているレンズは凸レンズです。凹レンズは身近な用途としては近視の眼鏡に使われています。

**図1.1.1　凸レンズと凹レンズ**

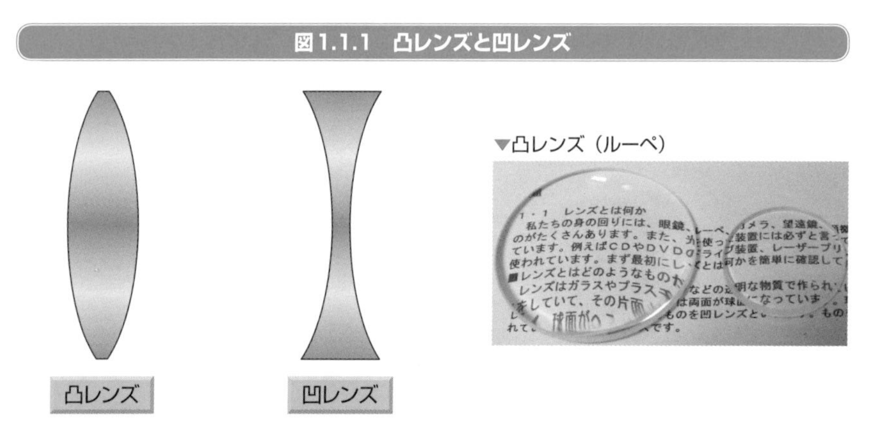


## ▶▶ レンズという名前の由来

レンズという言葉には、見るという意味や、あるいは光を集める、ものを拡大するという意味はありません。実はレンズという名前は地中海沿岸を原産とする植物の豆の一種であるレンズマメに由来しています。**レンズマメ**＊は口絵①の写真のような形をしていて、凸レンズの形によく似ています。

＊**レンズマメ**　和名はヒラマメという。

レンズマメは英語でlentil、ラテン語でlens、ギリシャ語でphakosといいます。英語で目の水晶体をlensといい、白内障などによる水晶体の欠損をaphakia（無水晶体症）といいますが、どちらもレンズマメに由来た言葉です。

レンズは日本語でもレンズです。戦時中は英語の使用を避けるため中国語の透鏡という漢字が使われました。同様にプリズムは稜鏡と呼ばれました。現在、レンズそのもののことを日本語で透鏡と呼ぶことはありませんが、眼鏡、顕微鏡、望遠鏡などレンズでつくられた道具には今日でも鏡という漢字が使われています。また、カメラのレンズのことを玉と呼ぶこともあります。



## レンズの働き

水の入ったコップに立てたストローが折れ曲がって見えたり、風呂の中で手や指が短く見えたりすることがあります。光にはある物質から違う物質に入るときに、その境界面で進む方向を変える**屈折**という性質があります。ストローが曲がって見えたり、手や指が短く見えるのは、光が水面で屈折して折れ曲がるからです。また、水を入れたグラスが光を集めているところを見たことがあると思います。これも光の屈折によるものです。こうした図1.1.2に示すような光の屈折現象をうまく利用した道具がレンズです。

**図1.1.2　光の屈折の現象**

▲水中の棒が曲がって見える様子

▲ワイングラスが光を集めている様子

レンズの主な働きは、

光を屈折させて、光を集めたり、広げたり、像をつくったりすること

にあります。

ルーペでものを拡大して見たり、光を集めるたりできるのは、凸レンズが光を屈折させて、光の進む道筋を光が集まる方向に変えるからです。凹レンズは逆に、光の進む道筋を光が広がる方向に変える働きがあります。

像の拡大率や光の集め具合などは、レンズの球面の形状やレンズの大きさを変えたり、複数のレンズを組み合わせたりすることによって、意図的に決めることができます。レンズは、人類が光の屈折を巧みに利用するために生み出した道具といえるでしょう。

図1.1.3　レンズの働き

▲ルーペで物体を拡大している様子

▲ルーペで光を集めている様子

# 1-2 レンズの働きをするものを探してみよう

ルーペや眼鏡に使われているようなレンズでなくても、私たちの身の回りにはレンズと同じような働きをするものがたくさんあります。レンズの働きをする身近なものを探してみましょう。

## 自然の中のレンズ

自然の中でレンズと同じ働きをするものを考えてみましょう。

植物の葉の表面についた水滴をのぞくと、葉の表面が大きく見えます。これは、水滴が球形をしていて、レンズと同じように光を屈折させるからです。また、透き通った氷や、表面をよく磨いたガラス玉や水晶なども光を屈折させます。このように、球のような形をした透明な物質は、レンズと同じような働きをします。

図 1.2.1　自然の中のレンズ

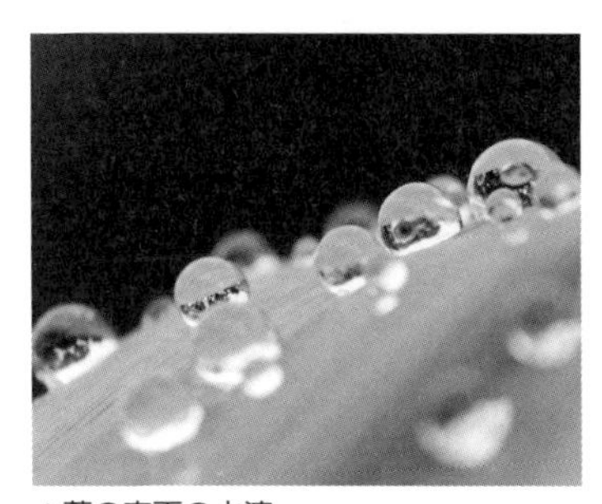

▲葉の表面の水滴

▲表面を磨いた水晶による文字の拡大

また、自然現象には、まるで大きなレンズでつくられたような現象があります。その一つが**蜃気楼**です。蜃気楼は、地平線や水平線近くの景色が、上下に伸びて見えたり、空中に浮いて見えたりする現象で、日本では富山湾や琵琶湖で見ることができます（6-15節参照）。

蜃気楼に似た身近な現象に、**逃げ水**があります。夏の暑い晴れた日に直線道路を自動車で走っていると、前方に水たまりのようなものが見えることがあります。しかし、どんなに自動車で追いかけても、その水たまりには近づくことはできません。これが逃げ水です（4-4節参照）。

蜃気楼も逃げ水も、そこに物体があるわけではありません。温度差のある空気の層が光を屈折させて、物体の像を映し出しているのです。レンズにも似たようなものがあります。普通のレンズは、レンズの表面で光を屈折させますが、ガラスの内部で屈折の度合いを少しずつ変化させるタイプのレンズがあります（4-4節参照）。

## 身の回りのレンズに似たもの

ビー玉を通して近くのものを見ると、大きく見えます。少し離れたものを見ると、上下左右がひっくり返って見えます。また、ビー玉で太陽や電灯の光を集めることもできます。これは、ビー玉が凸レンズと同じ働きをするからです。図1.2.2のように、水を入れた化学実験用の丸底フラスコも、凸レンズと同じ働きをします。

図1.2.2　丸底フラスコで見える物体の像

▲近くの文字が大きく見える

▲文字から少し離すと、逆さまに見える

牛乳びんの底を通して物体を見ると、物体が小さく見えます。これは、牛乳びんの底が凹レンズと同じ働きをするからです。

また、図1.2.3のように、水を入れた牛乳びんを立てて、びんを通して物体をのぞくと、物体の左右がひっくり返って見えます。びんを横にすると、物体の上下がひっくり返って見えます。このように牛乳びんの向きによって見えかたが変わるのは、牛乳びんが円筒形をしているため、方向によって光の屈折のしかたが異なるためです。レンズにも円筒形のものがあります（4-3節参照）。

図 1.2.3　牛乳びんを通して見える物体

▲牛乳びんを立ててのぞくと、左右逆に見える

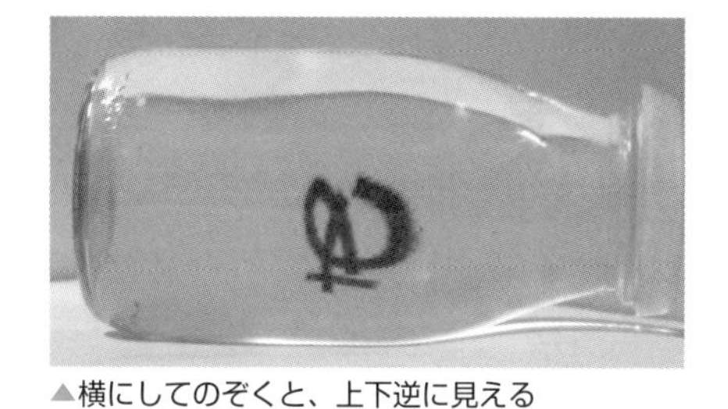

▲横にしてのぞくと、上下逆に見える



## 鏡もレンズの仲間

「レンズと鏡は違うもの」と考えている人も多いと思いますが、実は鏡にもレンズと同じような働きを持たせることができます。

鏡を使って光を反射させることができますが、表面を凹面にした鏡は、光を集めるように反射し、表面を凸面にした鏡は、光を広げるように反射します。レンズを使うと、光の屈折によって、光を集めたり広げたりすることができますが、鏡を使っても同じように光を集めたり広げたりできるのです。そのため、光学機器を設計する場合には、目的に応じてレンズや鏡が使い分けられています。光を集めたり広げたりするという意味では、レンズと鏡は仲間と考えてよいでしょう。このようなことからも、レンズを使った道具に鏡という漢字が使われるようになったのでしょう。

ちなみに、光学機器に使われている鏡は、ガラスの表面を鏡面にしています。普通の鏡のようにガラスの裏面を鏡面にすると、表面のガラスの反射や屈折の働きで、反射光が乱れるためです。

# 1-3

# レンズの歴史

古くから私たち人類は、自然からいろいろなことを学び、いろいろな道具を発明してきました。道具の歴史を振り返ると、自然界にあるものがそのまま使われることから始まり、様々な工夫を凝らすことで、より便利な道具が誕生したことがわかります。レンズも、そうして発展してきた道具の一つです。

## 自然の中のレンズ

古代の人たちは、光の屈折が起こす自然現象をどのようにとらえていたのでしょうか。

光の屈折による自然現象はたくさんありますが、虹や蜃気楼などの大規模な自然現象は、神聖なもの、あるいは邪悪なものと認識されていたに違いありません。中国の伝説では、虹は竜の姿、蜃気楼は海中に住む巨大な化け物の貝が吐いた息であると考えられていたようです。一方、日常生活の中での現象、例えば、川の中に入った人の足が短く縮んで見えることや、川の深さが見た目よりずっと深かったということなどは、身をもって経験していたはずです。

身近な自然現象の中には、現代の私たちから見ると、まさにレンズの働きというものもあったでしょう。口絵②のように、昆虫の背中についた水滴が昆虫の表面の模様を拡大して見せるような現象は、古代の人たちも経験していたはずです。古代の人たちは、それが光の屈折によるものであるという知識はもっていませんでしたが、現象そのものについては自然に受け入れていたに違いありません。

## 道具としてのレンズ

人類は紀元前にはすでに身の回りのいろいろなものがつくる光の屈折現象を見つけていました。レンズがどのようにして考え出され、利用されるようになったのかを振り返ってみましょう。

古代のメソポタミア、エジプト、ギリシャ、ローマなどの遺跡から、水晶玉やガラスビーズ玉が発掘されています。もちろん、それらはものを拡大して見たり、眼鏡として使われていたわけではなく、装飾品や宗教的な儀式の道具として使われていたと考えられています。

　水晶玉やガラス玉でものを拡大して見ることができることを初めて文書に書き記したのは、古代ローマの哲学者**ルキウス・アンナエウス・セネカ**（**小セネカ**）です。紀元後１世紀頃のことです。２世紀頃には、天動説を唱えた**クラウディオス・プトレマイオス**が、ガラス玉による物体の拡大作用や、光の屈折について述べています。その後、11世紀頃、アラビアの学者**アルハーゼン**（**イブン・アル・ハイサム**）が、ヒトの眼の構造や光の屈折についてまとめました。彼の著書はラテン語に翻訳されて、修道僧を中心にヨーロッパ各地へ広まりました。

　13世紀頃には、イギリスの修道士**ロジャー・ベーコン**によって凸レンズの応用が進められ、凸レンズが拡大鏡として使われるようになりました。当時のレンズは水晶や緑柱石などの鉱石を磨いてつくられていたため、たいへん高価で貴重なものでした。その一つが**リーディングストーン**（**読書石**）と呼ばれる石です。リーディングストーンは片面が平らな凸レンズで、本の上に乗せて文字を拡大して見るのに利用されました。年をとると誰もが老眼になり、近いところが見えにくくなります。それがレンズによって見えるようになるのですから、レンズが急速に広まっていったのも不思議なことではありません。

**図1.3.1　読書用のレンズ**

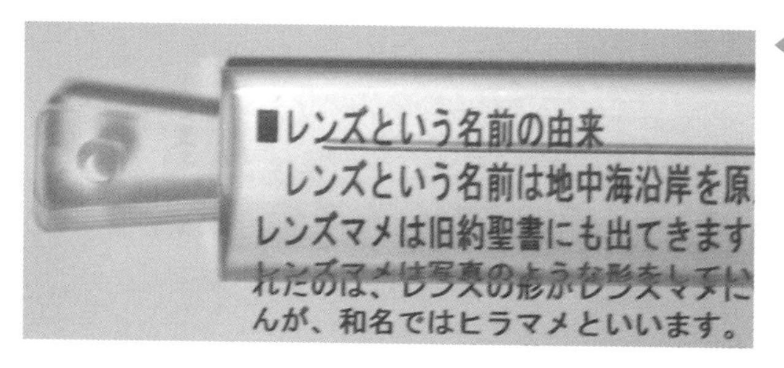


◀現在でもリーディングストーンと同じ役割のレンズが使われている（シリンドリカルレンズ、4-3節参照）

## ガラス製レンズ

現存する最古のガラス製品は、今から５千年前ぐらいのものと考えられています。ガラスの歴史はたいへん古く、紀元前４千年のメソポタミア（現在のイラク）が発祥の地といわれています。この頃、陶器の釉薬としてガラスと同じ材質の粉が使われていました。その粉が高温で溶融してガラスの塊ができたと考えてもおかしくはありません。ただし、初期のガラスは不透明で、とてもレンズに使えるものではありませんでした。その後、ガラスの技術はエジプトやローマに伝わりました。12世紀頃から、イタリアのベネチアでガラス製造技術が著しく発達し、レンズに使える透明度の高い良質のガラスがたくさんつくられるようになりました。ベネチアでのガラス製造は15～16世紀には最盛期を迎えました。イタリアではこの頃すでに凸レンズを使った老眼鏡が使われていました。凹レンズを使った近視用の眼鏡も、15世紀頃につくられたと考えられています。

## 日本への伝来

日本では弥生時代や古墳時代の遺跡から、着色したガラス玉が出土しています。これらは日本で製造されたものではなく、大陸から渡来してきたものと考えられています。日本ではガラスの製造はあまり進まず、ガラス器がつくられるようになったのは16世紀半ばに長崎などを通じてベネチアなどの西洋ガラスが入ってきてからのことでした。

1551年には、イエズス会宣教師の**フランシスコ・ザビエル**が来日し、周防（すおう）の国*の戦国大名・**大内義隆**に眼鏡を献上しました。このザビエルの眼鏡の現物は残っていません。現存する日本最古の眼鏡は、室町幕府12代将軍**足利義晴**（1550年没）が所持していたとされるもので、これこそがザビエルのものよりも古い日本最古の眼鏡であるという説もあります。また、静岡県の久能山東照宮には**徳川家康**が使っていた眼鏡が所蔵されています。

17世紀に入ると長崎で国産の眼鏡の製造が開始されました。17世紀半ばには、江戸、大坂、京都で眼鏡の製造が始まり、眼鏡専門店もあったという記録が残されています。このように、日本においても、レンズは眼鏡として広く使われるようになったのです。

---

＊**周防の国**　現在の山口県。

COLUMN

## 世界最古のレンズ？ ニムルドのレンズ

大英博物館の古代中近東の展示室に、精巧に磨かれたレンズの形をした水晶の小片が展示されています。この水晶は1853年にイラクの**ニムルド**で発見されたもので、紀元前900〜800年頃のもとの考えられています。ちょうどこの頃、このあたりにはアッシリア帝国が栄えていました。

この水晶の小片を発見した**オースティン・ヘンリー・レヤード**は、すぐにそれがレンズではないかと想像しました。小片の大きさは長さ4.2 cm、幅3.45 cmで、ほぼ円形の形をしていて、厚さはもっとも肉厚のところが0.64 cmでした。そして、小片の片面が平らで、他方は凸型の球面でした。本の上に置くと、文字を拡大して見ることができました。

光学の専門家が調べた結果、この水晶の小片は焦点距離が12 cmのレンズであり、意図的にレンズとしてつくられたに違いないと結論づけられ、それ以来**ニムルドのレンズ**＊と呼ばれるようになりました。

プトレマイオスが「ガラス玉でものを拡大して見ることができる」と述べたのが紀元後2世紀のことです。もし、それより古い時代のアッシリアから精巧なレンズが見つかったとなると、これは世紀の大発見になります。「アッシリア人がものを拡大したり、光を集めて火を起こしたりするためにつくった」あるいは「アッシリアでは天文学が進んでいたから、望遠鏡などに使われていたのではないか」という憶測も飛び交いました。しかし、そのような証拠は残っていません。

発見者のレヤードは、「この小片は多くの不透明な青いガラス片の下から出土した。それらのガラスは朽ち果てた木製や象牙製の何かを覆っていた象嵌材＊の破片と考えられる」と報告しています。その後の調査により、この水晶片はどうやら家具や置きものなどの装飾に使った象嵌材としてつくられた可能性が高いというのが、考古学の専門家の見方のようです。ですから、本書ではニムルドのレンズは世界最古のレンズではないと結論づけておきたいと思います。

それはさておき、この水晶の象嵌材をつくった職人の作業の現場を想像せずにはいられません。磨いていくにつれて、水晶の小片はレンズの性質をもつようになります。きっと、この水晶の小片をつくった職人は、作業台の表面や削りかすが拡大されて見えることに気がついていたはずです。こうした現象を見て、どのように思ったのでしょうか。

▼ニムルドのレンズ

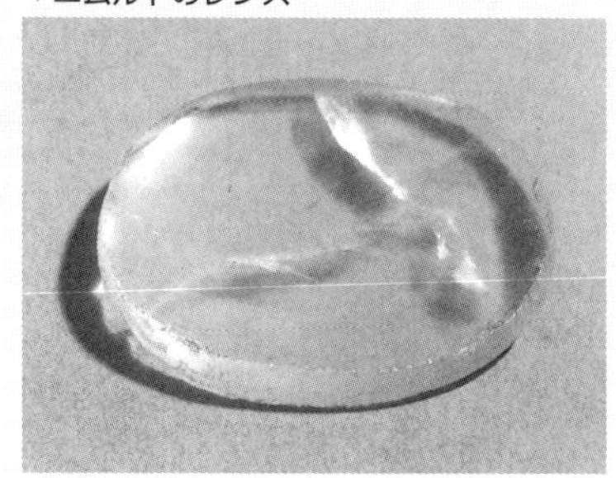

提供：大英博物館
（大英博物館のWebサイトに詳細な情報が掲載されています http://goo.gl/eKXle）

＊**ニムルドのレンズ**　ニネベのレンズ、アッシリアの水晶レンズとも呼ばれる。
＊**象嵌材**　木材、金属、陶器などの面に、装飾用にはめ込んだもの。

# 1-4

# 望遠鏡と顕微鏡の歴史

1枚のレンズでものを拡大して見えることがわかるようになると、やがて複数のレンズを組み合わせた道具が考え出されるようになりました。

## 最初にレンズを組み合わせる実験をした人

レンズを2枚組み合わせてものを見る実験は、とても簡単です。そのため、誰が最初にその実験したのかはよくわかっていません。しかし、現存する書物を調べてみると、どうやら13世紀の**ロジャー・ベーコン**が最初の人といえるようです。彼の著書には、レンズを組み合わせて遠くのものを近くに見たり、小さなものを大きく見たりできることが書き記されています。

1590年頃、オランダの眼鏡職人の**ヤンセン親子（ハンス・ヤンセン、サハリアス・ヤンセン）**は、2枚の凸レンズを使うと、1枚の凸レンズを使ったルーペよりも物体を大きく拡大して見ることができることを発見し、顕微鏡の原型となる道具がヨーロッパに広まりました。このことがきっかけとなって、複数のレンズを使った望遠鏡や顕微鏡の研究・開発が盛んに進められるようになりました。

## 遠くにあるものを近くに見る：望遠鏡

1608年、オランダの眼鏡職人の**ハンス・リッペルスハイ**は、眼鏡用の凸レンズと凹レンズを筒にはめて、遠くの教会を眺めてみました。すると、遠くにあるはずの教会がすぐ近くにあるかのように大きくはっきりと見えたのです。望遠鏡の発明者については諸説ありますが、オランダ政府がリッペルスハイの発明に報奨金を出したことや、彼が実用的な望遠鏡の製造・販売を開始したことなどから、一般に、リッペルスハイが望遠鏡の発明者とされています。

このオランダで発明された凸レンズと凹レンズを使った望遠鏡は、イタリアの**ガリレオ・ガリレイ**によって改良されました。ガリレオは1609年に図1.4.1に示す自作の望遠鏡で天体観測を行い、木星の4つの衛星、土星の2つの衛星、月のクレーター、太陽の黒点の動き、金星の満ち欠けなどを発見し、その観察結果から当時主流だった天動説を否定し、**ニコラウス・コペルニクス**の地動説を支持しました。

凸レンズと凹レンズを組み合わせた望遠鏡を**オランダ式望遠鏡**、または**ガリレオ式望遠鏡**といいます。オランダ式望遠鏡は構造が簡単で、拡大されたものが正立して見えるため、現在でもオペラグラスなどに利用されています。しかし、倍率を上げると視野が狭くなるという欠点があり、天体の観測には向いていません。

図1.4.1　ガリレオの望遠鏡

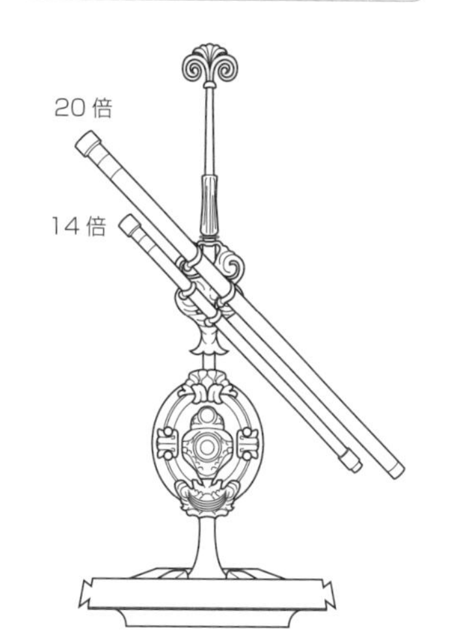


1611年、ドイツの天文学者の**ヨハネス・ケプラー**は、この問題を解決するために凸レンズを2枚組み合わせた望遠鏡を考案しました*。凸レンズを2枚使った望遠鏡のことを**ケプラー式望遠鏡**といいます。この望遠鏡は拡大された物体を倒立像として見ますが、視野が広く、倍率を上げることができます。そのため、倒立像でも実用上問題のない天体望遠鏡として広く使われるようになりました。また、地上用のケプラー式望遠鏡では、内部にプリズムを入れて像を反転させ、正立像を得ることができるようにしています。この原理もケプラーが考案しました*。

望遠鏡の仕組みや応用は、1645年にオランダの**アントン・マリア・シルレ**によって詳しくまとめられました。

図1.4.2　オランダ式望遠鏡とケプラー式望遠鏡

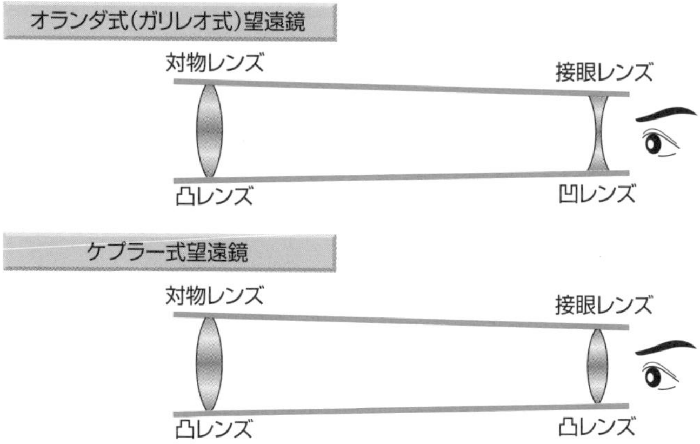

オランダ式(ガリレオ式)望遠鏡
対物レンズ
接眼レンズ
凸レンズ
凹レンズ

ケプラー式望遠鏡
対物レンズ
接眼レンズ
凸レンズ
凸レンズ

＊…**考案しました**　ケプラーは望遠鏡を自作していない。

レンズだけでつくられた望遠鏡は、倍率を上げると物体の色が正しく再現できないという欠点があります。プリズムに光を通すと光が屈折して虹のような色の帯ができますが、レンズにも屈折の働きがあるため、物体に色がついて見えてしまうのです。イギリスの物理学者**アイザック・ニュートン**は鏡を使えばこの欠点が補えることから、1668年に凸レンズと凹面鏡を使った**反射式望遠鏡**＊をつくりました。

日本に望遠鏡が伝来したのは、望遠鏡が発明されてからわずか5年後の1613年です。イギリス東インド会社の司令官**ジョン・セールス**が徳川家康に献上しました。

## 小さなものを大きく見る：顕微鏡

顕微鏡は望遠鏡よりもひと足早くヤンセン親子によって発明されていましたが、その発展は望遠鏡に比べ遅れをとりました。多くの職人によって複数のレンズを使った**複式顕微鏡**の開発が進められましたが、性能としてはルーペの域を出なかったため、科学のツールというよりは高級な工芸品として広まっていきました。ものを拡大して見る道具としては、凸レンズ１枚のルーペで十分だったのでしょう。

人々の目をミクロの世界に向けるきっかけは、イギリスの自然哲学者**ロバート・フック**がつくりました。彼は拡大率が数十倍の複式顕微鏡をつくり、様々な動植物の観察を行いました。彼はコルクに無数の小さな部屋があることを発見し、その部屋のことをcella＊と名づけました。彼の『**ミクログラフィア**』（1665年）という本

**図1.4.3　ノミのスケッチと、顕微鏡で見たコルク**

▼ノミのスケッチ

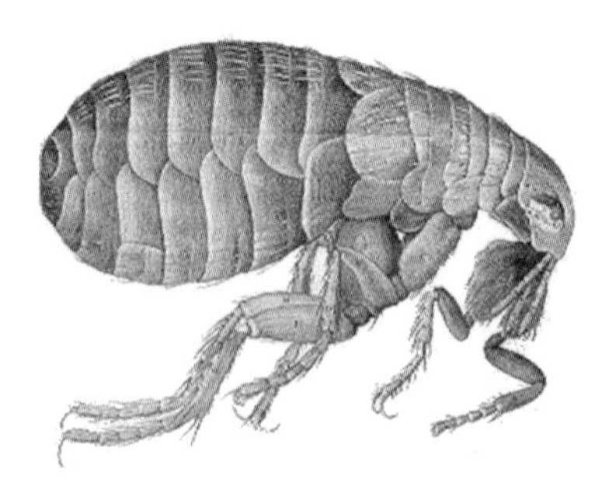

▼顕微鏡で見たコルクの縦断面と横断面

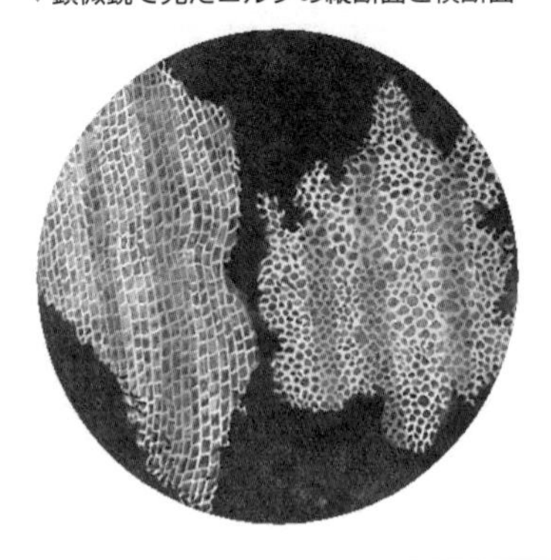

＊**反射望遠鏡**　実用的な反射望遠鏡は1663年にジェームズ・グレゴリーによって考案された。
＊**cella**　ラテン語で細胞という意味。英語ではcell

には、実に100点を超える動植物の拡大図が掲載されています。図1.4.4にロバート・フックの顕微鏡を示します。

図1.4.4　ロバート・フックの顕微鏡

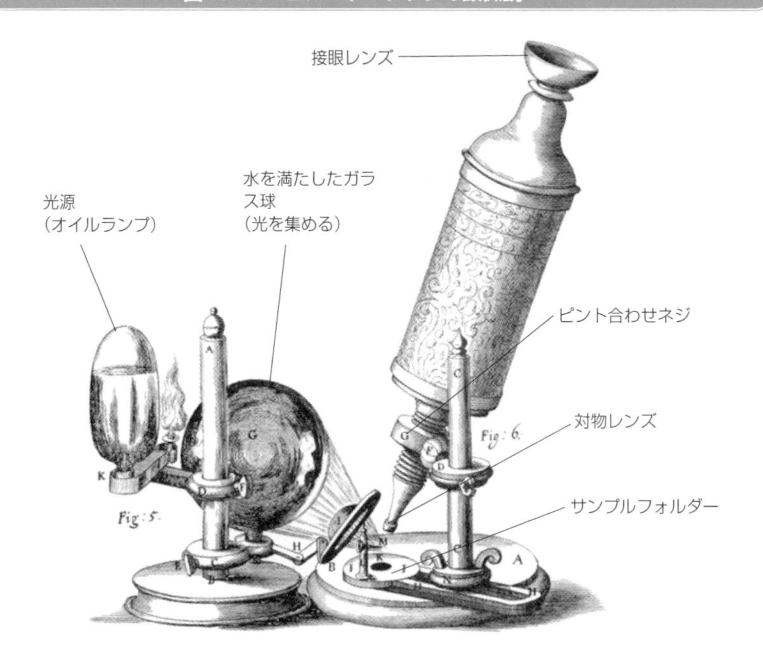


ロバート・フックの功績によって複式顕微鏡はさらに発展していくことになりますが、拡大率の高い顕微鏡では像に色がついて見えたり、ぼやけて見えたりするなどの問題がありました。同じ頃、直径1mm程度のガラス玉1個をレンズとした図1.4.5のような**単式顕微鏡**がオランダの**アントニ・ファン・レーウェンフック**によってつくられました。彼の顕微鏡の構造は簡単でしたが、倍率は270倍もありました。彼は1673年に赤血球を発見し、1676年にはバクテリアを発見しています。そのため、レーウェンフックが微生物を発見したといわれています。レーウェンフックは自分の観察記録をイギリスの王立協会に送りました。ロバート・フックはこの観察記録を高く評価し、ラテン語に翻訳して発刊、レーウェンフックを王立協会の会員して招きました。

図1.4.5 レーウェンフックの顕微鏡

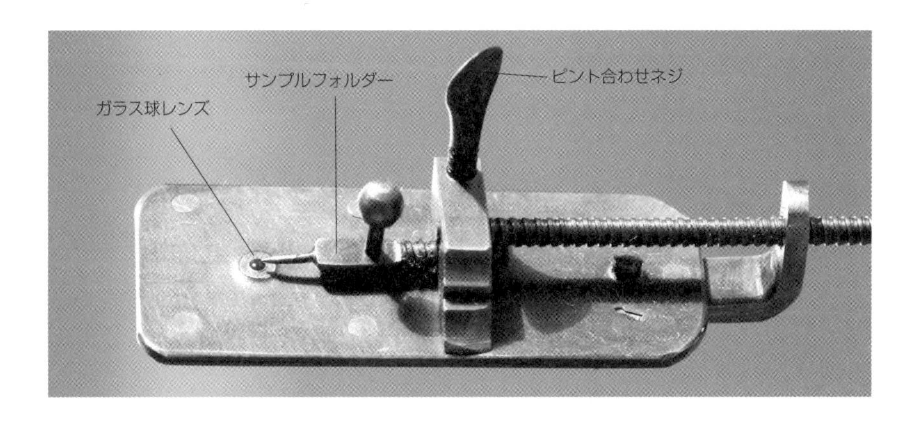


18世紀の中頃には、像に色がつく現象を軽減した**色消しレンズ***が考案され、複式顕微鏡の性能が向上しました。日本に顕微鏡が伝来したのもこの頃です。1765年の『紅毛談（おらんだばなし）』という本には、「髪の毛が親指ぐらいに見えた」など顕微鏡による観察の様子が記されています。

顕微鏡が飛躍的に発展したのは、19世紀に入ってからです。光には波の性質があり、光の波長*と同じくらい小さなものを見ようとすると、光が広がってしまい、ぼやけてしまいます。これは、光の**回折***という性質のためです。ドイツの**エルンスト・アッベ**は、**カール・ツァイス**とともに、光の回折現象を調べながら顕微鏡の研究を進め、顕微鏡の解像度を飛躍的に高めることに成功しました。そして、光を使う以上、光学顕微鏡の倍率はせいぜい2千倍までが限度であることが明確になったのです。

1931年に**電子顕微鏡**が発明されると、光学顕微鏡では見ることのできないミクロの世界の観察も可能になりました。電子顕微鏡は分解能が高く、その倍率は10万倍以上で、ウイルスなども見ることができます。

光学顕微鏡は、倍率では電子顕微鏡にかないませんが、構造や取り扱いが簡単なため、今でも広く使われており、性能も向上しています。生物の観察や、光を使って物質の性質を調べる光分析機器、医療機器などにも、光学顕微鏡が使われており、電子顕微鏡よりも応用範囲が広いといえます。

---

＊**光の波長**　2-5節参照。
＊**回折**　2-6節参照。
＊**色消しレンズ**　5-5節参照。

# 1-5 カメラの歴史

カメラはレンズを使った代表的な道具です。私たちが目で見ているものをありのままに写真として記録してくれるカメラは、どのようにして発展してきたのでしょうか。



## 真っ暗な部屋がカメラの始まり

真っ暗な部屋の壁に開けた小孔から差し込む光が、反対側の壁に外の景色を上下左右反対に映し出す。これがカメラの原型で、その原理は光の**ピンホール現象**です。カメラの語源はラテン語の**カメラ・オブスクラ**で、カメラは部屋、オブスクラは暗いという意味です。

カメラ・オブスクラの原理であるピンホール現象そのものは、紀元前から知られていました。紀元前５世紀頃に活躍した中国の思想家の**墨子**とその弟子達の著書には、針孔を通過する光が交差し倒立した像ができるという記述があります。

図 1.5.1　ピンホール現象

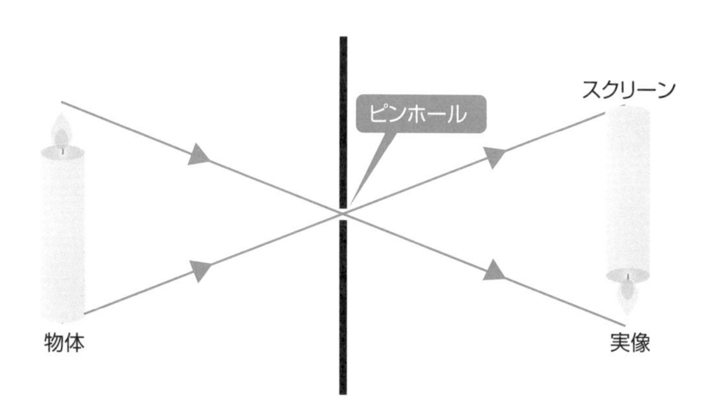


また、古代ギリシャの哲学者**アリストテレス**は、樹木の葉の隙間や籠の四角い編み目から差し込む光が地面に丸い形をつくることに気づき、日食の日にその丸い形が三日月のように欠けるのを見て、それが太陽の像であることを確信しました。

**図1.5.2　木漏れ日でできた日食の太陽の像（右上は太陽を撮影したもの）**

▲2004年10月14日の部分日食

ピンホール現象は、11世紀頃にアルハーゼンが詳しく解説しています。また、15世紀頃にはイタリアの**レオーネ・アルベルティ**や**レオナルド・ダ・ビンチ**も、カメラ・オブスクラに関する記録を残しています。この頃のカメラ・オブスクラは図1.5.3のようなまさに暗い暗室で、太陽の観察を行ったり、壁に映った倒立像をなぞって絵を描いたりするのに使われました。

**図1.5.3　最初の頃のカメラ・オブスクラ**

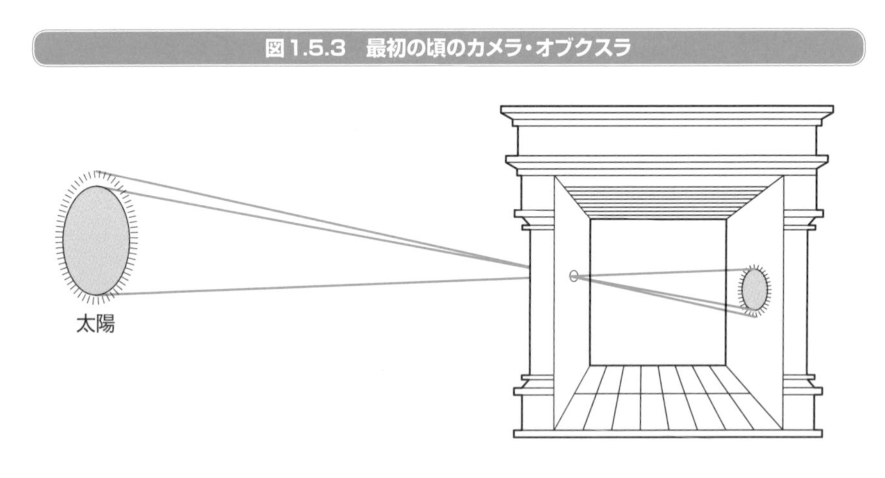

ピンホールでできる像は、ピンホールを小さくすると、像がはっきりと映るようになりますが、ピンホールから入る光が少なくなるので像が暗くなります。逆にピンホールを大きくすると、像は明るくなりますがぼやけてしまいます。この問題は、ピンホールに凸レンズを取りつけることによって解決できます。

口絵③のような凸レンズが取りつけられたカメラ・オブスクラが登場したのは、16世紀に入ってからです。レンズの利用によってカメラ・オブスクラはさらに実用的になりました。鏡を使って倒立像を正立像にするものもありました。さらに、内部に椅子が取りつけられたもの、移動式のもの、手でもって歩くことができる小型のものまで登場しました。

しかし、この頃のカメラ・オブスクラは像を眺めるだけで、写真として残すことはできませんでした。18世紀の初めにドイツの**ヨハン・ハインリッヒ・シュルツ**が銀の化合物が光で変色することを発見しましたが、写真を発明するまでには至らなかったのです。

## 写真とカメラの発展

1826年、フランスの発明家**ジョセフ・ニセフォール・ニエプス**は天然アスファルトを感光材に使って、写真の撮影に成功しました。彼の方法では1枚の写真を撮影するのに8時間もかかりましたが、カメラ・オブスクラの像を写真として残すことに成功したのです。ニエプスはこの技術を**ヘリオグラフィ**と名づけました。

図1.5.4　ニエプスが家の窓から撮影した景色の写真

ニエプスが1826年に撮影した図1.5.4の写真は長らく世界最古の写真とされていましたが、後年、ニエプスが1822年に撮影した「用意された食卓」や1825年に撮影した「馬を引く男」という題名の写真が見つかっています。

その後、ニエプスは同じフランスの**ルイ・ジャック・マンデ・ダゲール**と研究を進め、銀メッキした銅板にヨウ素を反応させた感光板を使う方法を考えました。銀メッキした銅板をヨウ素の蒸気の中に入れ、表面にヨウ化銀の膜をつくります。これが感光剤になります。この銀板を、写真撮影後に水銀蒸気の中に入れると、光のあたったところにだけ水銀が付着します。この性質を利用して、水銀でできた物体の像を銀板の上につくることができるのです。ニエプスは1883年に急死してしまいますが、ダゲールは彼の死後も研究を進め、1839年についに**ダゲレオタイプ**という銀板写真を完成させました。焼き増しができるわけでもなく、1回の撮影で1枚の写真しか撮れませんでしたが、撮影時間が30分に短縮され、非常に鮮明な写真を撮ることができるようになりました

1841年、イギリスの**ウィリアム・ヘンリー・フォックス・タルボット**は塩化銀の感光紙を使って写真を撮影し、感光紙をネガとして写真を焼きつける**ネガ・ポジ法**という写真術を発明しました。この方法を**カロタイプ**といいます。露光時間が1～2分で、写真の焼き増しができるようになりました。

1851年には、イギリスの**フレデリック・スコット・アーチャー**が露光時間が数秒から数十秒の**湿式法**を発明しましたが、撮影時に感光液をガラス板に塗ななければならず、取り扱いが面倒でした。

1871年、イギリスの**リチャード・リーチ・マドックス**が現在のフィルムの原型となる臭化銀ゼラチンを使った乾板を発明すると、この方法が主流となりました。この乾板は感度も高く、数秒の露光で写真が撮影できました。カメラには高速のシャッターが取りつけられるようになり、この頃にはすでに複数のレンズを組み合わせたカメラレンズも使われました。

1884年には、フィルムを巻物のようにした**ロールフィルム**が発明されました。1888年にイーストマン社（現コダック社）からロールフィルムを使ったカメラ「コダック」が発売されると、カメラは一般大衆化しました。ロールフィルムの登場は連写の技術を発展させ、映画の発明にもつながりました。

20世紀に入ると、カメラはどんどん進化しました。1936年にはレンズでとらえ

た像をファインダーで見ながら撮影できる**一眼レフカメラ**が登場しました。一眼レフカメラは日本で飛躍的な進化を遂げました。望遠レンズや広角レンズなど、複雑な組み合わせレンズも開発されるようになり、カメラの性能は飛躍的に向上しました。1970年代には、マイクロコンピュータが搭載され、自動露出やオートフォーカス機能をもつカメラや、ストロボ内蔵のカメラが登場し、誰でも手軽に使えるカメラが広く普及していきました。1990年代にはフィルムの代わりにイメージセンサ（CCD）を使った**デジタルカメラ**が登場、小型化も進み、携帯電話や後のスマートフォンに高性能なデジタルカメラが搭載されるようになりました。



## 日本のカメラの歴史

日本にカメラが伝来したのは、1848年です。薩摩藩の**上野俊之丞**（しゅんのじょう）がオランダの船で運ばれてきたダゲレオタイプのカメラを購入し、藩主の**島津斉彬**（なりあきら）に献上しました。ところが写真の撮影は簡単ではなく、有名な島津斉彬の写真が撮影されたのは1857年9月17日でした。これが日本人が初めて撮影に成功した写真と考えられています*。

一方、1854年にペリー艦隊が日本に再来航したときに、写真家の**エリファレット・ブラウン**が撮影した写真が現存する日本最古の写真といわれています。また、同年に日露和親条約締結の交渉に来日したエフィム・プチャーチン提督のディアナ号が函館（箱館）港に立ち寄った際に、乗艦していた**アレクサンドル・モジャイスキー**が市内を写真に撮影したという報告もあります。この写真をもとにモジャイスキーが作成したスケッチ画がサンクトペテルベルグのロシア海軍中央博物館に現存しています。

1862年、俊之丞の四男の**上野彦馬**が日本初の写真館を長崎で開き、坂本龍馬など幕末の志士の写真を撮影しました。12ページに掲載した、凸レンズで拡大されている土方歳三の写真は、北海道開拓事業の記録写真を残した**田本研造**という写真家が、函館戦争のときに撮影したものです。明治に入ると、多くの写真家が活躍を始め、たくさんの写真館ができました。親戚一同や家族で写真を撮影するという習慣も広まりました。

国産カメラは第二次世界大戦が始まる前までは輸入品の模倣品でした。しかし、第二次世界大戦中に国産のレンズが開発されるようになると、国産カメラの技術が向上し、1960年代には日本のカメラは世界のトップレベルになりました。

---

***考えられています。**　当初、この写真は1841年6月1日に撮影されたものとされ、日本写真協会は6月1日を写真の日としていたが、後に誤りであることが判明。現在でも写真の日は6月1日と定めている。

COLUMN

## 活動写真の発明

1872年、スタンフォード大学の創設者でカリフォルニア州知事を務めた**リーランド・スタンフォード**は、馬が走っているときに、4本の脚の全てが地面から離れる瞬間があるのかどうかを友人と賭けをしていました。スタンフォードはその事実を確認するため写真家の**エドワード・マイブリッジ**に写真の撮影を頼みました。

当時、一般に使われていた写真の感光剤は露出に時間がかかったため、疾走する馬の写真を撮影するのは困難極まりないものでしたが、マイブリッジは5年間の歳月をかけて、感光剤の開発に取り組み、瞬間の写真を撮影することができる装置を作成し、1877年に馬の4本全ての脚が地面から離れ空中にある決定的瞬間をとらえることに成功しました。

1878年、マイブリッジはこの装置を12台並べて、疾走する馬の連続写真を撮影しました。彼はその連続写真を**ゾエロープ**（回転のぞき絵）にかけて、馬が走る様子をアニメーションのように見せ、その後、幻灯機を使って、動く馬をガラス板に投影させる**ゾープラクシスコープ**をつくりました。

▲疾走する馬の連続写真

この連続写真はトーマス・エジソンに大きな影響を与え、エジソンは1891年に映写機**キネトスコープ**を発明します。これは箱の中をのぞき込み、動画を見るタイプのものでした。

1895年、フランスの**オーギュスト・リュミエール**、**ルイ・リュミエール**のリュミエール兄弟が動画をスクリーンに映し出すことができる**シネマトグラフ**を発明し、現在私たちが見るのと同じ仕組みの映画が生まれました。

第2章

# 光の基本的な性質

レンズの仕組みや働き、光学機器の仕組みなどを理解するためには、光の基本的な性質について知る必要があります。この章では、光の性質について確認しましょう。

# 2-1

# 光はどのように進むのか①
# 光の直進性

私たちの身の回りには、太陽や電灯など、光を出す物体がたくさんあります。太陽や電灯のように自ら光を出す物体のことを、光源といいます。光源から出た光はどのように進むのでしょうか。

## 光がなければ物体は見えない

私たちは、太陽や電灯などの**光源**を目で見ることができます*。自ら光を出さない物体も、光源に照らし出されたところであれば、見ることができます。それでは、光をだんだん暗くしていき、光がまったくない暗闇になったとき、私たちは物体を見ることができるでしょうか。

太陽や電灯などの光源が見えるのは、光源から出た光が私たちの目に入るからです。自ら光を出さない物体が見えるのは、光源から出た光が物体の表面にあたって四方八方に跳ね返り、この跳ね返った光が目に入るからです。

私たちは暗いところでも、目が慣れてくると、まわりのものが見えてきます。しかし、暗いといっても、わずかな光が必ずどこからか届いているはずです。光のまったくない暗闇では、目に入る光がありませんから、私たちは物体を見ることができません。光のまったくない暗闇の世界では、物体の姿形を見ることはできないのです。

**図2.1.1　いろいろな光**

▲夕暮れの空

▲テレビに映し出された画像

※口絵④にトンネルのナトリウムランプの光を掲載してあります。

*…**できます**　といっても、太陽や、強い光の電灯を直接目で見ないよう、注意されたい。

図2.1.2　ものが見える仕組み

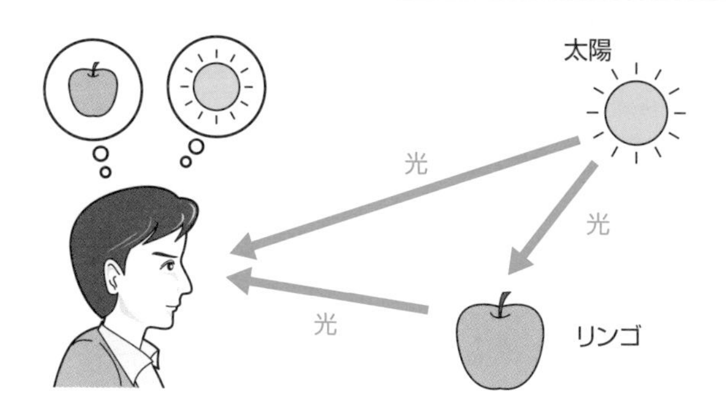


## 光の直進性

雲の切れ目やカーテンの隙間から、太陽の光がまっすぐ差し込んでくる様子を見たことがある人は多いでしょう。真っ暗な部屋の中で懐中電灯やレーザーポインターをつけると、光は直進して何かにあたります。まっすぐに進んできた光を鏡で反射させると、光は鏡で反射したあとも直進します。鏡の向きを変えると、光の進む方向も変わりますが、光が反射したあともまっすぐ進むことは変わりません。このように光はまっすぐに進むため、光の通った道筋は直線で表すことができます。この光の筋のことを**光線**といいます。光がまっすぐに進む性質を**光の直進性**といいます。

ところで、図2.1.3の写真や口絵⑤のように、太陽光線、懐中電灯、レーザーポインターなどの光線を見ることができるのは、光が図2.1.4のように空気中のホコリやチリで散乱するからです。

図2.1.3　光の直進性

▲雲の切れ目から太陽の光がまっすぐに差し込んでくる様子

▲森林の木の隙間から太陽の光がまっすぐに差し込んでくる様子

　真空中や、ホコリやチリが少ない空気中では、光線を目で見ることはできません。マジックショーやコンサートなどの会場では、あたりを暗くしたうえで、人体に無害な煙を使って光線が見えるようにしています。

図2.1.4　レーザーポイントの光線が見えるのは

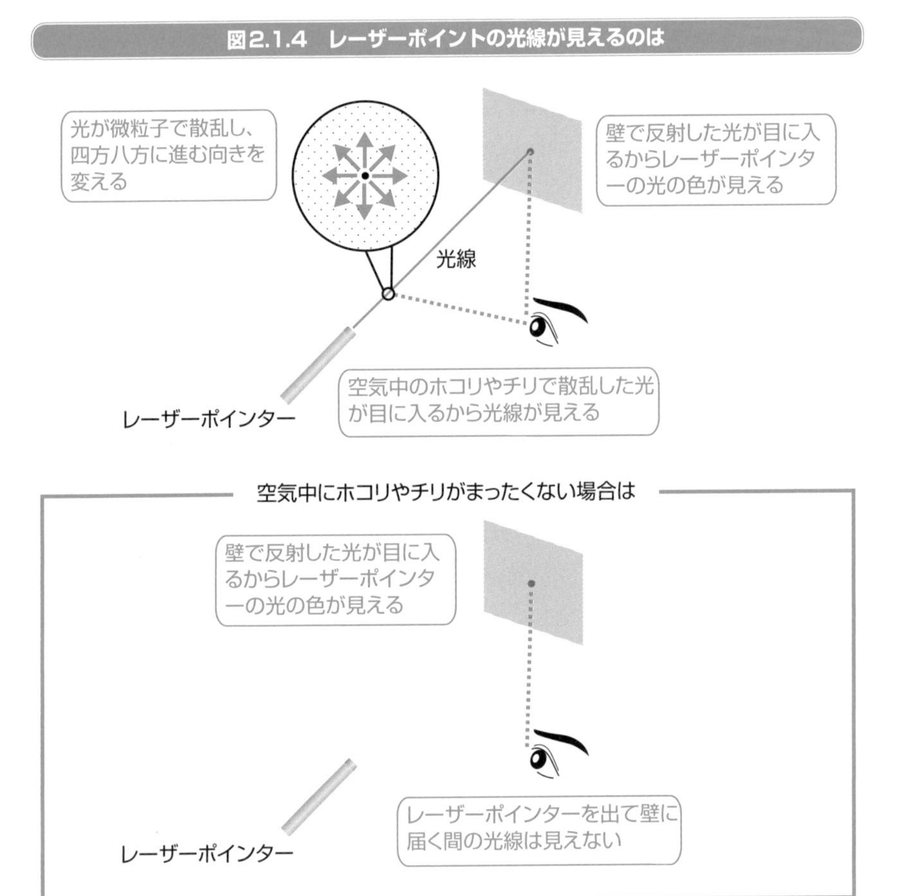


　図2.1.5で、木で反射した光は、四方に広がりながらまっすぐに進みます。ここで目と木の間に障害物を置くと、光は障害物でさえぎられるため、木を見ることはできません。木を見えるようにするためには、鏡を置くなどして光の進む方向を変える必要があります。光の進む方向を変えることができれば、障害物の向こう側の物体を見ることができるようになります。

図2.1.5　直進する光をさえぎると物体は見えない

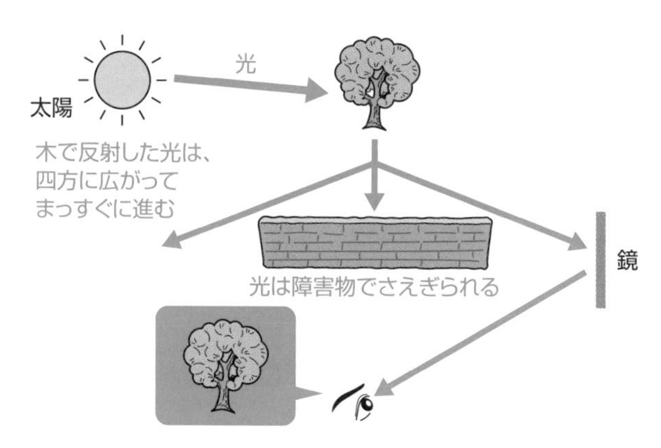




さて、向き合った2人がアイコンタクトをとることができるのは、自分の目から相手の目に向かう光と、相手の目から自分の目にやってくる光が同じ経路ですれ違っていることを意味します。また、鏡で自分の顔が見えるということは経路上で光の進む向きを反対にすると、光はもと来た経路を戻ることを意味します。このように光の進み方は可逆的であり、これを**光の逆進性**といいます。

COLUMN

## 鏡の歴史

金属は表面をきれいに磨くと、光を反射したり、ものをきれいに映すことができます。また、表面が滑らかなガラスの裏面に銀の膜をはると、簡単に鏡を作ることができます。私たちが普段使っている鏡は、鏡面を保護するため、ガラス板の裏側に銀の薄い膜をはったものです。

現在私たちが使っているような鏡が発明されたのは、今から200年ぐらい前のことです。昔は今のようなガラスの鏡を作る技術がありませんでした。そこで、金属の表面をきれいに磨いたものを鏡として使っていました。今から4000年～6000年ぐらい前の中国やエジプトでは、青銅という金属で作った青銅鏡が使われていました。日本でも、弥生時代には銅鏡が使われていました。

金属を磨くことができなかった大昔の人たちは、鏡を使っていなかったのでしょうか。いえ、きっと大昔の人たちは、水たまりの水面や、水がめにたまった水の水面を鏡として利用していたに違いありません。大昔の人も、水面に映る顔を見ておしゃれをしていたことでしょう。

# 2-2

# 光はどのように進むのか②<br>光の反射と乱反射

鏡を正面からのぞくと、自分の顔が映ります。しかし、鏡を斜めからのぞくと、自分の顔が映らず別の場所が映ります。光が鏡で反射するとき、光はどのように進むのでしょうか。また、白い紙にものが映らないのはどうしてでしょうか。

## 光の反射

図2.2.1のように、光が鏡の面に垂直にあたった場合、光はやってきた方向に戻りますが、斜めにあたった場合には斜めに跳ね返ります。そのため、鏡を斜めからのぞいたときに自分の顔が映らないのです。

光が物体にあたる角度を**入射角**、反射する角度を**反射角**といい、入射角と反射角は常に同じ角度になります。この関係を**光の反射の法則**といいます。

図2.2.1　光の反射の法則　入射角＝反射角

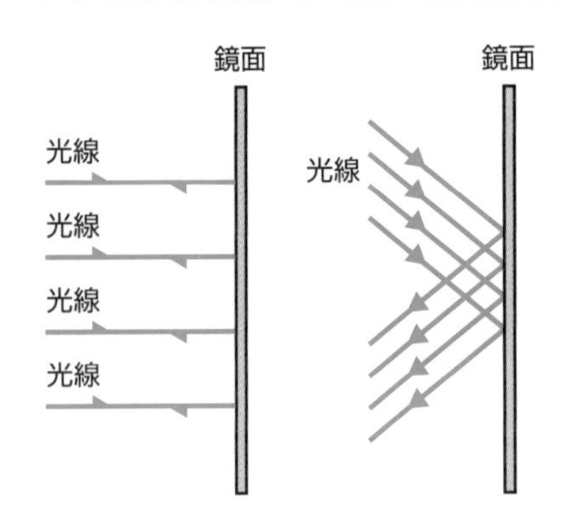


光が平面鏡に対し、垂直にあたったときは、光はやってきた方へ戻る

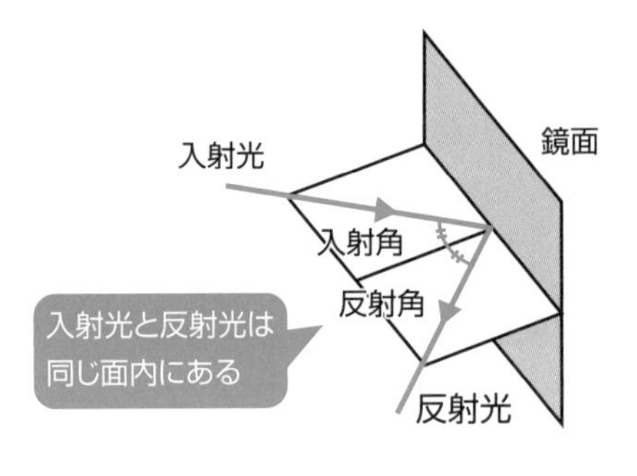


光が平面鏡に対して、斜めにあたったときは、光は平面鏡にあたった角度（入射角）と同じ角度で反射する（反射角）

## 光の乱反射

光を反射するのは鏡だけではありません。光はあらゆる物体の表面で反射します。例えば、白い紙は概ねすべての光を反射しています。ところが、白い紙には、鏡のように物体が映りません。白い紙の表面には微細な凸凹がたくさんあります。ここに光があたると、光は反射の法則にしたがって、いろいろな方向に反射します。図2.2.2の左側ように光が規則的に反射することを**正反射**、右側のように光が様々な方向に反射することを**乱反射**といいます。白い紙は乱反射によって、反射した光線が混ざり合うため鏡のように見えないのです。なお、乱反射においても、一つひとつの光線については反射の法則が成り立っています。

図2.2.2　正反射と乱反射

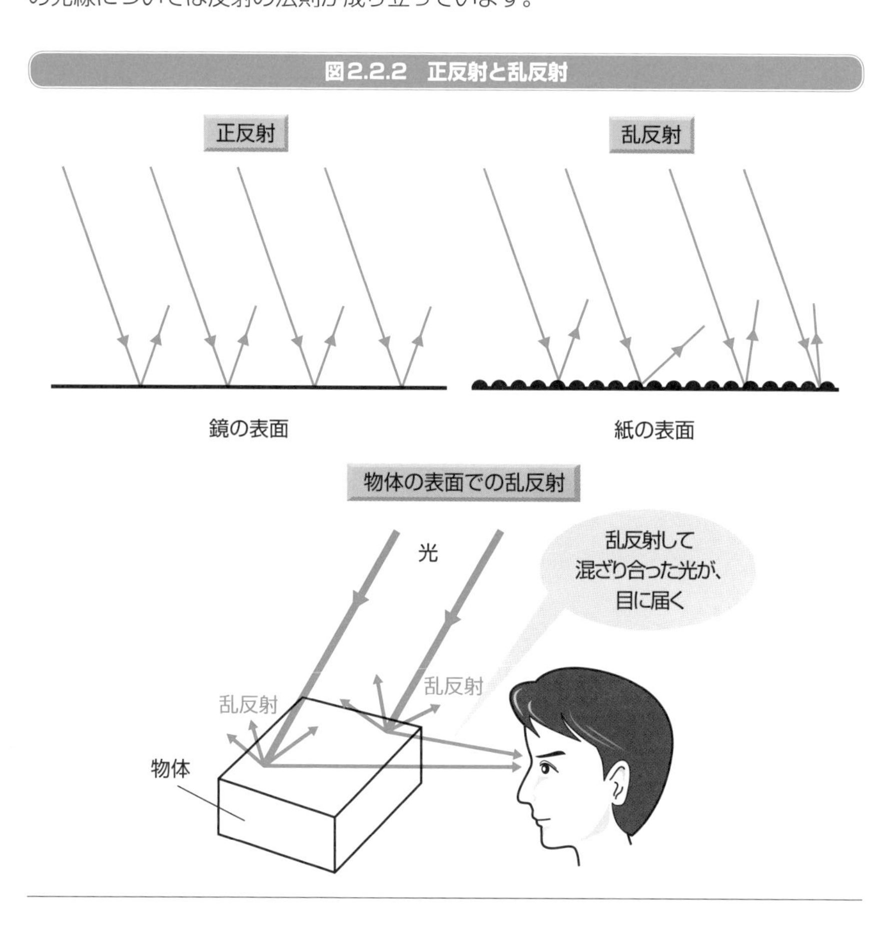

身の回りの多くの物体は、光を表面で乱反射しています。乱反射のおかげで、私たちは物体の形や色をいろいろな方向から見ることができるのです。夜空に輝く月が見えるのは、月の表面が鏡のように滑なめらかではなく、凸凹で光を乱反射しているからです。透明な氷をかき氷にすると白く見えたり、さざ波で湖面に景色が映らなくなったりするのも、光の乱反射によるものです。透明な物体が見えにくいのは、光が物体の表面で正反射して特定の方向に反射したり、物体を通り抜けたりするためです。

## 平面鏡でできる物体の像

鏡は物体からの光を表面で反射しているだけですが、鏡に映った世界には奥行きがあり、こちらの世界をまるで本物のように映し出します。

図2.2.3は、平面鏡を斜めからのぞいたときに、平面鏡に映っている物体がどの位置に見えるかを示したものです。物体Ａと、平面鏡の中に見える物体の像Ａ'は、鏡の面に対して面対称になります。この場合、あたかもＡ'から光がやってくるように見えますが、Ａ'にはＡからの光は届いておらず、Ａ'から光は出ていないことに注意しましょう。

図2.2.3　平面鏡によってできる像

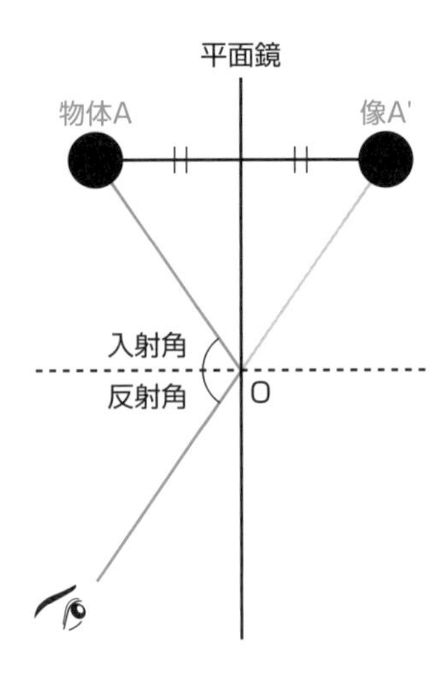

私たちは体験的に光が直進することを知っているため、光がやってくる方向に光源や物体があると認識します。ですから、鏡で光の進路を途中で曲げられると、物体がないところにも物体があるかのように見てしまうのです。鏡の中に見える物体の像を**虚像**といいます。

平面鏡を傾けたときに、反射光がどれぐらいずれるか考えてみましょう。図2.3.4のように平面鏡を角度$\alpha$度だけ傾けると、入射角、反射角ともに$\alpha$度だけ増加します。よって、光の反射の方向は、元の方向より２$\alpha$ずれることになります。このように、平面鏡を傾けると、光が反射する方向を変えることができます。

**図2.3.4　平面鏡の回転による反射光のずれ**

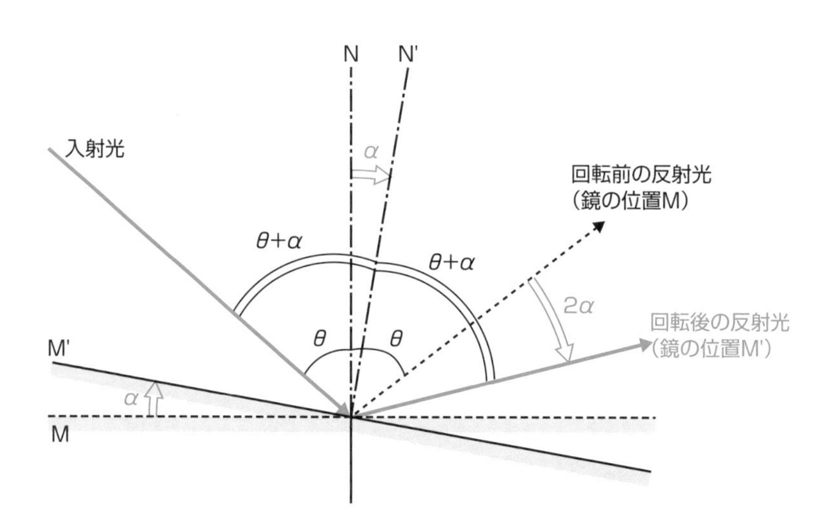


鏡には、平面鏡の他に、反射面が球面となっている球面鏡があります。球面鏡は鏡の表面を球面にすることによって、光を集めたり、広げたりする方向に反射するものです。球面鏡については、3-9節で説明します。

# 2-3

# 光はどのように進むのか③ 光の屈折と全反射

水を入れたコップの中に入れた箸が折れ曲がって見えたり、風呂の中で手や指が短く見えるのは、光が水面で屈折しているからです。このとき、光はどのように進むのでしょうか。

## 光が透明な物体にあたるとどうなる

水やガラスなど、光が通り抜ける物体は透明です。部屋の中から窓ガラス越しに外の景色を見ることができるのは、図2.3.1（A）のように、外部からの光がガラスを透過して、私たちの目に届くからです。夜間、部屋の中から窓ガラスを見ると、外の景色が見えずに部屋の中の様子が鏡のように映ります。これは、夜間は外からの光がほとんどなくなるため、ガラスで反射して映る部屋の中の様子が見えやすくなるからです。透明な物体にあたった光は、同図（B）ように物体の表面で反射したり、物体を透過したりします。

図2.3.1　透明なガラスを透過する光

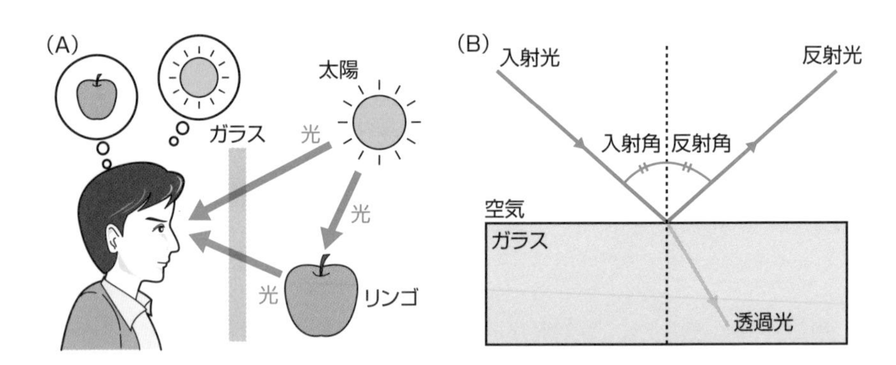


## カップの底のコインが見える理由

図2.3.2（A）のようにカップの底にコインを置き、カップのふちでコインが見えなくなる位置に目線を合わせ、カップに水を入れていくと、同図（B）のようにコインが見えてきます。

図2.3.2　カップの底のコインが見える現象

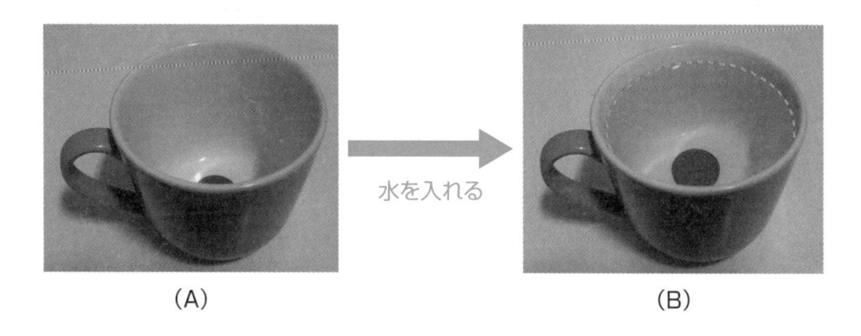


図2.3.3 (A) のように水がない場合は、コインから出た光は矢印のように進むため、カップのふちにさえぎられ、目に届きません。水を入れると同図 (B) のように水面で光が折れ曲がり、コインから出た光が目に届くようになります。ところが私たちは、光が水面で折れ曲がったことはわからないので、コインがあたかもP'の方向にあるように見えるのです*。水の入ったコップの中に入れた箸が折れ曲がってみえたり、風呂の中で手や指が短く見えたりするのも、同じような原理で起こる現象です。

図2.3.3　光が水面で屈折するようす

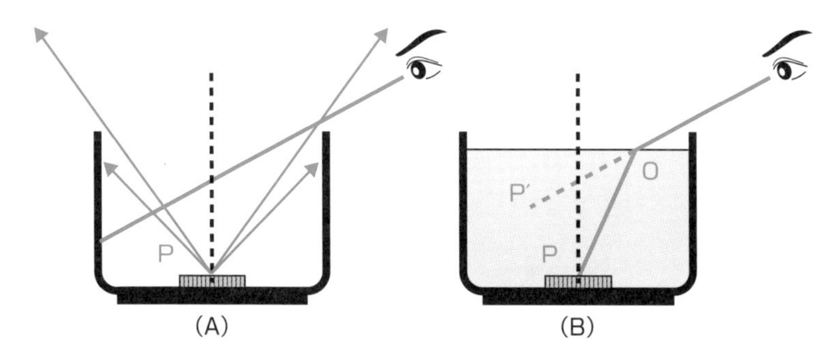


## 光の屈折と反射

光は空気と水の境界面で、反射したり、水の中に入ったりします。境界面に垂直に入った光はそのまま直進しますが、斜めに入った光は、図2.3.4 (A) のように進む向きを変えます。この現象を**光の屈折**といいます。このように光は、ある物質から別の物質に入るときに、その境界面で屈折します。光が屈折する角度を**屈折角**といい、

*…**見えるのです**　P'の方向に見えるのはコインの虚像である。

屈折する度合を**屈折率**といいます。

一般に、光が屈折率の小さい物質から大きい物質に入るときには、屈折角は入射角よりも小さくなります。例えば、光が空気中から水中に入射するときには、同図(A)の光のように、屈折角が入射角より小さくなるように屈折します。

逆に、光が水中から空気中に入射する場合は、同図(B)のように屈折角が入射角より大きくなります。同図(C)のように、入射角が大きくなり、屈折角がちょうど90°になると、屈折光の道筋が水面と一致します。このときの入射角を**臨界角**といいます。入射角が臨界角より大きくなると、屈折光がなくなり、光がすべて反射するようになります。これを**光の全反射**といいます。

図2.3.5は、水中にいるダイバーから水上がどのように見えるかを示したものです。水中から水面を見たとき、臨界角の外側は全反射が起きますので、鏡のように水中を映します。水上が見えるのは臨界角の内側の部分で、水上の様子が円状に見えます。

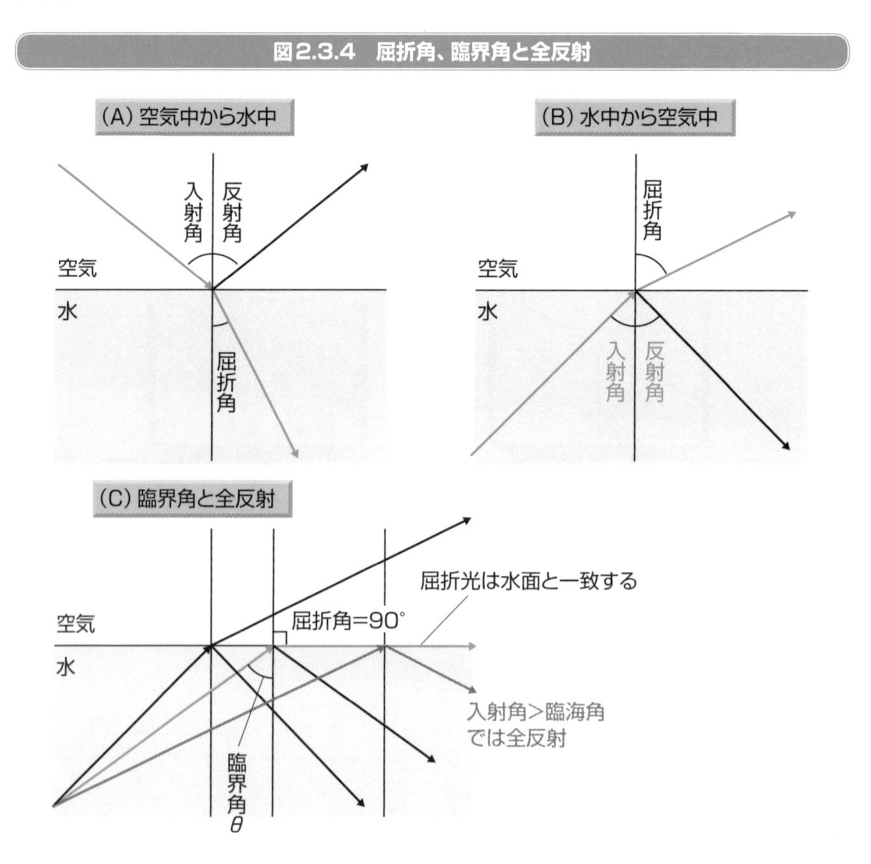

図2.3.4　屈折角、臨界角と全反射

図2.3.5　水中から空気中を見たとき

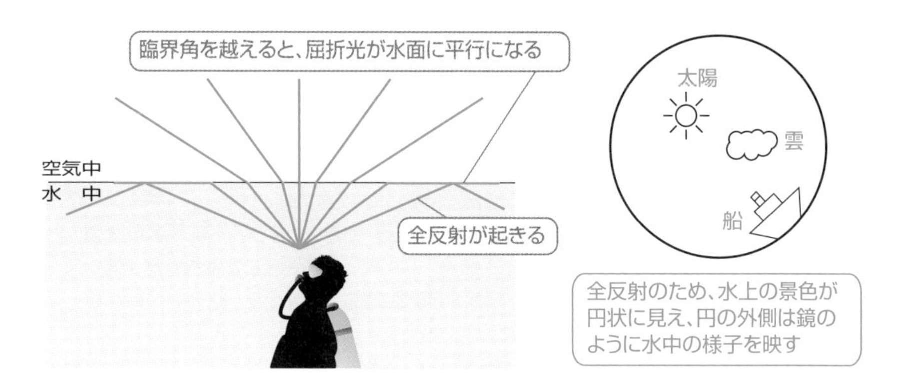


透明な物体は、正面や真上から見たときよりも、斜めから見たときのほうが物体をよく映します。これは透明な物質の光の反射率が、光の入射角によって変わるからです。図2.3.6（A）は、光が屈折率の小さい空気から大きいガラスへ進むときの入射角$\theta$と反射率の関係を表したものです。同図（B）は、光が屈折率の大きいガラスから小さい空気へ進むときの入射角$\theta$と反射率の関係を示したものです。(B) の場合、入射角が臨界角より大きくなると、すべての光が反射し、空気中へ出ていく光がなくなり、全反射が起こります。例えば、光が**光ファイバー**の中を漏れずに進むのは、光が全反射を繰り返しながら進むからです。

図2.3.6　入射角とガラスの反射率の関係

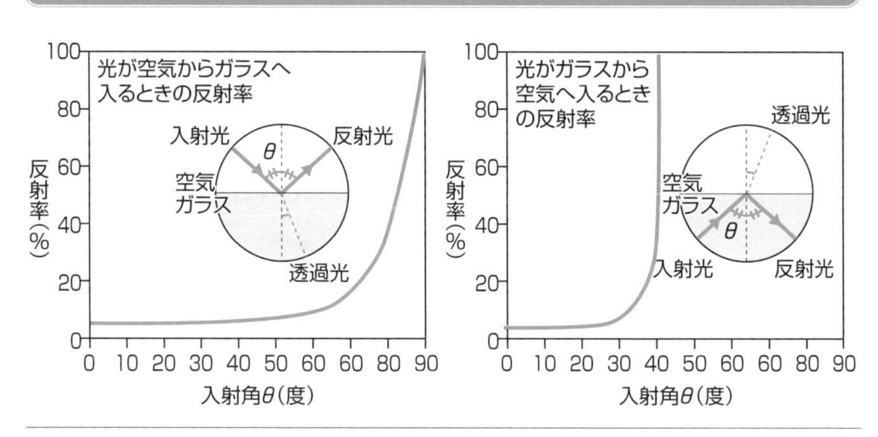

COLUMN

## 光通信と光ファイバー

光通信は、情報を光で送る通信手段です。光を送るために使われる配線が、光ファイバーです。

光ファイバーには、光を減衰させることなく遠くまで伝送できるように、非常に透明度の高いガラスやプラスチックが使われます。例えば、ガラス製の光ファイバーには高純度の石英ガラスが使われています。窓ガラスに使うような普通のガラスはわずか数センチの厚さで光の強さが半分になり、厚さが1mにもなると真っ暗になって向こう側が見えなくなります。それに対して、高純度の石英ガラスは、光を弱めることなく何十km先まで届けることができます。プラスチック製の光ファイバーは石英ほど透明度は高くありませんが、安価で、軽くて扱いやすく、また、柔らかくて、折れにくいため、自由に曲げることができます。さらに、溶かすことによって、光ファイバー同士を簡単につなぐことができます。一般的なプラスチック製の光ファイバーは数十メートルしか光を届けることができませんが、装置の中、屋内、車内などで使うには十分です。そのため、プラスチックの光ファイバーは短距離用として使われます。

光通信の送信機にはレーザーが使われます。電気信号としての情報が、レーザー光のオン・オフや強弱としての信号に変換され光ファイバーに送られます。光ファイバーで伝送された光はフォトダイオードという受信機で受けとられます。フォトダイオードは光の強度を電流の強度に変換するもので、光信号を元の電気信号に戻します。単純な光通信は**単一波長光通信システム**といわれ、ひとつの波長のレーザー光に情報を乗せて一本の光ファイバで伝送します。最近では、複数の異なる波長のレーザー光に情報を乗せて、光を混合してから一本の光ファイバーに伝送する**波長多重通信システム**が主流になっています。受信するときには、送られてきた光をそれぞれの波長の光に分けて、各波長の光ごとに情報を読み取ります。一本の光ファイバーで、よりたくさんの情報が伝送できるようになっています。

ところで、光ファイバーはくねくねと曲がっています。光は直進する性質があるため、光ファイバーが曲がっていればそこから光が漏れ出てしまうはずです。どうして、光を漏れ出すことなく長い距離を伝えることができるのでしょうか。

実は、光ファイバーは、光が屈折率の違う物質の境界面で全反射するという性質を利用しています。光ファイバーは図のように屈折率の異なる2つのガラスやプラスチックを使って二重構造になっており、光がファイバーの中で反射を繰り返しながら進むようになっています。このため、光を漏らさず弱めることなく遠くまで伝えることができるのです。

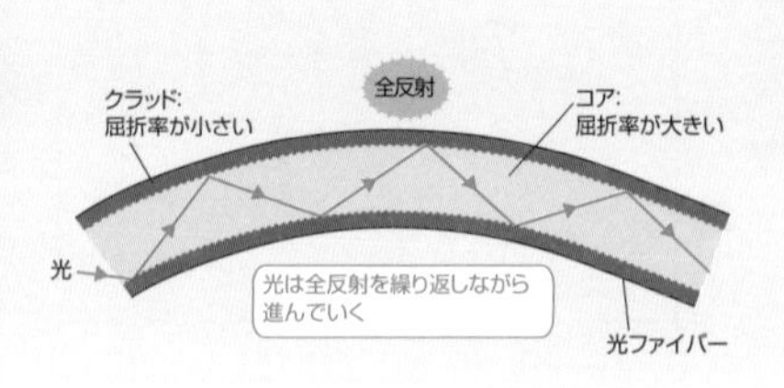

# 2-4

# 光はどのように進むのか④ フェルマーの原理とスネルの法則

2-2節では、光の入射角と反射角は常に同じになることを説明しました。それでは、入射角と屈折角にはどのような関係があるのでしょうか。



## フェルマーの原理

光は鏡で反射したり、水面で屈折したりすると、進む向きを変えますが、その後はまっすぐに進みます。光の通る道筋がどのように決まるのか考えてみましょう。

私たちが図2.4.1のA地点からB地点に向かうとき、その経路は無数にありますが、普通は最短距離となるA地点とB地点を直線で結んだ経路をとるでしょう。途中でO地点に立ち寄る場合には、A地点からO地点、O地点からB地点を直線で結んだ経路をとります。光の場合も、同じ媒質の中を進むときは、最短距離で進みます。ところが、光はある媒質から他の媒質に入るときには、最短距離（A地点とB地点を結んだ直線）を進まず、境界面で屈折します。なぜ光は最短距離を選ばないのでしょうか。

**図2.4.1　光が通る道筋**

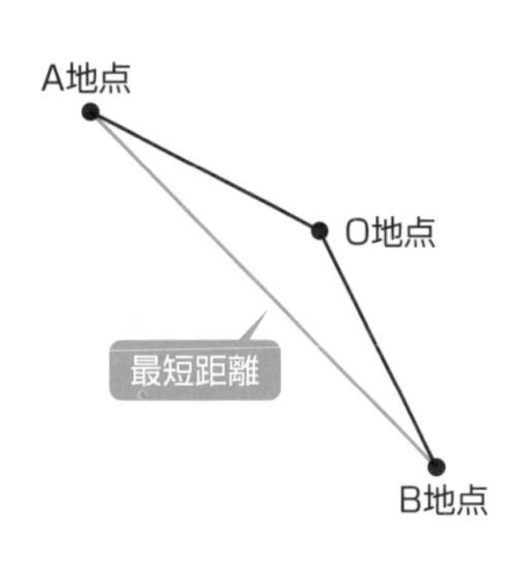


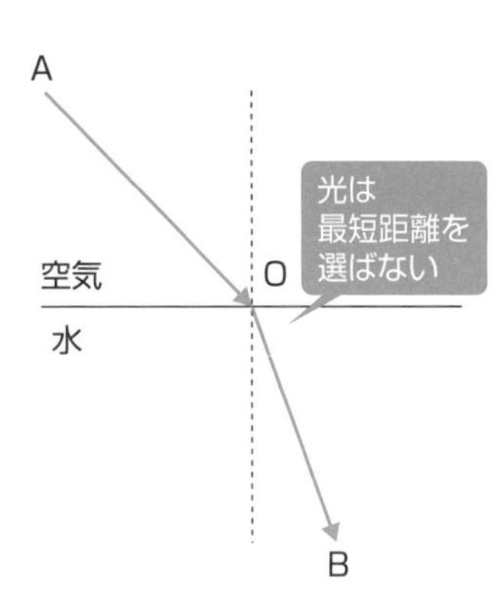

この問題について明快な答えを出したのは、フランスの数学者**ピエール・ド・フェルマー**です。彼は、「光は最短時間で到達できる経路をたどる」と説明しました。「最短距離」が「最短時間」という表現に変わっただけですが、その意味には大きな違いがあります。

図2.4.2のように、海岸の砂浜のA地点から、海上のB地点まで一番早く到達する経路を考えてみましょう。ここで注目すべきことは、海中を移動する速さは砂浜を移動する速さより遅いということです。A地点とB地点を直線で結ぶ①の経路は最短距離ですが、この経路だと海の中を移動する距離が長くなります。もっとも早くB地点にたどりつくことができるのは、O地点を経由する②の経路です。

**図2.4.2　最短時間で到達できる経路**

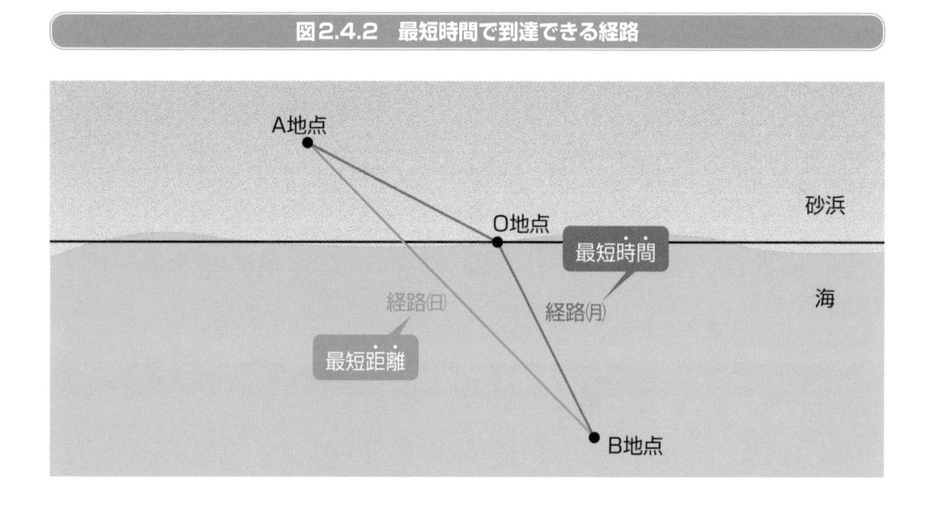


ところで、光の速度は真空中ではおよそ秒速30万kmです。空気中の光の速度は真空中とほとんど変わりませんが、水中での光の速度はおよそ秒速22.5万kmになります。光が空気中から水中に入ったときの屈折角の大きさは、光が水中を進む距離が短くなるようになるのです。フェルマーはこのように最短時間で到達できる経路が、実際に観測できる光の道筋であると説明したのです。この原理を**フェルマーの原理**といいます。ところで、光は最短時間になるような経路を自ら選んでいるわけではありません。屈折角の大きさは媒質の屈折率によって決まり、結果として最短時間で到達できる経路をたどっているに過ぎません。

## 屈折率とスネルの法則

光が屈折する割合のことを**屈折率**といい、光が真空中からある物質中へ進むときの屈折率を**絶対屈折率**といいます。絶対屈折率nは、真空中の光の速度cと、物質中の光の速度vの比で表すことができます。

$$屈折率^{*}（絶対屈折率）n=\frac{真空中の光速c}{物質中の光速v}$$

光が、ある物質から別の物質に進んだときの屈折率を**相対屈折率**といいます。相対屈折率は2つの物質の絶対屈折率の比で表します。いま、光が物質1から物質2へ進んだとき、物質1中と物質2中での光の速度をそれぞれ$v_1$、$v_2$、絶対屈折率をそれぞれ$n_1$、$n_2$とすると、

$$n_1=\frac{c}{v_1} \qquad n_2=\frac{c}{v_2}$$

となります。物質1に対する物質2の相対屈折率$n_{12}$は、

$$n_{12}=\frac{v_1}{v_2}=\frac{\frac{c}{n_1}}{\frac{c}{n_2}}=\frac{n_2}{n_1}$$

となります。空気の絶対屈折率は1に近い値なので、空気に対する物質の相対屈折率は、その物質の絶対屈折率とほとんど同じ値になります。

**図2.4.3　媒質の屈折率***

▼ナトリウムD線（589.6 nm）に対する屈折率

| 媒質 | 屈折率 |
|---|---|
| 空気（0℃） | 1.000292 |
| 水（20℃） | 1.3330 |
| 氷（0℃） | 1.309 |
| エチルアルコール | 1.3618 |
| 石英ガラス | 1.4585 |
| 水晶 | 1.5443 |
| ダイヤモンド | 2.4195 |

＊**屈折率**　一般に、単に屈折率というと、その物質の絶対屈折率を指す。
＊**媒質の屈折率**　『理科年表』（国立天文台編、丸善）より引用。

物質の屈折率がわかると、光が物質の境界面でどれぐらい折れ曲がるのかを求めることができます。光の屈折の現象そのものは昔から知られていましたが、光の屈折の法則性を定量的に見いだしたのは、オランダの天文学者・数学者**ヴィレブロルト・スネル**です。スネルは1615年に光の屈折の法則を発見しましたが、論文として残しませんでした。1637年にフランスの自然哲学者・数学者**ルネ・デカルト**が光の屈折の法則に関する論文を残していますが、現在では光の屈折の法則を発見したのはスネルとされており、光の屈折の法則は**スネルの法則**＊と呼ばれています。

スネルやデカルトが見いだした光の屈折の法則は、「入射角の正弦と屈折角の正弦の比は入射角の大きさによらず一定である」というものです。これを図で示すと、図2.4.4のようになります。つまり、入射光と垂線、屈折光と垂線がつくる2つの三角形の高さの比nが、常に一定となることを意味します。この図の例では、nは空気に対する水の相対屈折率です。水の絶対屈折率とほぼ同じ値となります。

**図2.4.4 スネルの法則**

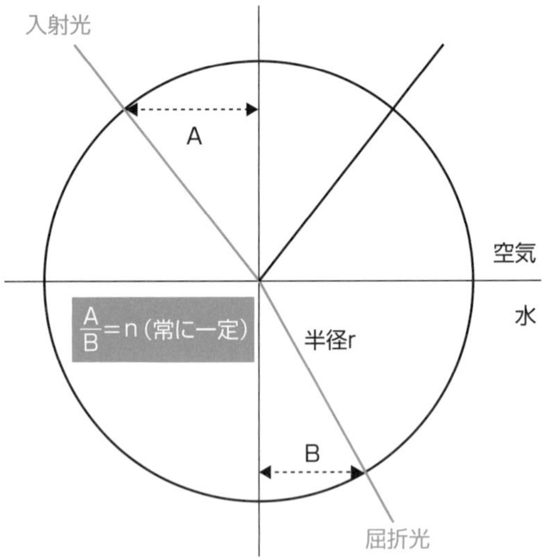

図2.4.5は、スネルの法則を示したものです。表は光が空気中から水中に入るときの入射角と屈折角の関係を示したものです。sin $\theta_1$とsin $\theta_2$の比は常に一定と

＊**スネルの法則** フランスでは、デカルトの法則またはデカルト・スネルの法則 と呼ばれることが多い。

なり、水の屈折率となります。入射角$\theta_1$が0度というのは、光が水面に垂直に進んでいる状態です。このとき光はそのまま直進しますので、屈折角$\theta_2$も0°になります。また、$\theta_1$や$\theta_2$が90°のとき、光は水面に沿って進んでいる状態です。

ところで、光は逆進性がありますから、光が水中から空気中に進むときの入射角と屈折角の大きさの関係は、表と同様な結果となります。ただし、この場合は入射角が$\theta_2$となり、屈折角が$\theta_1$となります。

図2.4.5　スネルの法則（一般化）

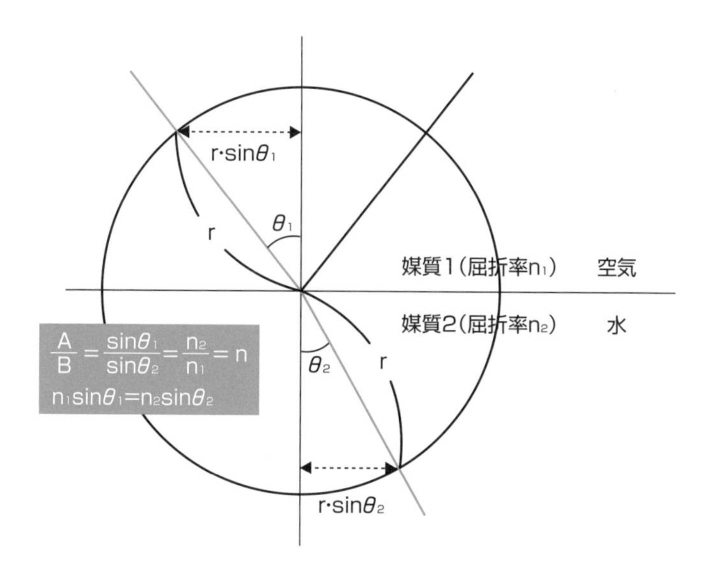


▼空気（$n_1$ = 1.0）と水（$n_2$ = 1.33）の場合の入射角$\theta_1$と屈折角$\theta_2$の関係

| $\theta_1$ | $\theta_2$ | $\sin\theta_1/\sin\theta_2$ |
|---|---|---|
| 0° | 0° | ― |
| 15° | 11.22° | 1.33 |
| 30° | 22.08° | 1.33 |
| 45° | 32.12° | 1.33 |
| 60° | 40.63° | 1.33 |
| 75° | 46.57° | 1.33 |

図2.4.6は、光が水中から空気中に進むときに全反射が起きる臨界角$\theta_1$をスネルの法則を使って求めたものです。水の臨界角$\theta_1$は48.75度となります。入射角が48.75度を超えると全反射が起き、空気中に出ていく光がなくなります。

図2.4.6 全反射の臨界角をスネルの法則で求める

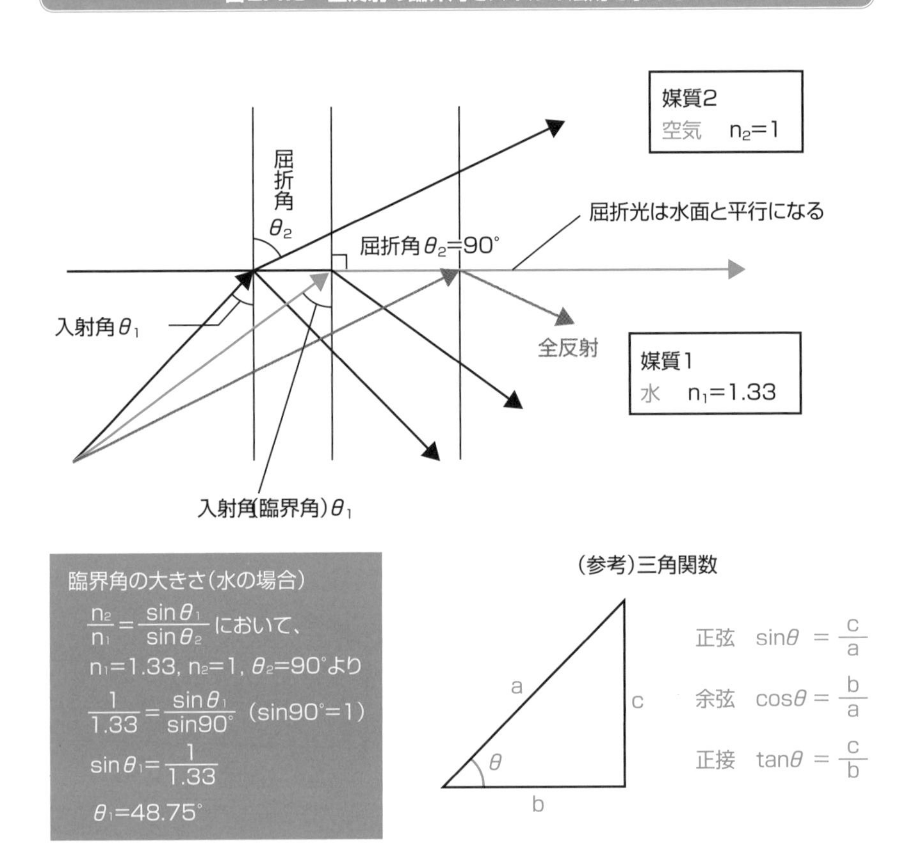


スネルの法則を使うと、屈折率が異なる2つの媒質の境界面で、光がどれくらい屈折するのかを計算で求めることができます。光学設計を行う場合、光の道筋を正確に求める必要がありますが、屈折光の道筋はスネルの法則で求めることができます。例えば、レンズの場合、光が屈折する境界面は球面ですが、図2.4.7のように、

光が入射する点の接平面を考えることによって、スネルの法則を適用することができます。

図2.4.7　球面に入射する光の屈折

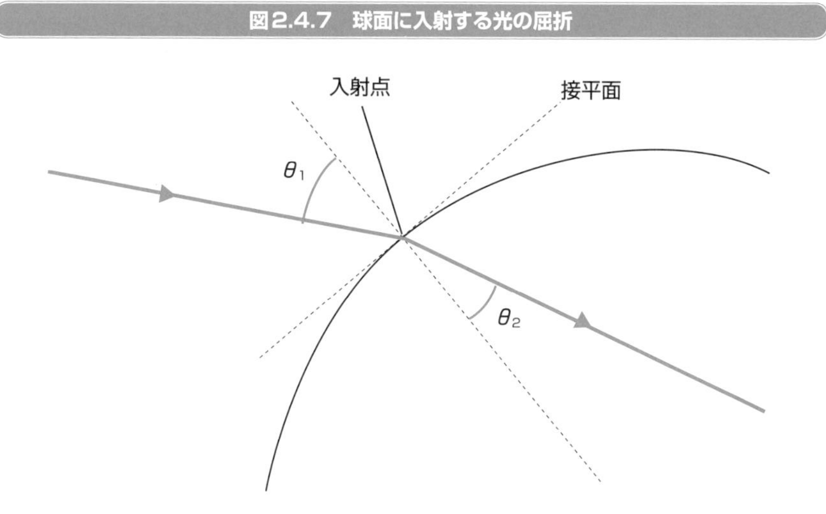


現在は、光学設計の現場では、複雑な計算は光学専用のコンピュータソフトウェアで行います。光の道筋をスネルの法則を使って手計算する必要はまずありませんが、コンピュータに頼りすぎると、基本がおろそかになる場合があります。まずは基本原理をしっかり理解しておく必要があります。原理を理解していれば、コンピュータに与える条件設定のミスなどで計算処理を間違った場合でも、計算結果がおかしいことが直感的にわかるようになります。

# 2-5
# 光の分散

雨上がりの空にかかる虹。あの美しい色の帯は、どのようにして大空に描かれるのでしょうか。

## プリズムによる光の分散

1666年、イギリスの物理学者**アイザック・ニュートン**は、太陽光をプリズムに通すと、図2.5.1（口絵⑥）のように赤から紫までの、連続して変化する光の色の帯が現れる現象について実験を行いました。この現象を**光の分散**といい、光の色の帯のことを**スペクトル**といいます。

図2.5.1　プリズムによる光の分散と光の波の仕組み

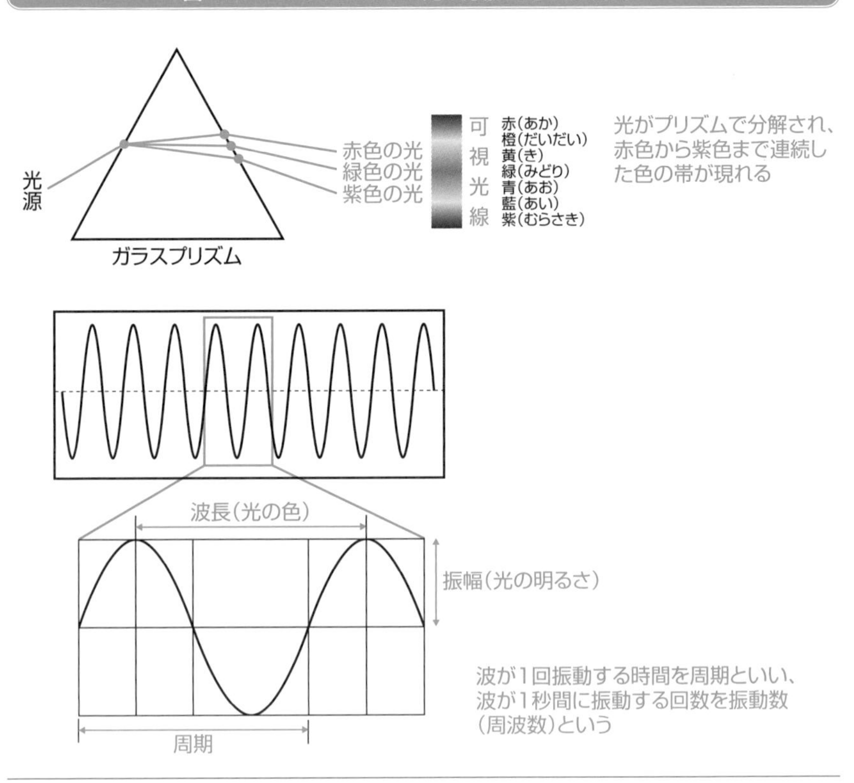

光の速度は、真空中では波長によらず一定ですが、物質中では波長が短い光ほど遅くなります。そのため、屈折率は波長が短い光ほど大きくなります。光の色は波長の違いであり、波長が短い方から長い方にしたがって紫から赤と変化します。プリズムで光を分散させたとき、もっとも大きく屈折するのは波長の短い紫色の光です。なお、ここで使った波長とは、光の真空中の波長のことです。光の色は本質的には、光の振動数に由来します。光の色は波長によって異なるという説明の「波長」には、「真空中（または空気中）の波長」という意味が暗黙の了解として含まれていることを覚えておくと良いでしょう。

光の分散からわかるように、太陽や電灯の光はたくさんの色の光が集まった光です。プリズムでとり出した、それ以上、分散させることができない単一の波長の光を、**単色光**といいます。また、プリズムで分散した一つひとつのたくさんの色の単色光を混合していくと、次第に明るい色となり、最後は色を失って元の無色の光になります。太陽や電灯の光のように、白い物体を白く見せる光のことを**白色光**といいます。プリズムでできた光の色の帯が、私たちの目が感じることのできる光であり、この範囲の光のことを**可視光線**といいます。

## 虹はなぜできるのか

雨が降ったあとの空には、たくさんの小さな水滴が浮かんでいます。このたくさんの小さな水滴に太陽の光があたると、水滴がプリズムと同じような働きをして**虹**を作ります。もちろん、球形の水滴中の光の道筋は三角形のプリズム中とは異なりますし、虹ができる仕組みは、プリズムで光の色の帯ができる仕組みより複雑です。

図2.5.2（A）のように、太陽の光が水滴にあたると、光は水滴の表面で反射したり、屈折したりして水滴の中に入ります。水滴の中に入った光は、その一部が水滴と空気の境界面で反射し、再び水滴の表面で屈折して外へ出てきます。この外へ出てくる光は、光の色によってある特定の角度で強くなります。この角度が、赤い色の光では約42°、青紫色の光では約40°になります。これが普段、私たちが虹と呼んでいる明るい光の色の帯ができる仕組みです。この虹を**主虹**といいます。

主虹の上に、もう一つぼんやりとした色の順番が主虹と逆になった虹が見えることがあります。この虹を**副虹**といいます。副虹は同図（B）のように、水滴の中で2回反射して出てくる光によってできる虹です。赤い色の光は約51°、紫色の光は約53°

になります。

ところで、虹が円弧に見えるのはどうしてでしょうか。例えば、赤い光がやってくる方向は、同図（C）の角POQで作られる大きなコンパスで描かれた半円となります。ですから、空に赤い色の半円の帯が見えることになります。他の色も同様です。

なお、虹は7色といわれますが、実際には口絵⑦のように赤から紫まで連続的に色が変化しており、たくさんの色の光からできています。

図2.5.2　虹ができる仕組み

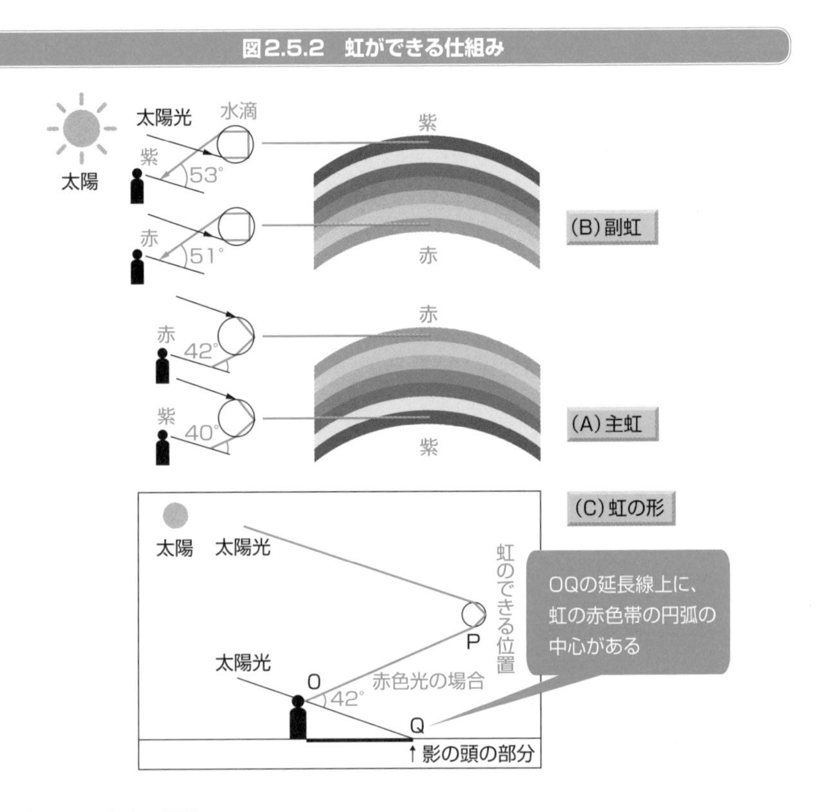


## ▶▶ スペクトルとは何か

ニュートンは、光の分散でできた連続した光の色の帯のことを**スペクトル**と名づけました。一般に、スペクトルとは光の成分を波長の順に並べたものです。スペクトルには、ニュートンの**可視スペクトル**のように連続的な色の帯として現れる**連続スペクトル**（口絵⑧）と、不連続にとびとびの線や帯が現れるスペクトルがあります。

トンネルの照明に使われているナトリウム灯（口絵④）の黄色い光は単色光です。この光のスペクトルを調べると、口絵⑨のような**輝線**＊が見えます。また、青白い光を出す水銀灯の光のスペクトルを調べると、何本かのとびとびの輝線からできています。このようなスペクトルを**線スペクトル**といいます。

線スペクトルは、原子の発光や吸収に伴って現れます。ナトリウム灯が黄色、水銀灯が青白い色の光を出すのは、ナトリウムや水銀の原子に電気エネルギーの刺激が与えられるからです。その結果、ナトリウムと水銀の原子がそれぞれ特有な波長の輝線をもつ線スペクトルを出します（**発光**）。

また、原子は自分が出す光と同じ波長の光を吸収するという性質があります。例えば、低温のナトリウム原子に白色光をあてると、さきほどの輝線と同じ波長の光が吸収され、白色光の連続スペクトルに**暗線**＊が現れます（**吸収**）。

複数の原子からなる分子では、線スペクトルが集まった幅のあるスペクトルとなります。これを**帯スペクトル**といいます。図2.5.3はベンゾ(a)ピレンという物質の紫外吸収スペクトル（UVスペクトル）です。横軸が光の波長、縦軸は光の吸収の度合を示しています。

原子や分子が出したり吸収したりする光を調べると、原子や分子の内部がどのようになっているかを知ることができます。スペクトルはその重要な手がかりであり、スペクトルを解析することによって物質を分析する装置が最先端の科学・技術で活躍しています。

**図2.5.3 スペクトルの例**

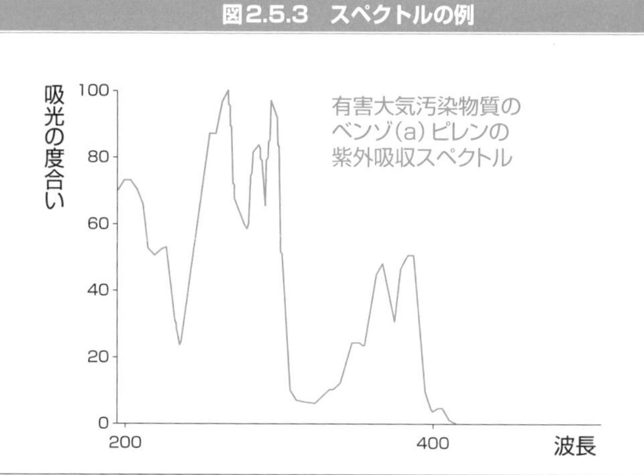


＊**輝線** スペクトルにおいて発光により線状に明るく輝いているところ。
＊**暗線** スペクトルにおいて光が吸収されて線状に暗くなっているところ。

# 2-6

# 光の回折と干渉

光の正体が粒子なのか波なのかについては、昔から論争があり、なかなか決着がつきませんでした。ところが19世紀になると、光が波でなければ説明がつかない実験結果が出てきました。それが、光の回折や干渉といった現象です。

## 粒子説と波動説

1672年、ニュートンは光は粒子であるという**粒子説**を唱えました。これに対して、オランダの物理学者**クリスティアーン・ホイヘンス**は、光は波であるいう**波動説**を唱えました。ニュートンは、「光線は光の最小の粒子の流れであり、光が波だとすると、光が物体の影を鮮明に作ることや、光が直進することを説明できない」と主張しました。これに対してホイヘンスは、光の直進について、「たくさんの球面波が重なり平面波となって直進する」と説明し、その原理から反射や屈折などの現象の仕組みを解き明かし、光が波であると主張しました。

図2.6.1　ホイヘンスの原理（球面波と平面波）

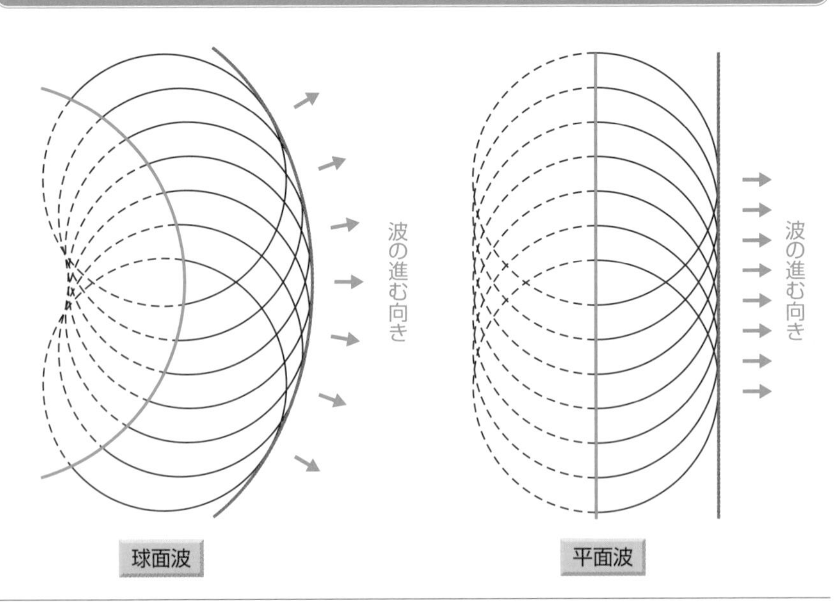


＊**回り込む現象**　イタリアの物理学者**フランチェスコ・マリア・グリマルディ**は、細い棒に光をあてると、棒の影ができる部分に光が回り込む現象を発見し、この現象を回折と名付けた。

ホイヘンスの理論はしっかりしていましたが、光の現象が何とか粒子説で説明できたことや、万有引力の法則を発見したニュートンの権威もあって、当時の科学者たちの多くは粒子説を支持しました。

## 光の回折

光が波だと考えられた現象に**光の回折**があります。回折は波が広がって物陰に回り込む現象です。例えば、音波は物陰にも伝わります。また、ビルの谷間などの物陰で携帯電話が使えるのは、電波が回折するからです。これに対して、光は物体の後ろに影を作ります。このことは、光が回折しないことを意味しています。ところが、1665年に光が広がって物陰に回り込む現象*が見つかったのです。

もし、光が粒子ならば、スリットを通った光が作る像は図2.6.2（A)のようにスリットの形になるはずです。実際、スリットの幅が光の波長に比べて十分に大きいときはそのようになります。しかし、スリットの幅を、光の波長の数倍ほどまで小さくすると、同図（B）のように中心の明るい光の両側にも光が届いて、縞模様が見え

図2.6.2　光の回折

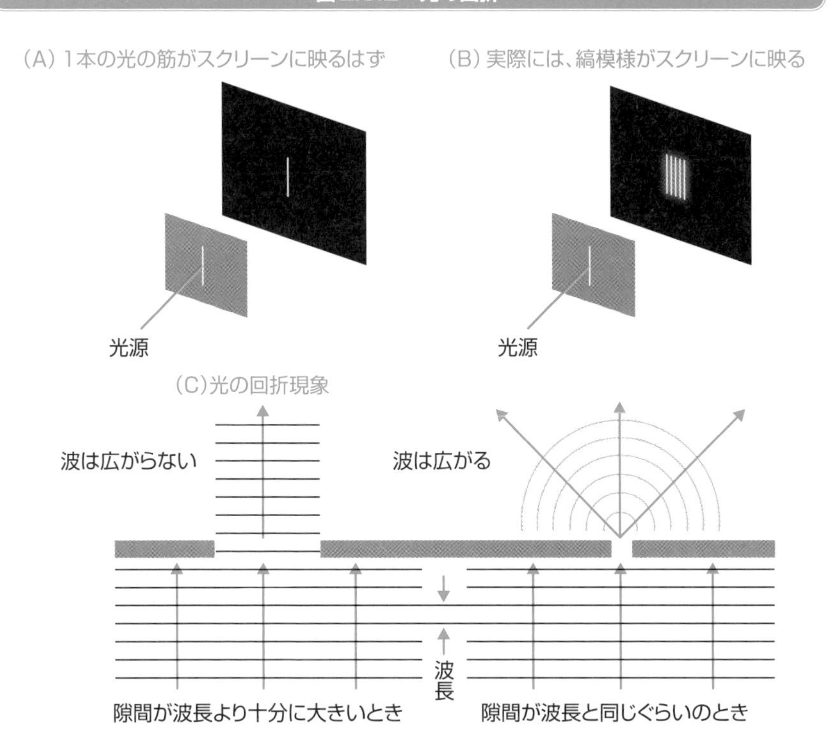

ます。このような縞模様が見えるのは、光の波がスリットを通ったあと、同図 (C) のように広がるからです。

光は波長があまりにも短いため、日常生活の中では光の回折現象を目にする機会はありません。しかし、光もその波長の大きさと同じぐらいの微小な領域では、音波や電波のように回折することがわかったのです。この回折現象の発見は、光が波である有力な証拠になりました。

## 光の干渉

**干渉**とは、複数の波が重ね合わさるときに、波と波が強め合ったり、弱め合ったりして、新しい波形ができる現象です。図2.6.3は2つの波が重ね合わさったときの干渉の様子を示したものです。

図2.6.3 2つの干渉縞

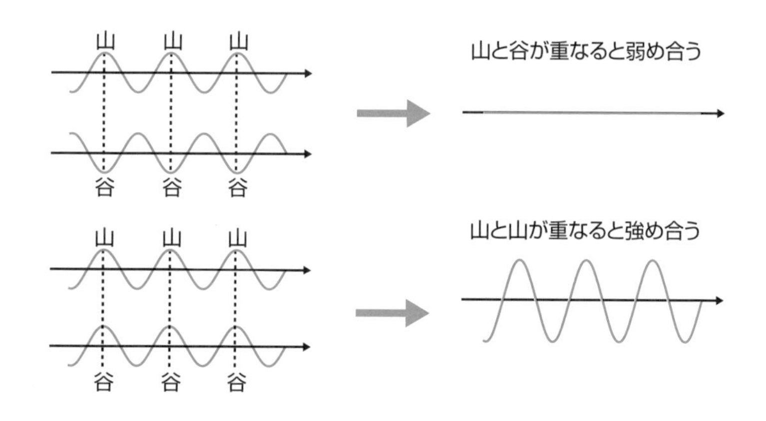


前述の単スリットで光が広がってできた縞模様を**回折縞**といいます。回折縞は明るい部分と暗い部分からできています。回折縞を実験で観察し、光が干渉することを確かめたのはイギリスの物理学者**トーマス・ヤング**です。彼は19世紀の初頭に図2.6.4のような実験を行いました。この実験は、今日では**ヤングの実験**と呼ばれています。彼は光源から出た光を、まず1段目のスリット$S_0$に通しました。$S_0$を通った光は回折して広がり、続いて2段目の2つのスリット$S_1$、$S_2$を通ります。この2つのスリットを通った光も、それぞれ回折を起こしスクリーンに到達します。

$S_0$から$S_1$、$S_2$までの距離は同じですから、$S_1$と$S_2$から出た光は同じ条件の波となりますが、この2つの波が干渉してスクリーンには明暗が繰り返された縞模様が映しだされます。この縞模様を**干渉縞**といいます。

図2.6.4　ヤングの干渉実験

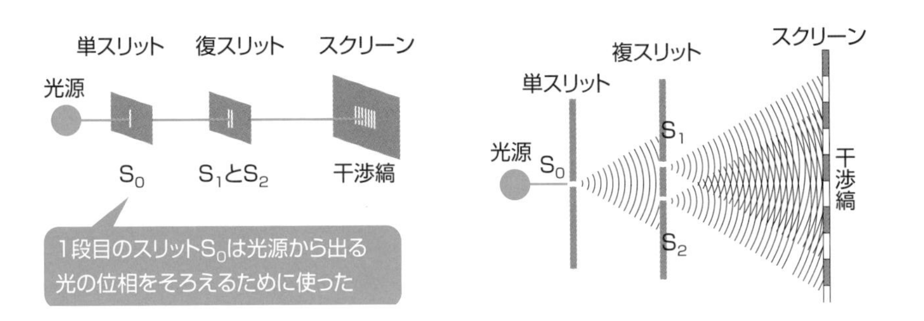


ここで、図2.6.5のように、スクリーン上の点Oからある距離だけ離れた点Pに届く2つの光の波の干渉を考えてみます。

図2.6.5　ヤングの実験の概略図

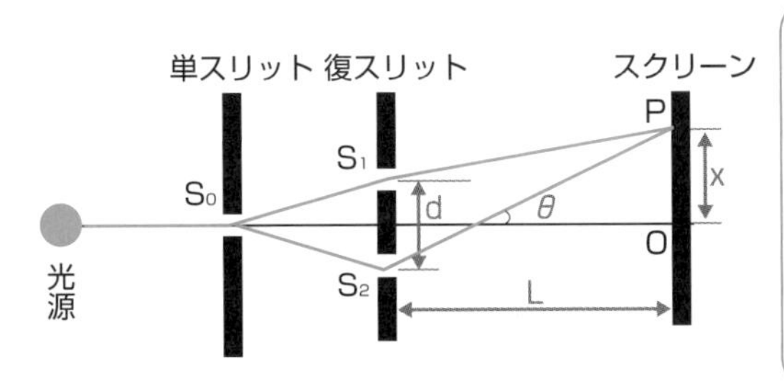


Lはdより十分に大きいので$S_1P$と$S_2P$は平行と考えることができる。θは非常に小さいためsinθ≒tanθと近似できる。よって光路差は、

$$|S_1P - S_2P| = d\sin\theta \fallingdotseq d\tan\theta = d\frac{X}{L}$$

図2.6.6（A）のように、2つの光の道筋$S_1P$、$S_2P$の距離の差（光路差）が光の波長の整数倍のとき、2つの光の波は点Pにおいて波と波の山が重なり合って強め合い明るくなります。一方、同図（B）のように、光路差が波長の（整数倍＋波長/2）のとき、山と谷が重なって弱め合い、暗くなります。ヤングの実験によって、光が干渉することが示され、光は波であるということが結論づけられたのです。

**図2.6.6　光路差と波の干渉**

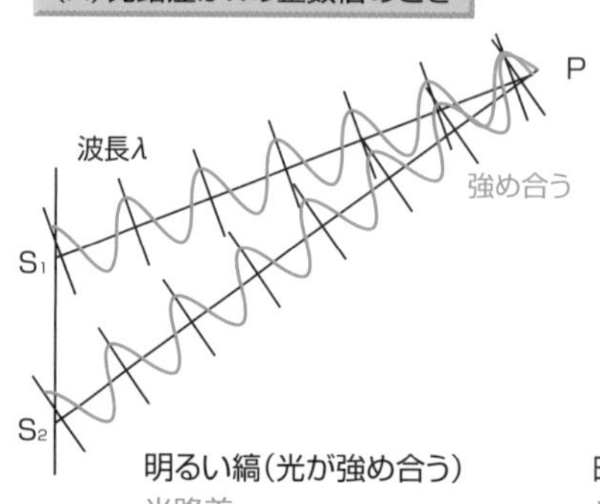


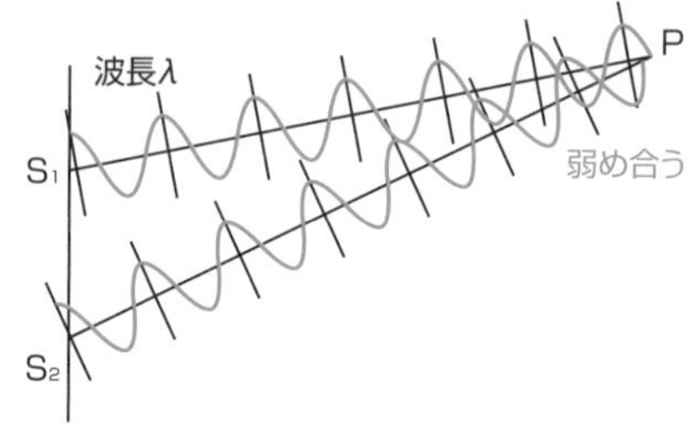


明るい縞(光が強め合う)

光路差

$|S_1P-S_2P| = d\frac{x}{L} = m\lambda$

暗い縞(光が弱め合う)

光路差

$|S_1P-S_2P| = d\frac{x}{L} = m\lambda \quad \frac{\lambda}{2} = (m+\frac{1}{2})\lambda$

(mは整数、m=0,1,2,…)

## COLUMN シャボン玉でできる虹

シャボン玉の表面や水面に広がった油膜には、虹のような美しい色の縞模様がつきます。この現象も、光の干渉によるものです(口絵⑩)。

シャボン玉や油膜の虹は、薄膜による光の干渉によって生じます。次の図のように、光が薄い膜にあたると、光の一部は表面で反射しますが、膜の表面で屈折して膜の中に入った光は、膜の中で反射して再び膜の外に出てきます。この2つの光が干渉し合い、光が強め合うところと弱め合うところができるため、膜が色づいて見えるのです。

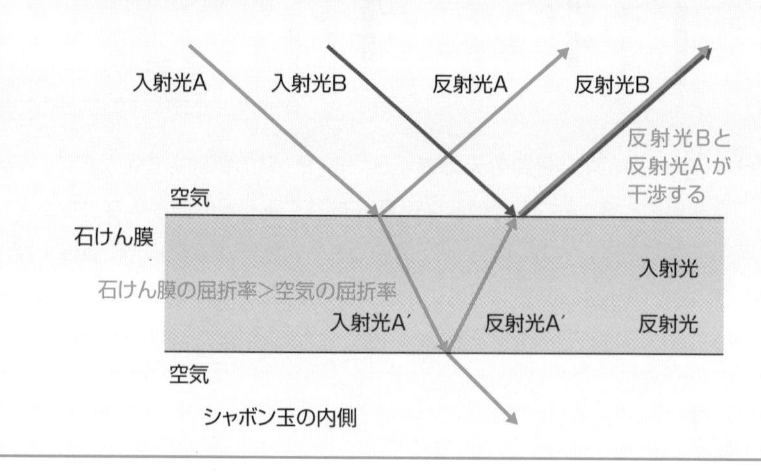

## 回折格子

　ヤングの実験で、たくさんのスリットを規則的に並べた**複スリット**を用いると、より明暗がはっきりした干渉縞が現れます。このような働きをするものを**回折格子**と呼びます。ガラスなどの表面にたくさんの溝を等間隔にきざんだものを、**透過型の回折格子**といいます。光は溝の部分で乱反射するため、透過することができませんが、溝と溝の間の透明な部分は透過するので、スリットと同じ働きをします。

　よく磨いた金属の表面や鏡の表面に小さな溝を等間隔にきざみ、そこに光をあてると、反射光は干渉します。このようなものを**反射型の回折格子**といいます。口絵⑪のようにCD-ROMの裏面に電灯を映すと虹が見えますが、これはCD-ROMの裏面に情報を記憶するための溝が等間隔にきざまれており、その溝が図2.6.7のように回折格子と同じ働きをするためです。

図2.6.7　CD-ROMの裏面に生じる光の回折と干渉

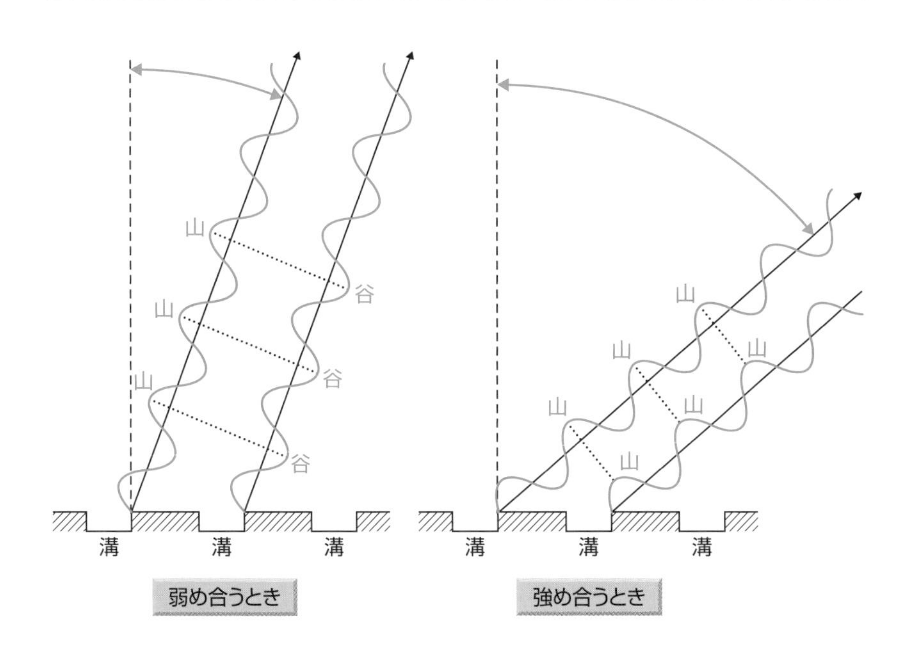

# 2-7
# 光が偏るとは？　…偏光

光が波であることを示す現象に、偏光という現象があります。偏光によって、光がどのように空間を伝わる波なのかが解き明かされました。

## 波とは何か

静かな水の上に石を落とすと、波紋が広がります。このとき、水面に浮かぶ木の葉は、その場で揺れているだけです。木の葉と波を伝える媒質の水は、波と一緒に移動するわけではありません。これは、サッカー場などで観客が作るウェーブで考えるとわかりやすいでしょう。観客一人ひとりは、単に立ち上がって座るだけですが、観客席に波が伝わっていくように見えます。

ギターの弦を弾くと、弦が振動して音が出ます。ギターの弦から出るのは音波です。音は真空中では聞こえませんが、これは真空の空間には音波を伝える媒質となる空気がないためです。このように波が伝わるためには、媒質が必要となります。媒質が振動して波の形を作り、波を伝えていくのです。

## 光は縦波か横波か

図2.7.1のように、波には進行方向と垂直な方向に振動する横波と、進行方向と同じ方向に振動する縦波があります。

図2.7.1　横波と縦波

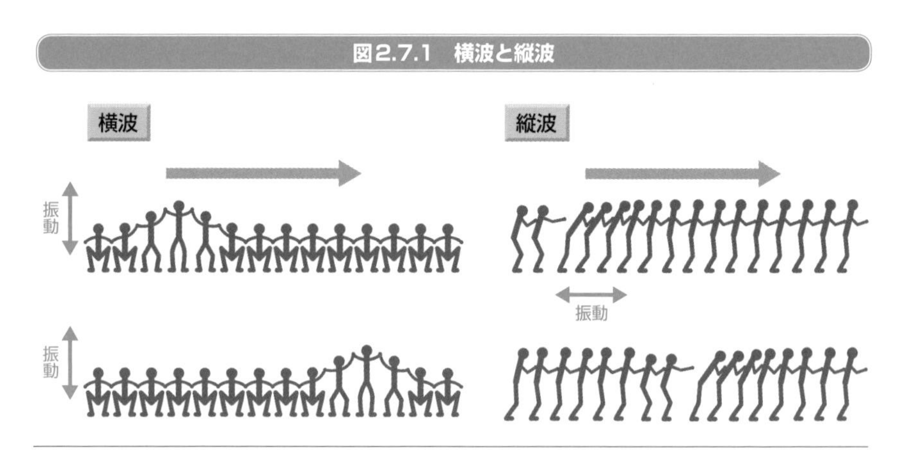

図2.7.2は横波の振動の様子を示したものです。横波は縦波と異なり、進行方向と垂直な様々な面で振動することができます。ですから、横波は振動する方向と波が進む方向を１つの平面で考えることができます。

図2.7.2　横波の振動の様子

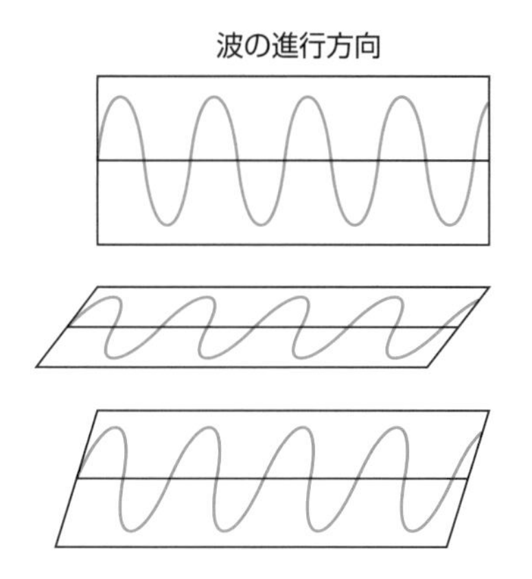


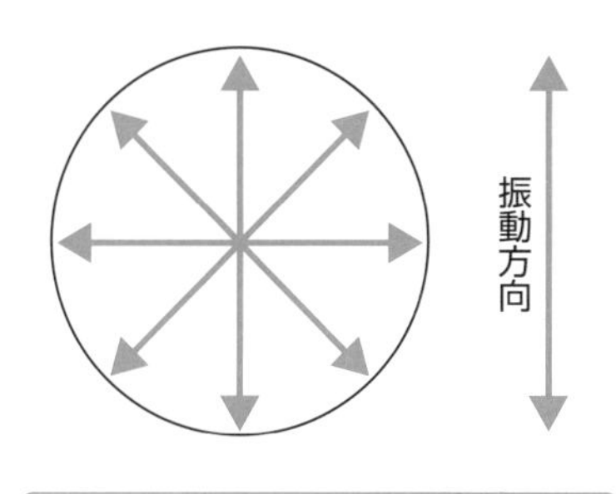




## 自然光と偏光

光は古くから縦波である音波と比較されることが多かったため、縦波と考えられていました。光の波が縦波か横波かは、決まった方向に振動する波だけを通す**偏光板**を使うことによって調べることができます。図2.7.3のように、太陽や電灯などの**自然光**を偏光板に通すと、光の波の振動方向がそろいます。光がこのように平面内で振動することを光の偏りといい、振動面がそろった光を**偏光**（**直線偏光**または**平面偏光**）といいます。自然光には振動面がさまざまな光の波が均等に含まれています。

図2.7.3　偏光板に光を通す

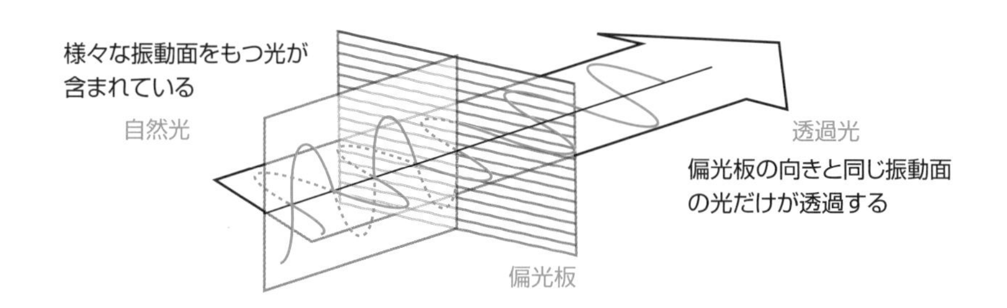

光が縦波かどうかは2枚の偏光板を使うとより明快に確かめることができます。図2.7.4（A）のように、光を同じ向きの2枚の偏光板に通すと光は通り抜けます。しかし、光は同図（B）のように向きの異なる2枚の偏光板を通り抜けることができません。もしも、光が縦波ならば、光の波は偏光板の向きにかかわらず通り抜けていくはずです。

図2.7.4 偏光

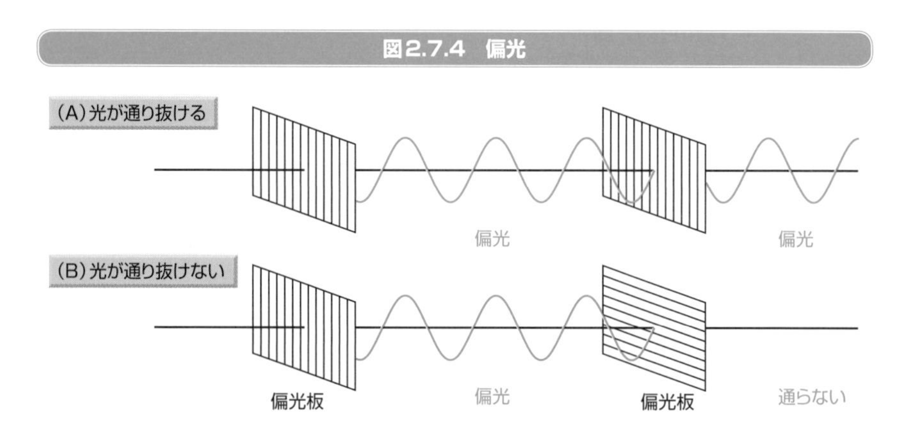


図2.7.5は実際に光を2枚の偏光板を通したときの様子を撮影したものです。2枚の偏光板を重ねて、1枚の偏光板を回転させると、偏光板が90°回転するごとに明るさが変わります。このように、偏光がその振動方向と向きの異なる偏光板を通り抜けることができないことから、光の波は、波の進行方向と振動方向が互いに垂直な横波であると結論づけることができます。ところで、ホイヘンスやヤングは光は縦波と考えていました。光の偏向の現象から、光が横波であることを結論づけたのはフランスの物理学者**オーギュスタン・ジャン・フレネル**です。

図2.7.5 偏光の例

▼光が通り抜けない

▼光が通り抜ける

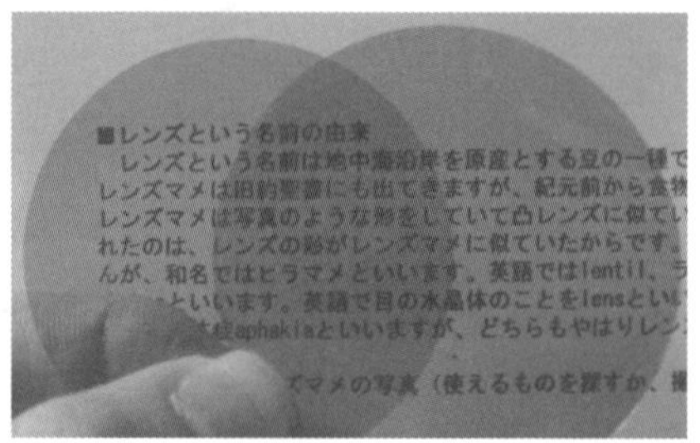

## ブリュースターの法則

魚釣りをするとき、水面で光が反射して水中がよく見えないことがあります。このとき、偏光眼鏡をかけると、水中が見やすくなります。どうして偏光眼鏡をかけると、水中が見やすくなるのでしょうか？

2-3節で、光の反射と屈折について説明しました。自然光はあらゆる面で振動する光を含んでいるため、全体としては偏光の特性を示しませんが、反射光や屈折光は均等ではなく、光の偏りがあります。このような光の状態を、**部分偏光**といいます。水面で照り返す反射光は部分偏光となっているため、偏光眼鏡で反射光だけをさえぎると、水中がよく見えるようになるのです。

図2.7.6のように反射光と屈折光のなす角度が90°のときに、反射光は完全な平面偏光、すなわち**完全偏光**となります。これを**ブリュースター*の法則**といいます。

図2.7.6　ブリュースターの法則

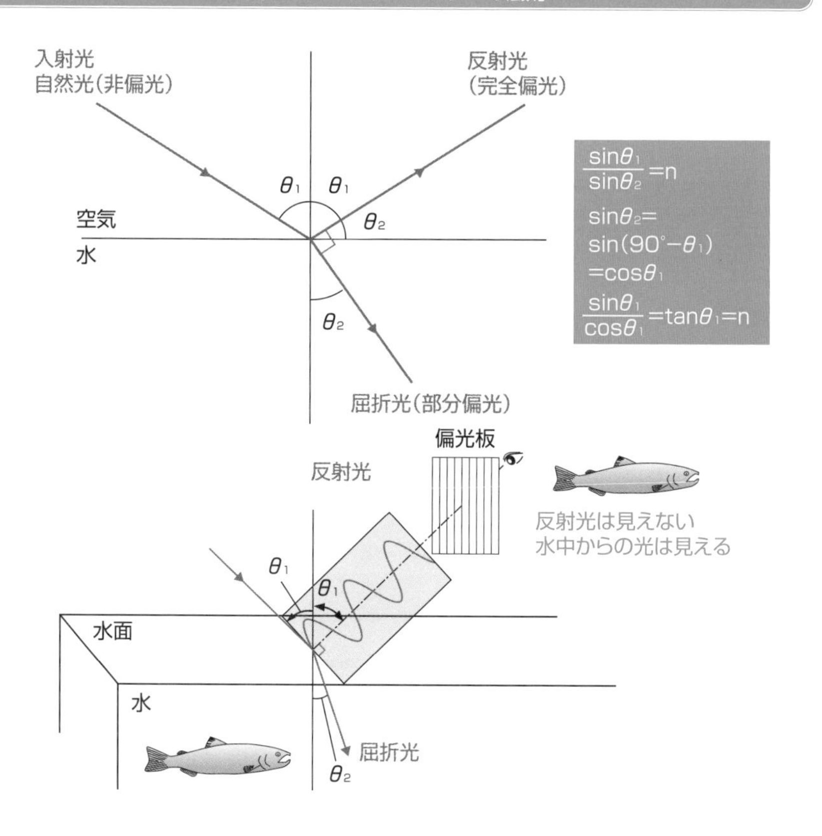

同図の式にガラスの屈折率n=1.54をあてはめると、$\theta_1$が57°になります。水の場合は屈折率nが1.33ですから、$\theta_1$は53°になります。反射光が完全な平面偏光になる角度のことを、**ブリュースターの角**または**偏光角**といいます。

ガラス越しに外の景色を見ようとしたとき、ガラスに部屋の中が写り込んで見えにくい場合があります。ガラスで反射した光は偏っているので、反射光には偏光板を通ることができない光が含まれています。一方、ガラスの外からやってくる光には、偏光板を通る光が含まれています。ですから、偏光板を通して見ると反射光に邪魔されずにガラス窓の外の景色を見ることができます。

これを利用したのが、偏光眼鏡やカメラのレンズにとりつける偏光フィルターです。図2.7.7はガラスを撮影したものですが、偏光フィルターを使った右側の写真では、手前の白い物体がガラスに映り込んでおらず、ガラスの向う側が反射光に邪魔されずに映っています。

このように、偏光フィルターを使うと、反射光が映り込まなくなりますが、偏光角以外の角度で入射して反射する光は完全偏光ではないため、角度によっては効果が期待できない場合があります。

**図2.7.7 偏光フィルターを使うと…**

▼偏光フィルターなし

▼偏光フィルターあり

偏光フィルターを使ってガラスに映る物体を撮影すると、反射光が写りこまない

＊**デイヴィッド・ブリュースター** 1781－1868年。スコットランドの物理学者。1813年に万華鏡を発明したことでも有名。

# 2-8

# どうしてものが見えるのか

2-1節で、光がなければ物体は見えないと説明しました。それでは、私たちはどのようにして物体を見ているのでしょうか。また、色が見えるのはどうしてでしょうか。



## 「ものが見える」とは

ヒトの眼球*は、ボールのような形をしています。眼球は眼に入る光の量を調整する**虹彩**、レンズの働きをする**角膜**と**水晶体**、光を感じる**網膜**で構成されています。

眼球に入った光はまず角膜で屈折します。続いて、虹彩で光の量が調節され、水晶体で再び屈折して、網膜に像を結びます。眼は遠くのものや近くのものを見るときには、水晶体の厚みを変えてピントを合わせます。

網膜には光を感じる細胞がたくさんあります。網膜に光があたると、網膜で感じた光の色や明るさなどの刺激が**視神経**を通って脳へ伝わります。脳はその刺激の情報をもとに複雑な処理を行います。その結果、私たちは物体を見ることができるのです。物体が見えるというのは、網膜が物体の色や形を光の情報として感じ、脳がその光の情報をもとに物体の色や形を認識するということです。この眼と脳の働きがあって、私たちはものを見ることができるのです。

図2.8.1　眼の構造と、ものが見える仕組み

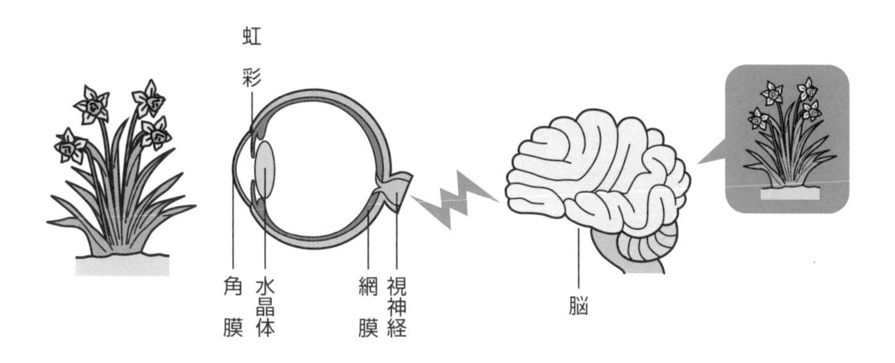


*眼球　眼の仕組みの詳細は第6章で説明する。

網膜できちんと物体からの光をとらえることができないと、物体を正確に見ることができません。近眼、遠視、老眼の人がものをよく見ることができないのは、眼のピントを調節する機能が低下しているため、物体の形を網膜で正確にとらえることができないからです。網膜で物体の形を正確にとらえることができないと、脳でも物体の形を正確に認識できません。逆に、脳の働きのために、物体の形を正確にとらえられない現象例もあります。それが、いわゆる**錯視**です。

図2.8.2　錯視の例

▼本来ないはずの「△」が見える

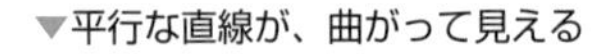


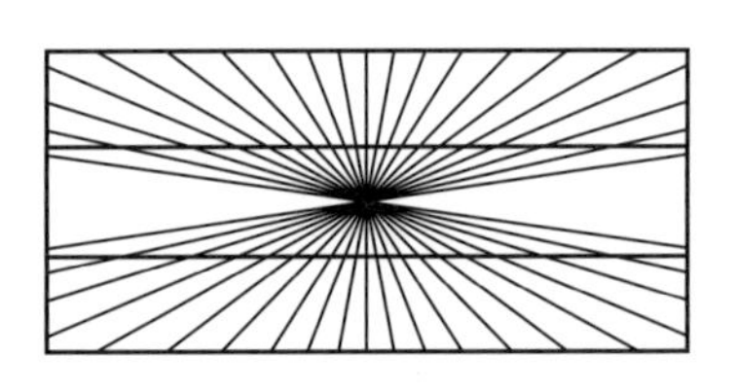

## 色はどうして見えるのか

青い空、緑の森林、赤い夕焼け空……光に照らし出されたところには、色があふれています。私たちは、どのようにして色を見ているのでしょうか。

ヒトの眼の網膜には、赤い光、緑の光、青い光を受けると刺激されて興奮する３種類の**錐体**という細胞があります。３つの錐体の光に対する反応を調べると、**赤錐体**は560 nm、**緑錐体**は530 nm、**青錐体**は430 nm付近の波長の光に、感度のピークがあります。それぞれの錐体の刺激の度合いは、目に入ってきた光の色や明るさによって決まります。それぞれの錐体が受けた刺激は、視神経を通って脳に送られます。脳は３種類の細胞が受けとった刺激の割合から、物体の色が何色なのかを判断します。

例えば、ヒトの眼の網膜には、黄色い光を受けとる錐体がありません。ところが、私たちは黄色を見ることができます。実は３種類の錐体は、それぞれ赤と緑と青の光だけに反応するわけではなく、図2.8.3のように、ある程度の幅をもって反応します。例えば黄色い光を受けると、赤と緑の錐体が刺激を受けます。赤と緑の錐体が刺激を受けると、その光が黄色であると判断するのです。黄色以外の光の場合も、同様にしてその色を判断します＊。

図2.8.3　視細胞の感度曲線

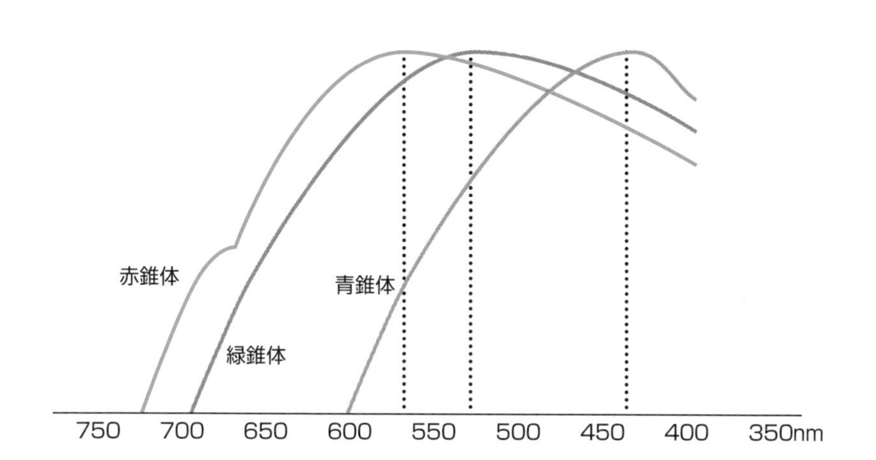


私たちが認識している色は、私たち人間の視覚に密接に関係しています。昆虫には、赤い色を見ることができないものや、紫外線が見えるものがいます。鳥は錐体を４種類もっており、人間よりも色を識別する能力が高いと考えられています。逆に、イヌやネコは錐体を２種類しかもっていません。色は見えているはずですが、私たちと比べると色を識別する能力は低いでしょう。

ところで、カメラで景色を撮影したあと、写真を見て、実際に見た景色の色と違うと感じたことはないでしょうか。例えば、夕方に太陽光が赤みがかったりすると、写真の中の物体が、私たちが目で見たときの色と違う色に写っている場合があります。これは、写真が光の色を機械的に正確にとらえるからです。

私たちは網膜にある３つの錐体で色を感じていますが、色を判断しているのは脳です。脳は３つの錐体の刺激の割合だけで色を判断しているのではなく、物体やその周囲の情報と一緒に色を判断します。ですから、太陽光、蛍光灯、白熱電球など、ある程度、色味の異なる光源のもとでも、赤は赤、緑は緑、青は青に見えるのです。

＊…**判断します**　この働きのため、例えば、一口に赤色といっても色みが違う様々な赤色を区別することができる。

## COLUMN 物体はどのようにして見えるのかを研究した人びと

古代ギリシャで考えられた視覚の仕組みには2つの説がありました。一つはエンペドクレスなどの四元素説を唱えた哲学者が考えた外送理論であり、もう一つはデモクリトスなどの原子論を唱えた哲学者が考えた内送理論です。

外送理論を主張した哲学者たちは目の中には火が灯されており、この火が目の外へ光を送り出し、この光によって視覚が生じると考えました。彼らは、私たちがものを見ることができるのは、目が光を出し、その光がものにあたって戻ってくるからだと考えました。そして、壁の向こう側にあるものが見えないのは、目から出た光が壁にさえぎられて物体に届かないからであり、遠くのものがぼんやりと見えるのは、目から出た光がものに届いて戻ってくるまでに弱まるからだと考えました。

しかし、外送理論では、暗闇でものが見えない理由を説明することができません。もちろん、彼らも、ものを見るためには、光源が必要であることを知っていましたが、光源の光だけで視覚が生じるとは考えなかったようです。

一方、内送理論を主張した哲学者たちは私たちがものを見ることができるのは、ものの表面から外皮または膜のようなものがはがれ落ちて目に入るからからだと考えました。ものを見ている瞳をのぞきこむと、瞳の中にものが映り込んでいることがその証拠であると主張しました。彼らは、壁の向こう側が見えないのは、物体からはがれたものが壁にさえぎられて目に届かないからであり、遠くのものがぼやけて見えるのは、物体からはがれたものが目に届くまでにいろいろなものにぶつかって崩れるからと説明しました。しかし、この考え方では、目より大きなものの皮や膜がどうして目に入るのかという疑問が生じました。

このように、多くの哲学者が「なぜ物体が見えるのか」について考えましたが、当時は「物体が見えること」と「光」の関係について十分に気がついていなかったようです。

目と光と物体の関係から、「なぜ物体が見えるのか」を明らかにしたのは、11世紀頃のアラビアのアルハーゼン＊です。彼は、「物体を見るということは、光が目に入ることである」と説明しました。そして、「光がなければものを見ることはできない。物体にあたった光は、物体の形や色を表す光となっていろいろな方向に跳ね返り、目に入る。その光が目に入ると、目の中に物体の像が映り、その像が神経を伝わって脳に行く」と説明したのです。彼の説明は、目の仕組みなどの点で誤りもありましたが、ほとんど正しかったのです。

目の構造や働き、物体が見える仕組みがわかったのは、17世紀になってからのことでした。

物体が見えるというのは、目が物体の色や形を光の情報として感じ、脳がその光の情報をもとに、物体の色や形を認識するということです。この脳の働きがあって、私たちは初めて物体を見ることができます。

「物体がどうして見えるのか」の研究は、目の研究から脳の研究へと移り変わり、現在も研究が進められていますが、よくわかっていないこともたくさんあります。

＊**アラビアのアルハーゼン**　イブン・アル＝ハイサム

# 2-9

# 光と色の三原色

カラーテレビは、赤、緑、青のたった3色の光で、実にたくさんの色を表現します。また、インクジェットプリンタは、シアン、マゼンタ、イエローの3色でたくさんの色を表現します。どうして、たった3色から様々な色を作ることができるのでしょうか。



## 光と色の三原色

**光の三原色**は、赤(R)、緑(G)、青(B)で、**色の三原色**は、シアン(C)、マゼンタ(M)、イエロー(Y)です(口絵⑫)。この3色を混ぜ合わせると、ほとんどすべての色を作り出すことができます。光の三原色は色光の混合です。真っ暗な部屋の中で白地のスクリーンに赤・緑・青の光をあてて混合した様子を示したものが光の三原色の図です。一方、色の三原色は色材の混合です。白色光に照らされた白紙の上でシアン・マゼンタ・イエローの色材を混合した様子を示したものが色の三原色の図です。光の三原色が重なった部分には、色の三原色が現れており、色の三原色が重なった部分には、光の三原色が現れています。

## 加法混色と減法混色

まず、光の色の混色について考えてみましょう。任意の2つの単色光を混ぜ合わせると、両方の光を含んだ別の色の光になります。例えば、赤と緑の単色光を混合すると、黄色に見える光ができます。同じように、たくさんの単色光を混ぜ合わせていくと、光の量と波長の種類が増え、光は次第に明るくなり、ついには白色光になります。このように、光の足し算で色を作ることを**加法混色**といいます。このことから、光の三原色を**加法混色の三原色**とも呼びます。赤、緑、青の光の三原色を任意の割合で混ぜると、ほとんどすべての色を作ることが可能です。光の三原色を利用したものが、カラーテレビです。カラーテレビには、様々な色が写りますが、それらの色はすべて光の三原色で作られています。

次に、絵の具など色材の色の混色について考えましょう。いろいろな色の絵の具を混ぜると黒ずんでいくのは、絵の具が光の吸収体だからです。光を吸収する絵の具を混ぜて別の色を作るということは、吸収される光が増えていき、絵の具で反射する光の波長の種類が減るということです。このように、光の引き算で色を作ることを**減法混色**といいます。このことから、色の三原色は**減法混色の三原色**とも呼ばれます。シアン、マゼンタ、イエローの３色を任意の割合で混ぜることによって、ほとんどすべての色を作り出すことができます。色の三原色の応用例は、カラーインクジェットプリンタなどのカラー印刷です。色の三原色を使って、見事に多くの色が作り出されます。

## 光の色と物体の色

光の三原色を同じ割合で混ぜると、白色光になります。この白色光は、３色で作られているため、さまざまな色の光が含まれている太陽の白色光とは光の成分が異なります。また、特定の２つの単色光を混ぜ合わせても白色を作ることができます。その２色の組み合わせを**補色**といいます。

一方、色の三原色を混ぜると、黒になります。黒い絵の具は、すべての光を吸収するから黒く見えるのです。補色の関係にある２色の絵の具を混ぜ合わせると灰色になります。

光と色の三原色の補色の組み合わせは、赤とシアン、緑とマゼンタ、青とイエローです。光と色の三原色はお互いに補色の関係になっています。例えば、青とイエローの光を混ぜると白色になるのは、青色光が青錐体を刺激し、黄色光が赤錐体と緑錐体を刺激するからです。青とイエローの絵の具を混ぜると白色にならずに灰色となるのは、絵の具が光の吸収体だからです。これは補色の絵の具を混ぜると無色になるが、下地の白い紙よりは光の反射率が低いので灰色になるということです。

私たちが目で見ている物体の色は、太陽などの光源から物体に届いた光のうち、物体が吸収しないで反射した光の色です。例えば、黄色い絵の具が黄色に見えるのは、絵の具が、白色光のうち青色系の光を吸収し、白色光から青色系の光を欠いた光を反射しているからです。その反射した光が、私たちには黄色に見えるのであって、絵の具が黄色の単色光だけを反射しているわけではありません。その証拠に、真っ暗な部屋の中で、黄色い絵の具に青色の光をあてると、反射する波長の光がほとんどないため黒っぽく見えます。口絵⑬は、光の三原色で作った白色光で、さまざまな色の絵の具を照らしたときの減法混色の仕組みを示したものです。

色の足し算は、私たちの目に届く光の色に関係し、色の引き算は、物体の色、物体を照らす光、物体で反射して目に届く光の色に関係しています。光と色の三原色で様々な色を「作る」というより、私たちが目で見ている色を「再現できる」と考えた方が的を射ているでしょう。

ところで、色について厳密に話すときには、その色がどのような光の色なのかを明確にする必要があります。例えば、私たちが見る黄色について、次の3つの場合を考えてみましょう。

❶トンネルの電灯が黄色いのは、電灯から黄色の光が出ているからです。
❷バナナが黄色いのは、バナナが黄色い光を反射しているからです。
❸テレビの画面に映っている黄色は、テレビの画面から黄色い光が出ているからです。

この3つの黄色い光はいずれも、私たちには「黄色」に見えます。しかし、光の成分を調べてみると、次のようにまったく異なる黄色い光であることがわかります。

❶口絵④のトンネルの電灯は、ナトリウムランプが使われています。ナトリウムランプは、黄色い単色光を出しています。この光は、私たちには黄色に見えます。
❷バナナは、白色光のうち青色系の光を吸収し、それ以外の光を反射しています。その反射した光は、私たちには黄色に見えます。
❸テレビの黄色は、光の三原色の赤色光と緑色光で作られています。赤色の単色光と緑色の単色光が混ざった光は、私たちには黄色に見えます。

**図2.9.1　光の成分は異なるのに同じ黄色に見える**

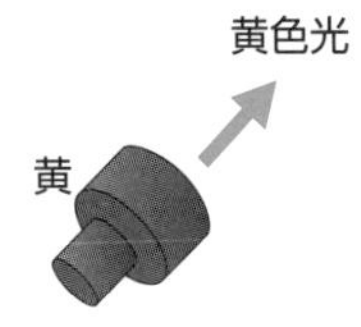


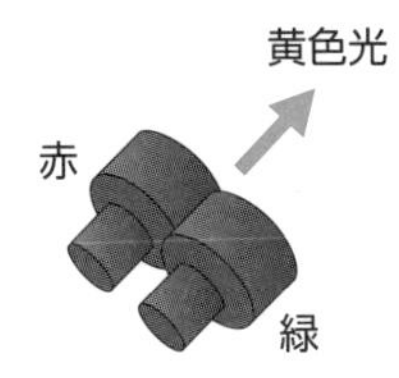


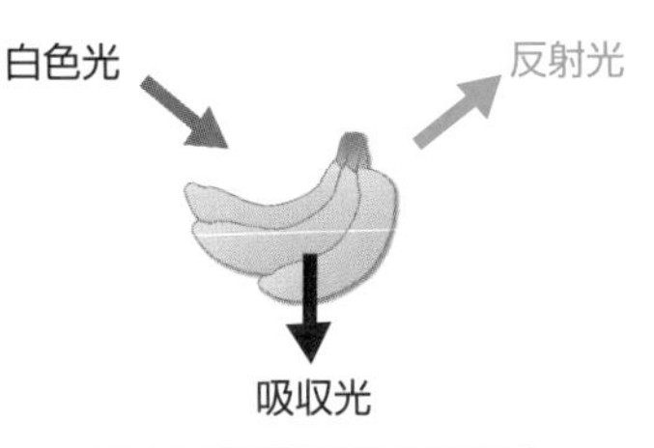


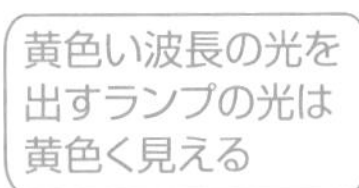


赤い波長の光と緑の波長の光を出すランプの光を混ぜた光は黄色く見える

バナナに白色光を当てたときバナナで反射する光は黄色く見える

# 2-10

# 「光る」とはどのようなことか

私たちのまわりには、光るものがたくさんあります。しかし、「光る」といっても、太陽や電灯のように自ら光を出すものと、夜空に輝く月や鏡のように光を反射して光るものがあります。ここでは、物体が自ら光を出す仕組みについて説明します。

## 熱放射

ニクロム線に電気と通すと、発熱して暗赤色となります。ニクロム線は、高温になるにつれて、様々な波長の光を出すようになり、さらに温度が高くなると白色光を出します。ニクロム線はニッケル―クロム―鉄を主成分とする合金ですが、電気が流れると金属の原子が激しく振動し、熱を出します。原子が振動するとき、原子中の電子が激しく振動します。その電子の振動エネルギーが光として放出されます。身近な電灯である白熱電球は、この原理で光っています。電気エネルギーをいったん熱に変換してから光を出すため、光っている白熱電球はとても熱くなっています。このように熱が光となる発光を**熱放射**といいます。

物体は、温度が低いときには赤色の光を出します。温度が高くなるにつれて白っぽい光を出すようになり、高温になると青白い光を出します。物体から出てくる光の色は物体の表面の温度で決まります。この関係を利用して、物体の色から、その温度を測定することができます。

例えば、製鉄所では、数千℃のどろどろに溶けた鉄の温度を、鉄の色から測定しています。また、夜空に輝く星には色がついていますが、この色は星の温度によって決まります。青白い色の星は表面温度が高く、赤い色の星は表面温度が低いことがわかります*。

光源の色を温度で表した数値を、**色温度**といいます。単位は絶対温度K*（ケルビン）です。昼間の太陽光の色温度は、約5500Kです。カメラのストロボは太陽と同じ色温度に設定されています。図2.10.1に様々な光源の色温度を示しました。

---

**＊…わかります**　ただし、色で温度がわかるのは、太陽のように自分で光を出している星だけである。地球や月は自分で光を出しているわけではないので、太陽光のあたりかたや反射の具合で色が変化する。この場合、星の色と温度は関係ない。

**＊絶対温度K**　物質の温度の下限は、絶対零度0K（−273.15℃）。このとき、物質の熱振動（原子の振動）はほとんど停止する。

図2.10.1 光源の色と色温度の関係

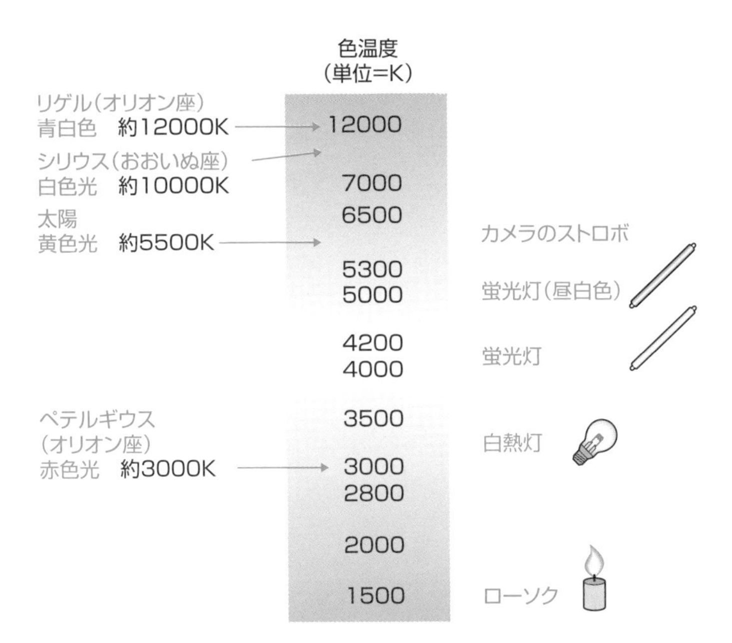


光源にはいろいろな種類があり、すべての光源が熱放射で光るわけではありません。しかし、色温度を使うと、すべての光源の色を熱放射で光る光源の色に換算して扱うことができます。例えば、蛍光灯の発光原理は熱放射ではありませんが、蛍光灯の色は昼白色（5000 K）や白色（4200 K）などと分類されます。

## ルミネッセンス

光ってる蛍光灯は、白熱電球に比べると、それほど熱くありません。これは蛍光灯が白熱電灯とは異なり、電気エネルギーを光に直接変換しているからです。また、パーティやコンサートで使われるスティック型のケミカルライトは、スティックを折ると化学反応が起こり、光を出し始めます。このとき、スティックは熱くなりません。ホタルは体内で化学反応を起こして光を出しますが、光っているお尻の部分をさわっても熱くありません。このように熱を伴わない光を**冷光**といいます。

物体が熱を伴わずに光を出す仕組みを考えてみましょう。物質はたくさんの原子からできています。原子はプラスの電気をもつ原子核とマイナスの電気をもつ電子からできています。通常、原子は原子核と電子の電荷がつり合った安定したエネルギー状態を維持しています。このとき、電子のエネルギー状態は安定した**基底状態**にあります。原子が外部から何らかのエネルギーによる刺激を受けると、電子のエネルギー状態が高くなり**励起状態**となります。励起状態となった電子は直ちに安定した基底状態に戻ります。このとき、電子は励起状態と基底状態の差分のエネルギーを放出します。この差分のエネルギーが可視光線のエネルギーに相当するとき、目に見える光が出てきます。

**ルミネッセンスの原理**

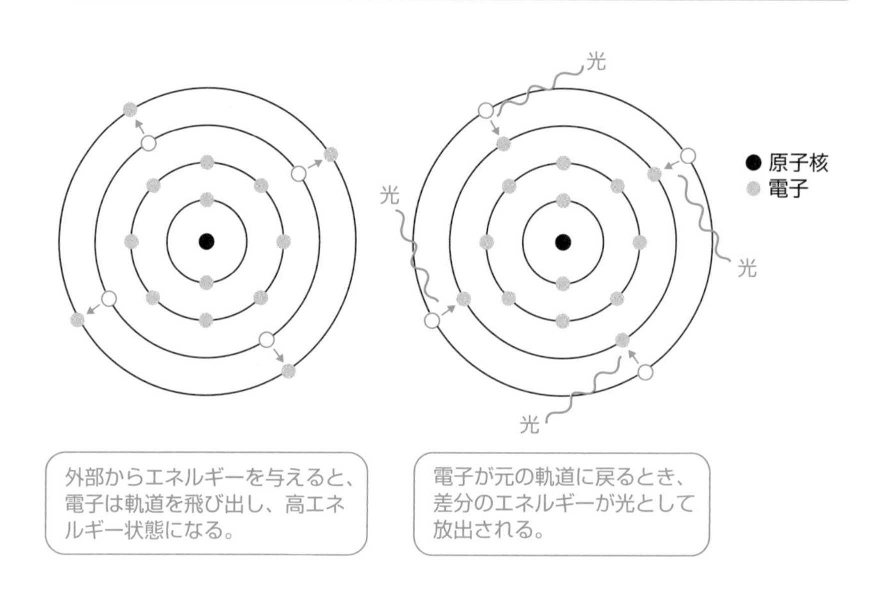


このような発光を**ルミネッセンス**と呼び、電子を励起状態にする刺激をつけて区別します。例えば、蛍光灯のように電気エネルギーを使うものは**エレクトロルミネッセンス**、ケミカルライトのように化学反応を使うものは**ケミカルルミネッセンス**、ホタルのように生物によるものは**バイオルミネッセンス**と呼ばれます。また、光をあてると、光を出す蛍光塗料は、光を刺激に使っているので**フォトルミネッセンス**と呼ばれます。

ルミネッセンスは原子や分子の中で電子がとるエネルギー状態が変化することで光が出てくる現象です。このような電子エネルギーの状態変化を**電子遷移**と呼びます。ルミネッセンスで物質が光り続けるのは、刺激が与え続けられ、電子エネルギーの状態変化が繰り返し起こるからです。刺激がなくなれば光は出てこなくなります。

ルミネッセンスの特殊な例として、**りん光**があります。りん光は電子が安定したエネルギー状態に戻るまでの時間が遅く、ジワジワと光を出します。夜光塗料がその例ですが、光のエネルギーを蓄えるという意味で**蓄光**とも呼ばれます。

熱放射にしろ、ルミネッセンスにしろ、物体の発光に共通するのは、電子がもつエネルギーの変化です。つまり、光は電子がもつエネルギーの姿形が変わったもの、といってもよいでしょう。



**図2.10.3 ルミネッセンスの例**

(A)バイオルミネッセンス
によるホタルの光

(B)りん光による脱出経路案内
—暗闇でも光り続ける

# 2-11

# 光の速度はどれぐらいか

**真っ暗な部屋で電灯をつけると、一瞬でに明るくなります。光はあまりにも速いため、光の速度を目でとらえることはできません。そのため、古代の多くの哲学者たちは、光は瞬時に伝わると考えました。光の速度はどのようにして測ったのでしょうか。**

## 光の速度を測った科学者

光の速さを最初に測定しようとしたのは、**ガリレオ**です。ガリレオは遠く離れた2つの山の頂にランプをもった人間を立たせ、一方からランプの光を送ったら、相手からすぐに光を送り返すという方法で光の速度を測定しようとしました。しかし、この方法ではとても光の速度は測ることはできなかったのです。

光の速度を初めて測ることに成功したのは、17世紀のデンマークの天文学者**オーレ・レーマー**です。彼は木星の衛星イオの食*が始まる時刻が季節によってずれることに気がつきました。地球と木星の距離は図2.11.1のように季節によって変わります。彼はこの距離ＡＢの分だけ食が始まる時刻がずれるのではないかと考えました。そして、もし光速が無限大なら時刻のずれは生じないと考え、1672年に光速は

図2.11.1　レーマーによる光速度測定

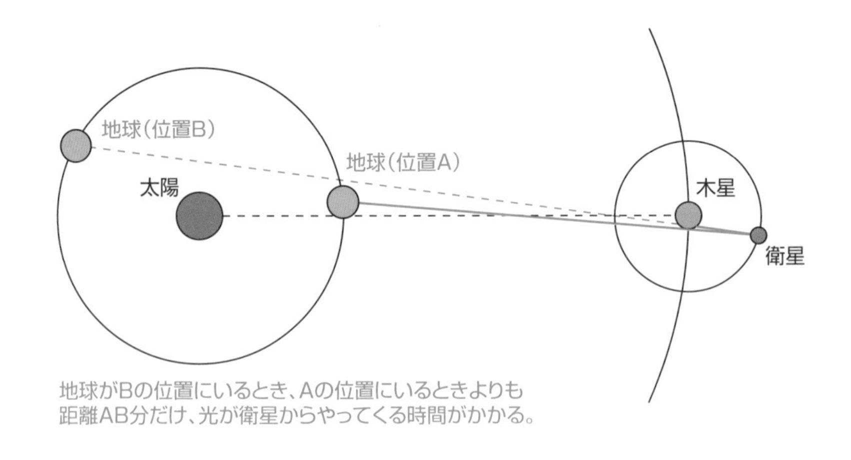


＊**食**　天体が別の天体によって隠れて見えなくなる現象。

有限であると報告しました。この報告のデータから光速を求めると、$2.27\times10^8$ m/sとなります*。

地球上の短い距離で初めて光速を測定するのに成功したのは、19世紀のフランスの物理学者**アルマン・フィゾー**です。彼は、1849年に図2.11.2に示すような光源と鏡の間に歯車をおいた装置で光速を測定しました。歯車を回転すると、光は歯車の歯でさえぎられたり、隙間を通り抜けたりします。このときの歯車と鏡の距離と、歯車の回転数から、光が歯車と鏡の間を往復する時間を計算しました。この実験から、フィゾーは光速を$3.13\times10^8$ m/sと求めました。



**図2.11.2　フィゾーの光速の測定**

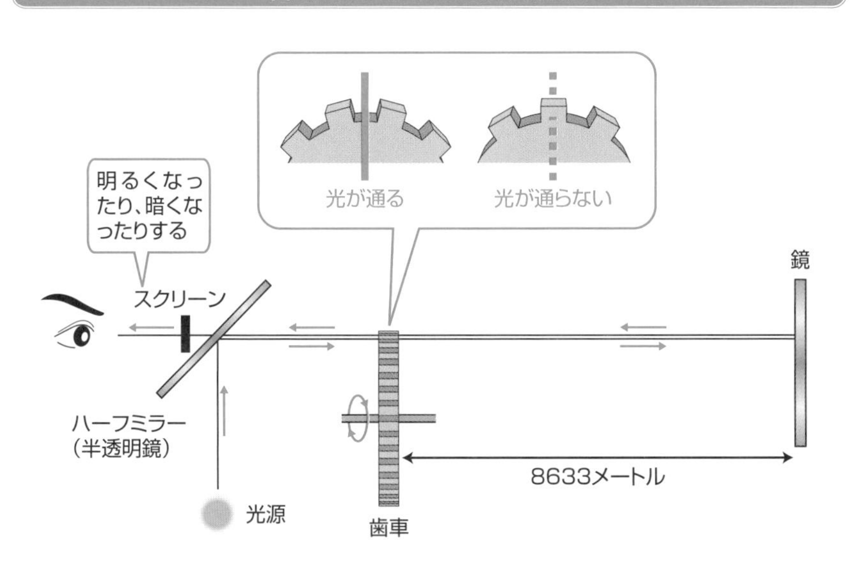


その1年後の1850年、フランスの物理学者**レオン・フーコー**は、歯車の代わりに、回転する鏡を使って光の速度を測定しました。フーコーは図2.11.3のような装置で、光速を$2.98\times10^8$ m/sと求めました。さらに、水中では光の速度が空気中のおよそ4分の3に遅くなることを見出しました。

アメリカの物理学者**アルバート・マイケルソン**は、1877年頃からフーコーの装置の改良に取り組み、光速の測定実験を開始し、1926年に$2.9976\times10^8$ m/sという値を得ました。

---

＊**…となります**　この値はレーマー自身ではなくホイヘンスが求めた。

図2.11.3　フーコーの光速の測定

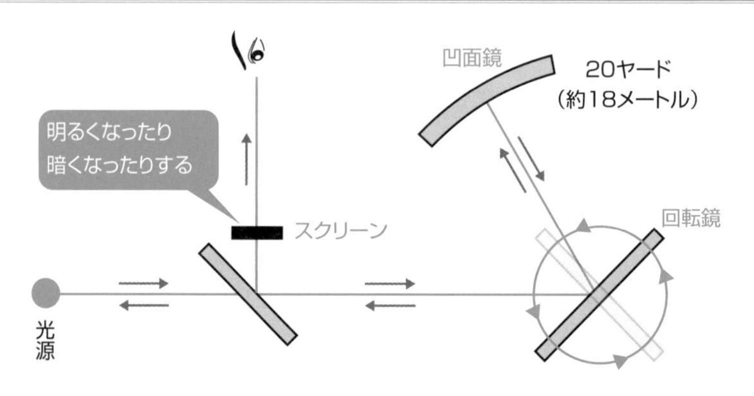


## 真空中の光の速さ

現在、真空中の光速は、レーザー光線を使った測定の結果をもとに2.99792458×$10^8$m/s＊と定められています。真空中の光速は、振動数には関係ありません。したがって、真空中では、どの波長の光の速度も同じ値になります。

正確に光の速度を求めるためには、光が往復する距離や時間を、極めて正確にかつ高い精度で測定する必要があります。時間については、正確で精度の高い原子時計を使えばよいのですが、距離については、正確で精度の高い物差しはありません。そこで、光速と距離の関係において、基準となるのは光速であることから、1983年に、1mの長さは「光が真空中で299792458分の1秒間に進む距離」と定義されました。

## 物質中の光の速さ

空気など、気体中の光の速度は真空中とほとんど変わりませんが、水やガラスなどの物質中では、光の速度と波長は真空中よりも小さくなります。このとき、単位時間あたりに光の波が繰り返す数、すなわち1秒間あたりの振動数fは変わりません。

真空中(空気中)において、波長$\lambda$、振動数f、光速cの光が、屈折率nの媒質に入ったときの波長を$\lambda'$、振動数をf、速さをvとすると、図2.11.4のような関係があります。物質中の光の速さと波長は真空中のn分の1になります。

＊…×$10^8$ m/s　1秒間に地球を約7周半もする速度。

**図2.11.4　物質中の光の速さ（空気中から水に入る場合）**

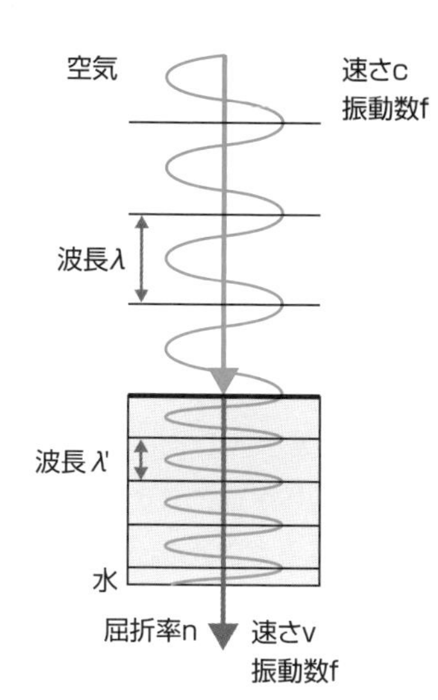


$c=f\lambda$ より $f=\dfrac{c}{\lambda}$

$c=f\lambda'$ より $f=\dfrac{v}{\lambda'}$

$f=\dfrac{c}{\lambda}=\dfrac{c}{\lambda'}=$一定

$n=\dfrac{c}{v}$ より

$v=\dfrac{c}{n}$　$\lambda'=\dfrac{\lambda}{n}$

光が空気中から水中に入ると、光の速さと波長は水の屈折率nの1/nになる。ただし、振動数は変わらない

## COLUMN　光速の測定が光の波動説の完全勝利をもたらした

図のように、光が空気中から水中にはいるとき、光は水と空気の境界面で屈折して水中に入ります。このとき、屈折角は入射角より小さくなります。この現象は、光の波動説では光速が水中では遅くなるためとされました。一方、粒子説では、光の粒子が水にはいるときに下向きの力が働くためとされました。

光の粒子に下向きの力が働くということは、光の粒子が水中に入るときに加速されることを意味します。つまり、粒子説では、光速は水中の方が速いことになります。1850年のフーコーの光速の測定実験によって、水中の光速が真空中より遅くなることが確かめられたことによって、光は波であると結論づけられたのです。

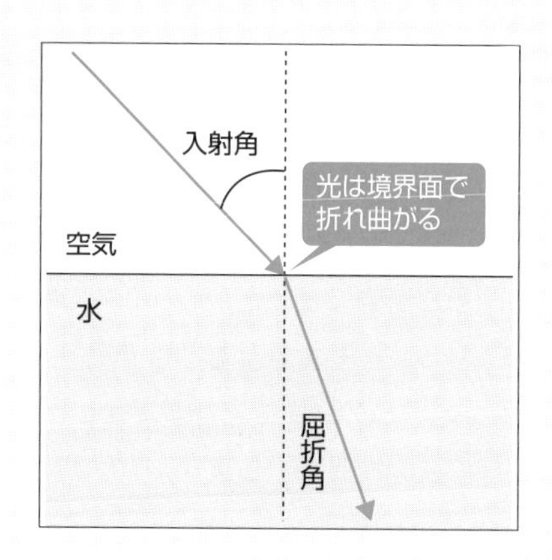

# 2-12 光の正体は何か

回折や干渉（2-6節参照）で光がもつ波の性質が明らかになると、光の粒子説は否定され、光は波であると考えられるようになりました。ところが、20世紀の初めに、波動説では説明ができない光電効果という新しい光の現象の発見があったのです。

## 光電効果

**光電効果**とは、真空中で金属に紫外線などの短い波長の光をあてると、金属から電子が飛び出してくる現象です。このとき、電子は光からエネルギーをもらって金属の外へと飛び出してくるのですが、電子が金属の外へ飛び出すには、ある大きさのエネルギーが必要になります。光電効果は、次のような興味深い現象を示します。

❶ある振動数より大きい光をあてたとたんに、電子は金属から飛び出してくる。
❷ある振動数より小さい光では、光の明るさをいくら強くしても電子は飛び出してこない。
❸電子が飛び出す振動数の光では、飛び出してくる電子のエネルギーは、あてる光の振動数が大きいほど大きくなる。
❹電子が飛び出す振動数の光では、光の明るさを強くしても飛び出してくる電子のエネルギーは変わらない。
❺電子が飛び出す振動数の光では、光の明るさを強くすると飛び出してくる電子の個数が増加する。

光は波ですから、いかなる振動数の光でも、明るさを強くするか、あるいは光をあてる時間を十分に長くすると、電子はエネルギーを蓄積して、金属の外へ飛び出してくるはずです。ところが、現実は予想に反して❶や❷の現象を示しました。また、光の明るさを強くすると、光のエネルギーは大きくなるはずですから、飛び出す電子のエネルギーも大きくなるはずです。しかし、現実は❸❹❺のような現象を示しました。これらの現象は光が波だとすると説明がつきませんでした。その一方で、光は確かに波の性質を示します。この相反する光の挙動に多くの物理学者が頭を悩ませました。

## 光量子論

光電効果の不思議な現象を正しく説明したのは、相対性理論で有名な**アルベルト・アインシュタイン**です。彼は1905年に、「光は振動数（波長）に比例したエネルギーをもつ粒子（光量子または光子）である」という**光量子仮説（光量子論）**を発表し、光の正体を解き明かしました＊。

彼は、光が弾丸のような粒子だったら、光がぶつかったとたんに電子が飛び出る❶の現象が成り立つと考えました。また、彼は、光は振動数に応じたエネルギーをもつ粒子であるため、光の明るさを強くしても光子１個のエネルギーは変わらないと考え、❷❸❹の現象を説明しました。さらに、光の明るさが強くなるということは、光子の数が増えることであると考え、❺の現象を説明したのです。アインシュタインが、光が粒子の性質と波の性質を合わせもった光子であると結論づけたことによって、光の波動説と粒子説の論争に終止符が打たれることになったのです。

**図2.12.1　アインシュタインのノーベル賞受賞の記念切手**

▲下部の黒色の横棒が金属で、ここに様々な振動数の光があたっていることが波型に色分けされた虹で示されている。黒丸が金属から飛び出してくる電子で、エネルギーの大きさが矢印の長さで示されている。振動数の小さい光はエネルギーが低いため（左側）、電子を叩き出すことはできないが、光の振動数が大きくなるにつれて（右側）、飛び出してくる電子のエネルギーが次第に大きくなることを示している

＊**解き明かしました**　アインシュタインは相対性理論で有名だが、光量子仮説でノーベル賞を受賞している。

## 電磁誘導という現象

1831年にイギリスの化学者・物理学者の**マイケル・ファラデー**は、環状の鉄心（鉄の輪）に2つのコイルを巻いて、一方のコイル（**1次コイル**）を電池に、もう一方のコイル（**2次コイル**）を検流計*に接続した図2.12.2に示すような装置を作りました。

この1次コイルのスイッチを入れると、その瞬間に2次コイルにとりつけた検流計の針が振れ、元の位置に戻りました。また、スイッチを切った瞬間にも、検流計の針が振れ、元の位置に戻りました。彼は、この現象を詳しく調べ、1次コイルに通電しないままの状態や、通電したままの状態では、2次コイルに電流は流れないが、1次コイルに通電した瞬間と遮断した瞬間には、2次コイルに電流が流れることを突き止めました。さらに、彼は中空のコイルの中で磁石を動かすと、コイルに電流が流れることも発見しています。ファラデーが発見した現象を**電磁誘導**といいます。彼は**磁界**（**磁場**）を変化させることにより、**電界**（**電場**）を変化させることに成功したのです。

図2.12.2　ファラデーの電磁誘導

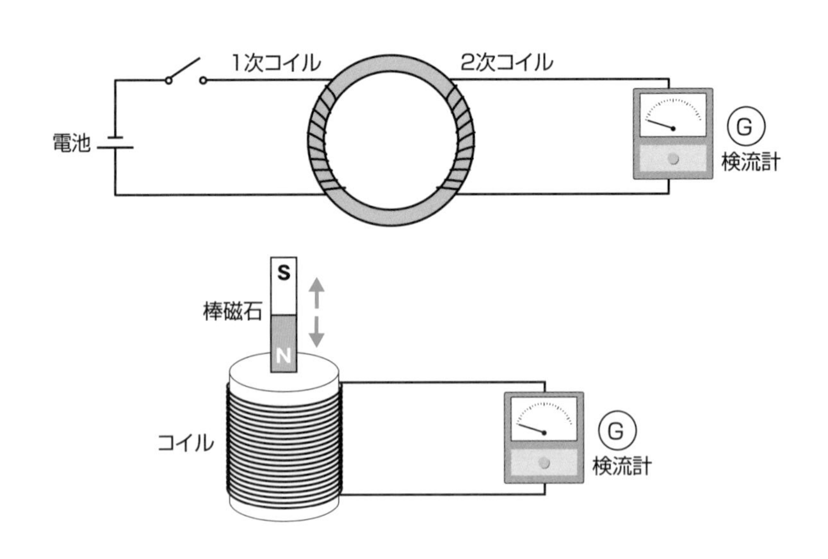


* **検流計**　微小な電流を測るための電流計。

ファラデーは1845年に、図2.12.3のように、強力な電磁石のN極とS極の間に鉛ガラスを置いて偏光を通すと、偏光面が回転することを見つけ、光と電磁気の間に関係があることを突き止めていました。そして、光は電界と磁界が交互に変化して伝わる波ではないかと予見しました。

図2.12.3　磁場で偏光の振動面が回転することを発見

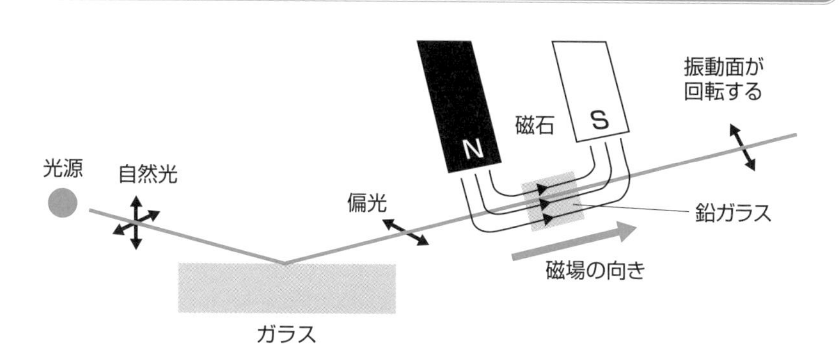


イギリスの物理学者**ジェームス・クラーク・マクスウェル**は、ファラデーの研究成果をもとに、磁界が変化すると電界が生じるのだから、電界が変化すると磁界が生じるのではないかと考えました。そして、磁界と電界の変化の繰り返しが横波として空間が伝わるはずだとの結論に至り、その波を**電磁波**と名づけました。そして、理論的に求めた電磁波の速度が光速と一致したため、光は電磁波の一種であると予言したのです。彼はのちに、この理論を数式としてまとめあげました。それが有名な**マクスウェルの方程式**です。しかし、マクスウェルの理論は、難解であったことや、肝心の電磁波の存在が確認できなかったこともあって、必ずしも直ちに多くの科学者によって認められたわけではありませんでした。

マクスウェルの予言は、その後、ドイツの物理学者**ハインリヒ・ヘルツ**によって研究が進められました。1888年、ヘルツは放電現象によって電磁波が発生することを確かめることに成功しました。彼の実験によって、電磁波が確かに存在することが確認されたのです。ヘルツが発見した電磁波は電波でしたが、この電波の発見がきっかけになって、光の正体が電磁波であることが解明されていったのです。

# 2-13

# 電磁波とは何か

電磁波とはいったいどのような波でしょうか。ヘルツが実験で発生させた電磁波は、電波でした。ここでは、電波がどのような波なのかを考え、電磁波について考えていきましょう。

## 電波とはどのような波か

ラジオやテレビ放送は、電波（電磁波）を使って各家庭に送られます。携帯電話にも電波が使われています。2-7節で、波が伝わるためには媒質が必要であると説明しましたが、電波は宇宙空間や真空中も伝わります。媒質がないのに伝わる波とは、どのような波なのでしょうか。

導線に電流を流すと、導線のまわりに電流とは垂直な方向に磁界が発生します。このとき、導線に流す電流の向きを変化させると、磁界の向きも変化します。磁界が変化すると、磁界に垂直な方向に電界が生じます。このようにして、電界の変化は磁界の変化を生じ、磁界の変化は電界を生じるという過程が繰り返されます。その結果、電界と磁界がお互いに直交するように発生しながら、波のように空間を伝わっていきます。これが電磁波です。電磁波は図2.13.1に示すように電界と磁界の変化の繰り返しですから、媒質がない真空中でも平気で伝わっていくことができるのです。

図2.13.1　電磁波

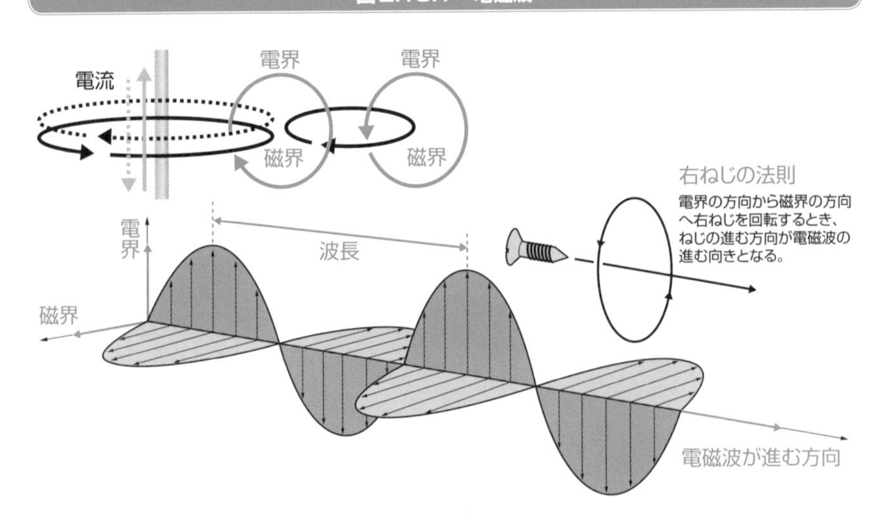

## 赤外線・紫外線、携帯電話の電波も光の仲間

プリズムによる光の分散の実験（2-5節参照）でわかるように、太陽光線には、赤色から紫色の連続したたくさんの色の光が含まれています。プリズムで分かれた光の帯の、赤色と紫色の外側では、色を見ることはできません。この外側の部分には、何もないのでしょうか。

1800年、イギリスの**ウィリアム・ハーシェル**は、プリズムで分かれた太陽光の光の帯に温度計を置き、どの色の光の温度が高くなるか調べました。すると、赤色の外側の何もないところで、温度が一番高くなることを発見しました。その1年後、ドイツの**ヨハン・ヴィルヘルム・リッター**は、紫色の外側の色の見えない部分で感光剤が変色することを発見しました。

これらのことは、可視光線の赤色と紫色の光の外側に、何かが届いていることを意味します。赤色の外側には熱を運ぶ何かがあると考えられ、**赤外線**と名づけられました。一方、紫色の外側には物質を変化させる何かがあると考えられ、**紫外線**と名づけらました。

図2.13.2　赤外線と紫外線

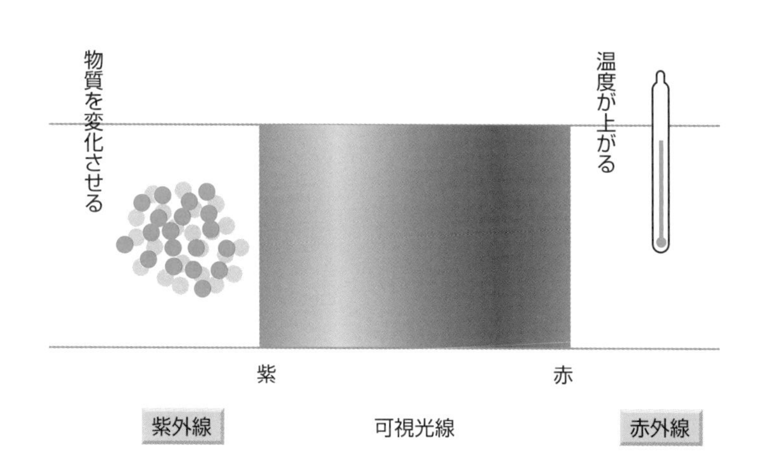

その後、赤外線や紫外線の性質が詳しく調べられ、電磁波であることがわかりました。また、真空中の電磁波の速度を測ると、秒速約30万kmであることが確かめられました。電磁波と光の速度が同じだったことから、光が電磁波の仲間であることが解明されました。マックスウェルの予言はあたっていたのです。

現在では、赤外線や紫外線のさらに外側にも、目に見えない光の仲間が存在することがわかっています。人間に見ることができる可視光線は、実は光の仲間のごく一部に過ぎないのです。赤外線の外側にある電磁波は、テレビ、ラジオ、携帯電話、電子レンジなどの電気機器で使われている電波です。紫外線の外側には、**エックス線**、**ガンマ線**という電磁波が存在します。エックス線やガンマ線は医療、農業、工業など幅広い分野で利用されていますが、人体への影響が大きく、とり扱いがたいへん難しい光です。電磁波は、狭い意味では電波のことを指しますが、広い意味では光の仲間すべてを含みます。

図2.13.3　波長と電磁波の種類

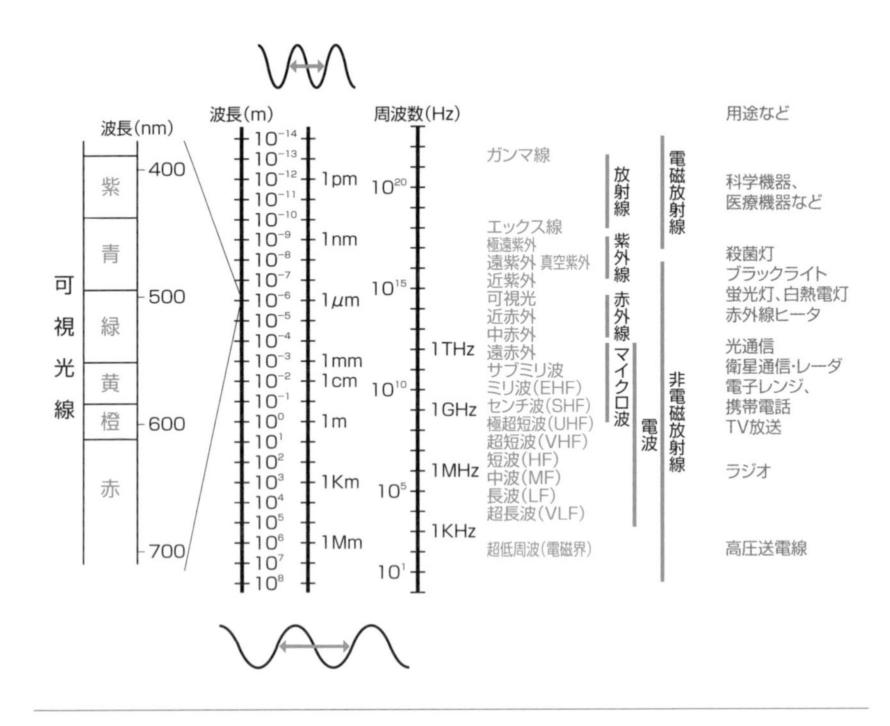

# 2-14

# 幾何光学と波動光学

いよいよ次の章から、レンズの仕組みや働きについて考えていきます。そのためには、光がどのような進み方をし、どのようなふるまいをするかを、理解しておかねばなりません。この章の最後に、光に対する2つのとらえ方を確認しておきましょう。

## 幾何光学

光についての学問を**光学**といいますが、光学を大きく分けると、光のふるまいを光線として考える**幾何光学**、波として考える**波動光学**、電磁気学的性質や量子力学的性質にもとづいて考える**現代光学**があります。

この章の前半で、光の直進性・反射・屈折について説明しましたが、光の道筋はすべて光線で考えることができました。光は波の性質をもちますが、波長がきわめて短いため、光のふるまいを巨視的にとらえて考えるときには、波の性質を無視することができます。光源からでる光の進み方や、物質で反射したり、透過したり、屈折したりする光の進み方、レンズで像ができるときの光の進み方などは、幾何光学で考えることができます。

図2.14.1　幾何光学

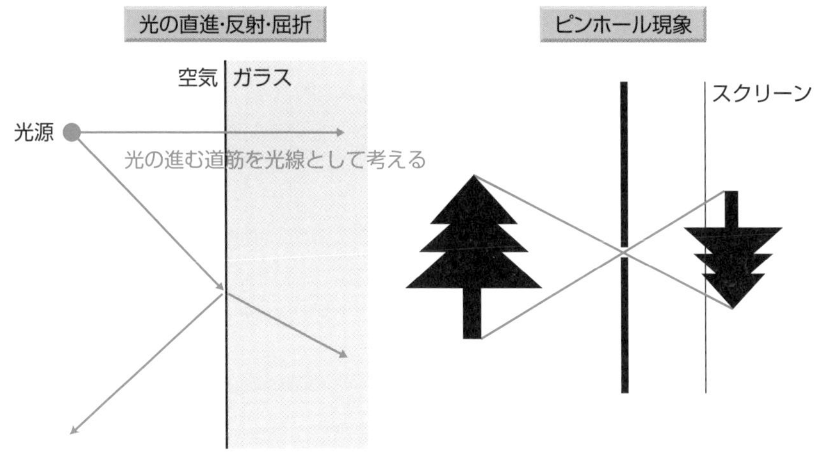

## 波動光学

　光の道筋を光線としてとらえる幾何光学に対して、光は波であるという立場で考えるのが**波動光学**です。波動光学では、光が波として空間を伝わると考えます。

図2.14.2　波動光学

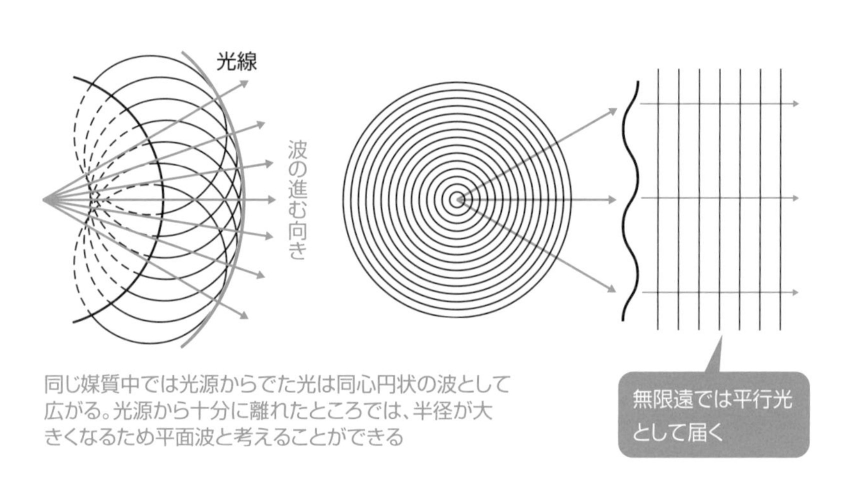


同じ媒質中では光源からでた光は同心円状の波として広がる。光源から十分に離れたところでは、半径が大きくなるため平面波と考えることができる

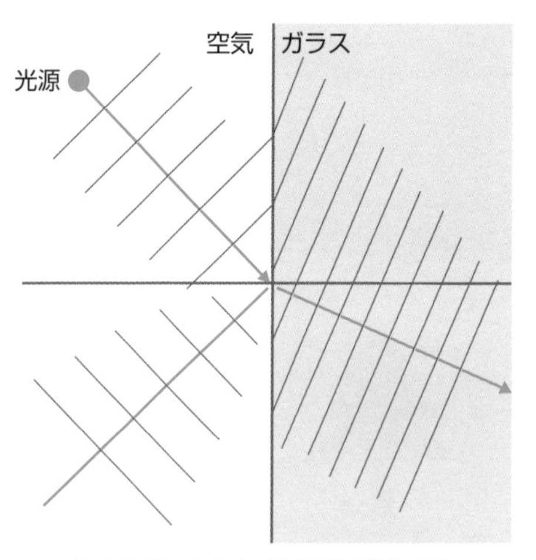

別の物質に入ると、波の形が変化する

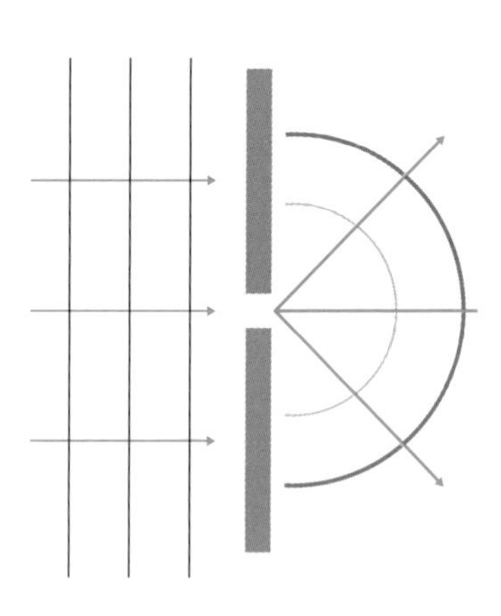

隙間を通ると回折して広がる

この章の後半で説明したとおり、光は波長の大きさに近い隙間を通ったり、波長の大きさに近い物体にあたったりしたときには、回折現象を示します。まっすぐに進む光も、波長よりも小さな空間では広がってしまい、回折や干渉を生じるようになるため、波の性質を無視できなくなるのです。

レンズの基本的な仕組みは、ほとんど幾何光学で説明できますが、光の波の性質を無視できない場合もあります。例えば、光学顕微鏡では、光の回折のために光の波長より小さなものを見ることができません。また、CDやDVDでは、レンズで絞り込んだレーザー光でディスク表面の微細な溝を読みとります。レーザー光といえども、光の回折のためレンズで絞り込む大きさには限界があります。このような光の波の性質は、レンズや光学装置の性能に限界をもたらします。ですから、この本でも必要に応じて波動光学をとり上げて説明します。

最近では、微小な世界をとり扱うナノテクノロジーが進んでいます。ナノテクノロジーで光技術を利用していくためには、光の波の性質をどのようにして乗り越えていくのか、考えなければなりません。現在、回折限界を超えて微小な世界を扱うことができる**近接場光学**などの光の技術が実現されつつあります。

### COLUMN　ナノテクノロジーとは

1959年、ノーベル物理学賞を受賞したリチャード・ファインマン博士は「将来、原子を1個ずつとり扱って物質を作れるようになるだろう。今までに得られなかった物質の特性を引き出すことができるであろう」と予言しました。この予言によって、物質を原子や分子のナノメートルの領域で扱う科学・技術の研究の幕が開けました。そして、このナノメートルの領域を扱う技術は1970年代の中頃から**ナノテクノロジー**と呼ばれるようになりました。

ナノテクノロジーは極めて微細な加工技術や極めて小さなものをつくる技術のことです。原子や分子に近いサイズで物質の構造や配列を操作したり、原子や分子を直接操作したりすることができるようになると、小さなものをつくれるようになるだけではなく、物質が普通の大きさではもち合わせない新しい機能や優れた特性を引き出すことが可能になります。

ナノテクノロジーは素材、情報技術、バイオテクノロジーなど幅広い産業分野で、21世紀の重要技術として、その研究開発が進んでいます。一方で、ナノメートルの領域は人類にとっては未知の世界ですから、その利用の人体や環境への影響にも十分に注意をしなければなりません。

## 近接場光とは…光の回折限界を超える光

光は科学技術において、さまざまな用途に使われていますが、光の波の回折現象のために、せいぜいマイクロメートルスケールの領域しか対象にできないという限界があります。例えば、最新の電子部品では、ナノメートルスケールにおける物質の化学的性質を分析する必要がありますが、普通の光では調べることができません。

この光の波長の壁を破る光が**近接場光**と呼ばれる光です。図2.14.3（A）のように、光の波長より小さな微粒子に光を照射すると、粒子に光がまとわりつく現象が起きます。この光が近接場光で、その厚みは粒子径の半分程度です。実際に近接場光を作るには、同図（B）のように金属膜で遮光された光ファイバの先端に、特殊な技術で数十から数百ナノメートル程度の穴を開け、そこに光を導入します。すると、先端から近接場光が光の雫のように漏れ出てきます。

図2.14.3　近接場光の仕組み

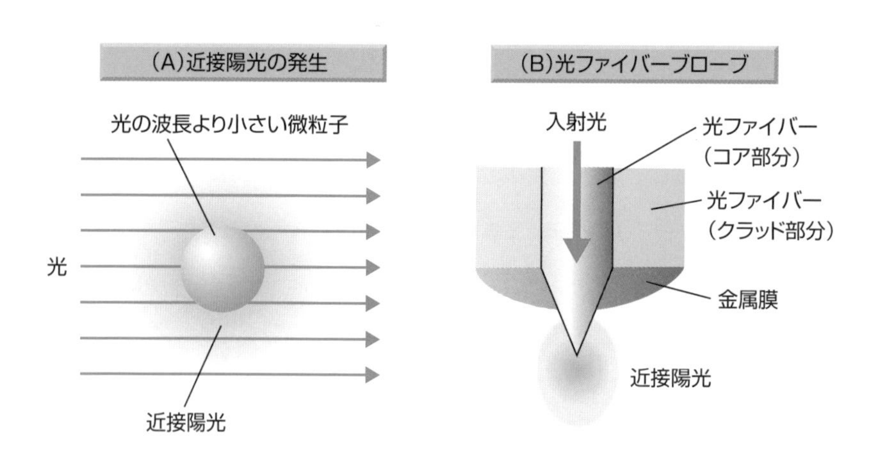


近接場光を使うと、ナノスケールでの光技術が実現可能になります。例えば、物体の微小領域の観察は電子顕微鏡で行いますが、近接場光を使えば、微小領域の発光や散乱光のスペクトルを測定することで、観察だけでなく物体の化学的性質を知ることができます。また、光ディスクの高密度化や電気回路のさらなる微細化などが実現できるようになります。近接場光は未来の科学技術を支える最先端の光です。

第3章

# レンズの基本的な仕組みと働き

この章では、レンズを通る光の進みかたや像のできかたについて考え、レンズの基本的な仕組みと働きについて考えていきましょう。

# 3-1

# 影や像のできかた

レンズの仕組みや働きを考える前に、物体の影やピンホールでできる像について考えてみましょう。これらは光の直進性で説明することが可能です。

## 光の進みかた

物体の1点から出た光は、四方八方に広がって進みます。これは太陽や電灯などの光源の表面の1点から出た光も、光を反射している物体の表面の1点から出た光も同じです。

光源から光を受けるところまでの距離に対し、その大きさが十分に小さくて無視できる光源を**点光源**といいます。図3.1.1は、点光源から出た光が1m先の大きさ50 cmの受光面にあたったときの様子を示したものです。点光源からでて光軸に沿って進む光は、受光面に垂直にあたりますが、それ以外は傾きをもつ光線としてあたります。受光面の端にあたる光線は、約76°の傾きで受光面にあたります。

図3.1.1　影のできかた―有限距離にある点光源から出た光の進みかた

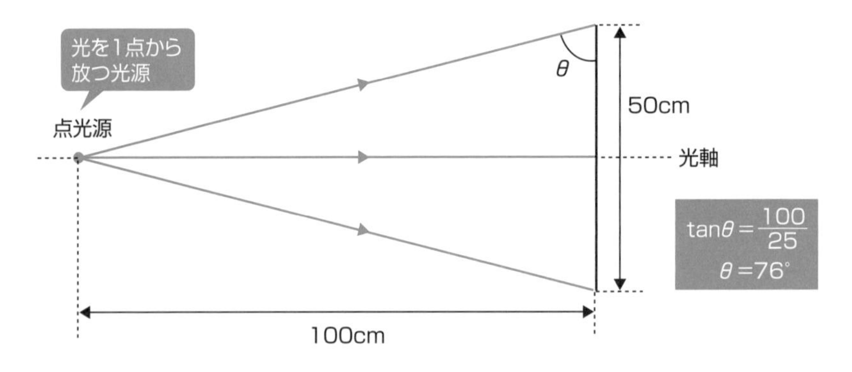


図3.1.2は、点光源から出る光の波の広がりを簡単に示したものです。この波の広がりが遠方まで届くとき、同心円状に広がる球面波が平面波になります。光の波の広がりから、波の進行方向に切りだした直線が光線ですから、無限遠にある点光源から出た光は平行光線とみなすことができます。例えば、図3.1.1で、物体から受

光面までの距離が200 mの場合、$\theta$ =89.9°となり平行光に近づきます。

図3.1.2　無限遠にある点光源から出た光の進みかた

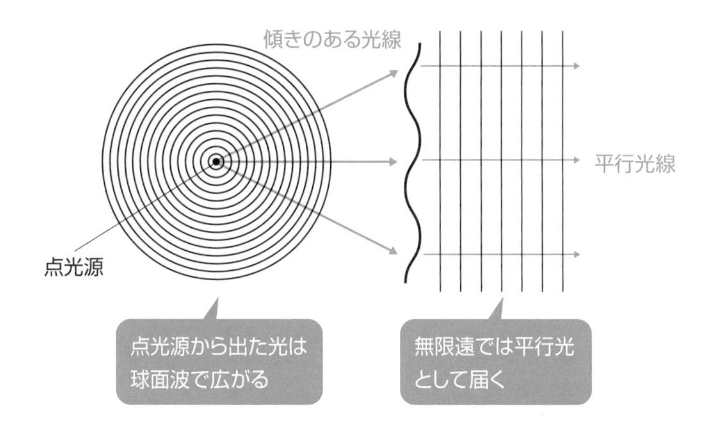


レンズを通る光を考えるときも、光が有限距離からやってきているのか、無限遠からやってきているのかを考える必要があります。なお、光を平行光とみなすことができるかどうかは、光源と受光面との距離と受光面の大きさにもよります。受光面の幅が小さければ、物体が無限遠になくても平行光に近づきます。例えば、図3.1.1で受光面の大きさが1 mmの場合、$\theta$ =89.9°となります。

## 影のできかた

太陽光でできる影は濃くて鮮明ですが、蛍光灯などの光の場合は、濃い影のまわりに不鮮明な薄い影ができます。

太陽は地球から非常に遠くにあるため、地面に私たちの体の影をつくる程度の条件では、点光源と考えることができます*。一方、大きさを無視することができない光源を**面光源**といい、光源の面全体から出る光を考える必要があります。

図3.1.3(A)は、点光源でできる影を示したものです。点光源は1点から光が出るので、濃い鮮明な影ができます。同図(B)は、面光源でできる影を示したものです。光源全面から出た光で影がつくられるため、光がまったくあたっていない部分と、影もできるが光もあたっている部分ができます。前者を**本影**、後者を**半影**といいます。同図(C)のように、影のできる面に物体を近づけると半影の部分は少なくな

*…**考えることができます**　太陽の見かけの大きさは0.5°である。部分日食や部分月食が生じるのは太陽が実際には点光源ではないからである。

り、遠ざけると半影の部分が多くなります。つまり、物体の近くにできる影は鮮明で、遠くにできる影はぼやけることになります*。このように、面光源による影のできかたは、光源の大きさ、光源と物体の距離、物体と影の距離で決まります。

図3.1.3　影のできかた

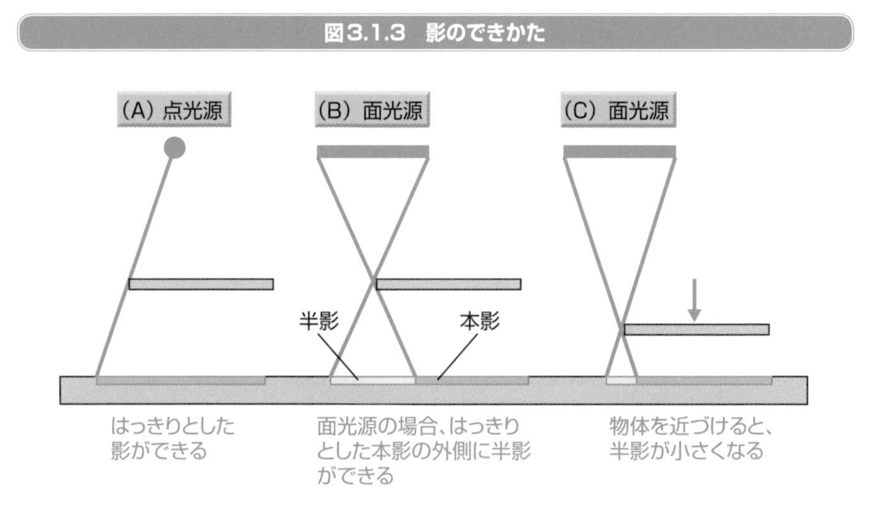


## ピンホールでできる像

図3.1.4のように、厚紙に1 cmほどの穴を開けて、天井の蛍光灯で厚紙の影をつくると、どのような影ができるでしょうか？　直感的に、「穴のあいた厚紙の影ができる」と考える人が多いと思いますが、影の穴の部分をよく観察してみると、電灯の姿が映し出されていることがわかります。蛍光灯が直管型なら棒状の、丸形ならドーナツ状の蛍光灯の姿が映ります。穴の形を四角形や三角形に変えても、穴の形には関係なく蛍光灯の姿が映ります。穴の大きさを5 mmぐらいにすると、蛍光灯の姿がもっとはっきりと映るようになります。この机に映し出されたものを**像**といいます。この像は、鏡の中に見える物体の虚像とは異なり、そこに実際にやってきた光でつくられるので、**実像**といいます。

ピンホールでできる像は、上下左右が反対になります。これは、光の直進性によるものです。図3.1.5のように、物体のABXYから出てピンホールに向かう光は、ピンホールを通過したあと、A'B'X'Y'に向かって進みます。つまり、ピンホールで光が交差するため、上下左右が反転した像ができるのです。

＊…**ぼやけることになります**　蛍光灯の下で机の上に手の影をつくり、手と机の距離を変えると、影のでき方を確かめることができる。

図3.1.4　ピンホールでできる像

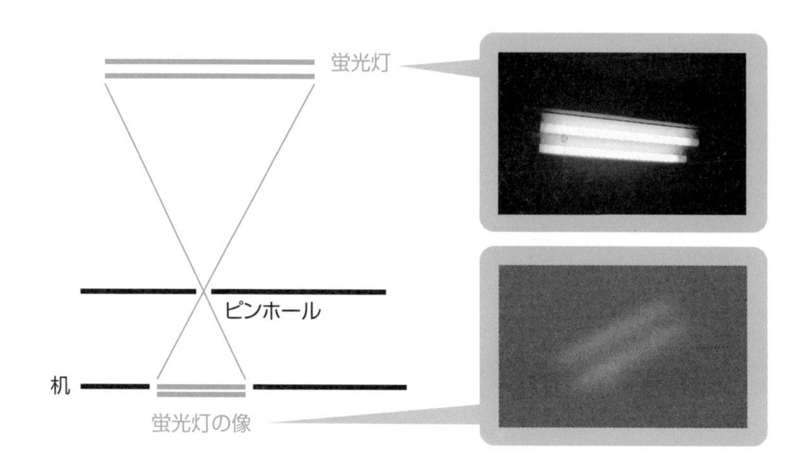


図3.1.5　ピンホールで反転した像ができる仕組み

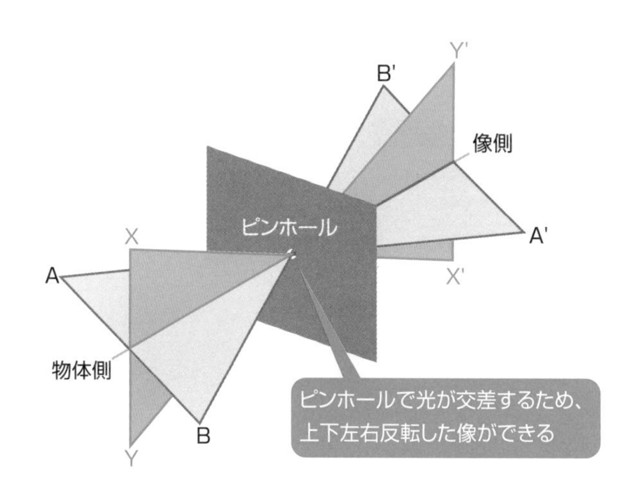


## ピンホールカメラでできる像

ピンホール現象を利用したカメラが、1-5節で説明したカメラオブスクラ、すなわちピンホールカメラです。

ピンホールカメラは、図3.1.6(A)と(B)からわかるように、ピンホールとスクリーンの位置が離れているほど像が大きくなります。スクリーンに鮮明な像をつくるためには、ピンホールの大きさを、ピンホールからスクリーンまでの距離に対して最適化する必要がありますが、手もちのピンホールカメラでは0.5 mm程度と考えておくとよいでしょう。

ピンホールでできる像は、ピンホールを小さくすると鮮明になりますが、同時にピンホールに入る光の量が少なくなるので、像が暗くなります。逆にピンホールを大きくすると、光の量が増えるため像は明るくなりますが、同図（C）のように、Aからの光がA'〜A''、Bからの光がB'〜B''の範囲に映るため、像がぼやけることになります。ピンホールが大きいと、光が届く場所にムラができるのです。

図3.1.6　ピンホールカメラの仕組み

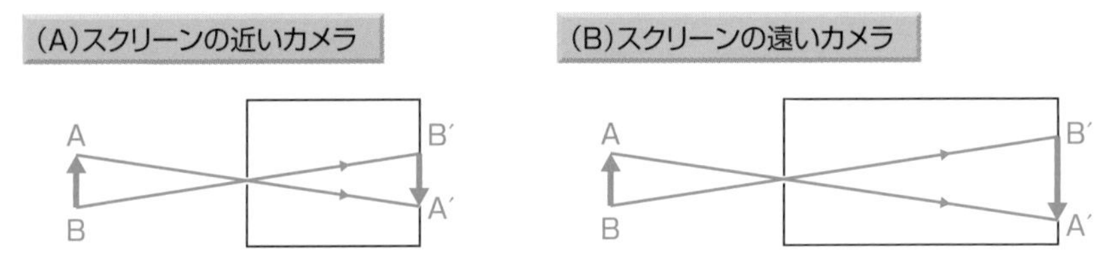


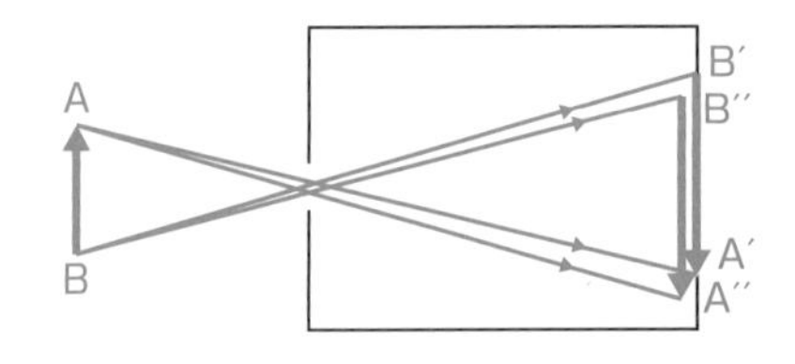


ピンホールカメラでは、簡単に像を映すことができます。しかし、このカメラでできる像はたいへん暗くなります。像を明るく映すためには、Aから出た光をA'にたくさん集める必要があります。光を集める道具とは何でしょうか。そうです、凸レンズをうまく使うと光を集めることができます。これが、カメラ・オブスクラに凸レンズがとりつけられた理由です。

# 3-2
# レンズの仕組みと働き

第１章で述べた通り、レンズは光の屈折を巧みに利用した道具です。レンズを通る光はレンズの面全体で屈折しますが、このことを理解するためには、レンズはたくさんのプリズムが集まったようなものと考えるとわかりやすいでしょう。

## レンズはプリズムの集まり

図3.2.1は、プリズムによる光の屈折を示したものです。プリズムに入射した光は、プリズムで屈折して進む方向が変わります。光はプリズムに入るときと、プリズムから出てくるときの２か所で屈折しますが、光の進む道筋はかならずプリズムの肉厚が厚い方に曲げられます。

**図3.2.1　プリズムで屈折する光の道筋**

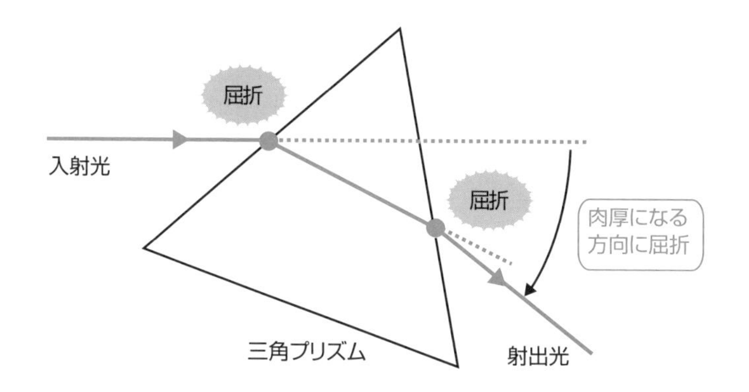


レンズには中心部がふくらんだ凸レンズと、中心部がへこんだ凹レンズがあります。凸レンズにしろ、凹レンズにしろ、普通のレンズではプリズムと同様に、光はレンズに入るときと、レンズから出てくるときの２か所で屈折します。

レンズを通る光は、レンズの中心を通る光を除いてすべて屈折しますが、レンズは図3.2.2のように、たくさんのプリズムが集まったようなものであると考えるとわかりやすいでしょう。同図は、凸レンズに入る平行光線の屈折の様子を描いたものですが、一つひとつの部分がプリズムのような働きをして、光を屈折させていることがわかります。小さなプリズムがたくさん連続的に並んでレンズを形づくり、そのレンズの表面で光が屈折していると考えることができるでしょう。レンズで屈折する光の道筋は、プリズムと同じように、レンズの厚みが肉厚になる方向に曲げられます。光が屈折する度合いは、レンズの周辺ほど大きくなります。レンズの作用は表面の形で決まります。たとえば、凸レンズは平行光線が１点に集まるように、表面を意図的に中心部がふくらんだ球面にしたものです。

図3.2.2　レンズを細かく分解して考える

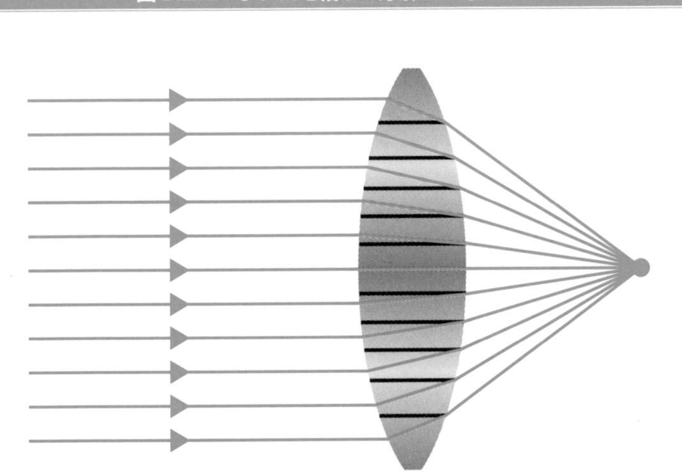

## 凸レンズと凹レンズ

レンズを使った道具には、ルーペのように１枚のレンズからなるものや、カメラのレンズのようにたくさんのレンズを組み合わせたものがあります。１枚のレンズを**単レンズ**といいます。

一般に、中央部が肉厚で端の方へいくほど薄くなる形をしたレンズを、**凸レンズ**といいます。凸レンズを使うと、近くにあるものを拡大して見ることができます。遠くのものを見ると、倒立して見えます。また、凸レンズは光を集める働きがあり、太陽光を集めて黒い紙を燃やすことができます。光を集める道具であると同時に、光のエネルギーを集めることができる道具といってもよいでしょう。大きい凸レンズは光をたくさん集めることができるので、集めた光は小さな凸レンズより明るくなり、温度も高くなります。これらの現象は、凸レンズが光を屈折して１点に集める働きによるものです。凸レンズ１枚でつくられている身近な道具は、ルーペや老眼鏡です。老眼鏡は老眼で屈折力が弱くなった眼を、凸レンズの光を集める働きで強めるものです。

凸レンズとは反対に、一般に、中央部が薄く、端の方へいくほど肉厚になる形をしたレンズを**凹レンズ**といいます。凹レンズも光を屈折させる働きがありますが、凹レンズを通してものを見ると、近くのものも、遠くのものも小さく見えます。これは凹レンズの光を広げる働きによるものです。凹レンズは光を集める働きはありません。

凹レンズ１枚でつくられている身近な道具は、近視の眼鏡です。近視の眼鏡は近視で屈折力が強くなった眼を、凹レンズの光を広げる働きで弱めるものです。

## COLUMN 老眼鏡と近視眼鏡のレンズの種類を確かめる

老眼鏡と近視眼鏡に光をあてると、凸レンズが光を集め、凹レンズ光を広げる働きを簡単に確認することができます。

眼鏡に光をあてて、眼鏡の影がどのようになるか確認してみましょう。

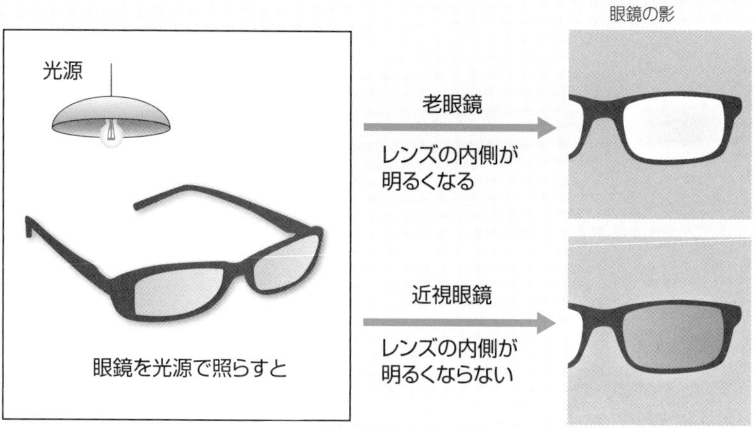

また、凹レンズの光を広げる働きを利用すると、凸レンズの焦点のずれ*を小さくすることが可能です。望遠鏡やカメラのレンズは、よりきれいな実像や虚像を得るため、凸レンズと凹レンズを組み合わせてつくられています。

図3.2.3に、凸レンズと凹レンズの働きをまとめました。

**図3.2.3　凸レンズと凹レンズの働き**

凸レンズの働き

近くのものを見たとき

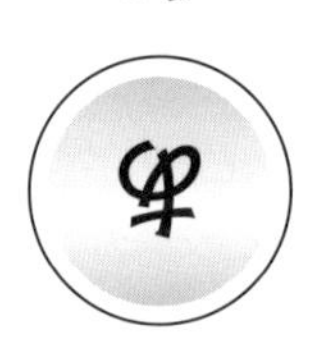

遠くのものを見たとき

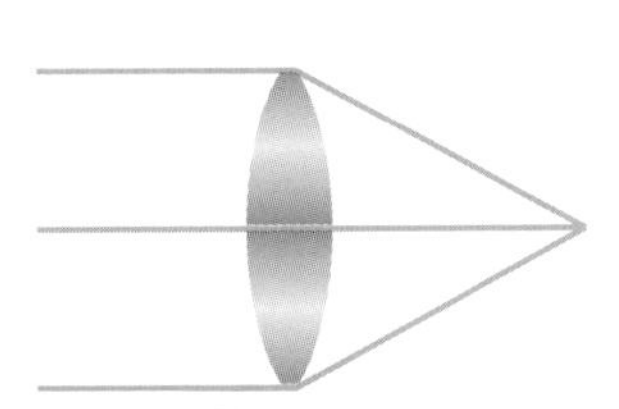

光の進み方
光を1点に集める働き

凹レンズの働き

近くのものを見たとき

遠くのものを見たとき

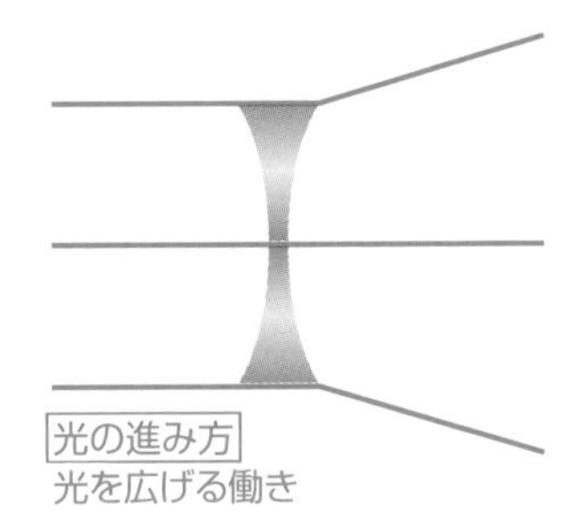

光の進み方
光を広げる働き

---

*焦点のずれ　第5章の収差を参照。
*…焦点です　132ページのコラム参照。

# 3-3

# レンズの構成

太陽光をルーペで集めると、黒い紙を焦がすことができます。このとき、ルーペと紙の距離を変えると、太陽光が集まる部分の大きさが変わります。この部分が最も小さくなって光の明るさと熱が集中した部分が焦点です*。

## 焦点と焦点距離

レンズの中心を垂直に通る軸のことを**光軸**または**レンズの軸**といいます。また、レンズの**焦点**を通り、光軸に垂直な面を**焦平面**または**焦点面**といいます。

図3.3.1 (A) のように、凸レンズに光軸と平行な光をあてると、光は凸レンズで屈折して、光軸上の1点に集まります。この点を**焦点**といいます。普通のレンズは裏返しても同じ働きをするので、焦点はレンズの両側に一つずつあります。レンズの中心から焦点までの距離を**焦点距離**といい、それぞれの焦点距離は同じ長さとなります。一般に焦点は記号F、焦点距離は記号fで表されます。

同図 (B) のように、凹レンズに光軸と平行な光をあてると、光は凹レンズで屈折

図3.3.1　凸レンズと凹レンズの焦点と焦点距離

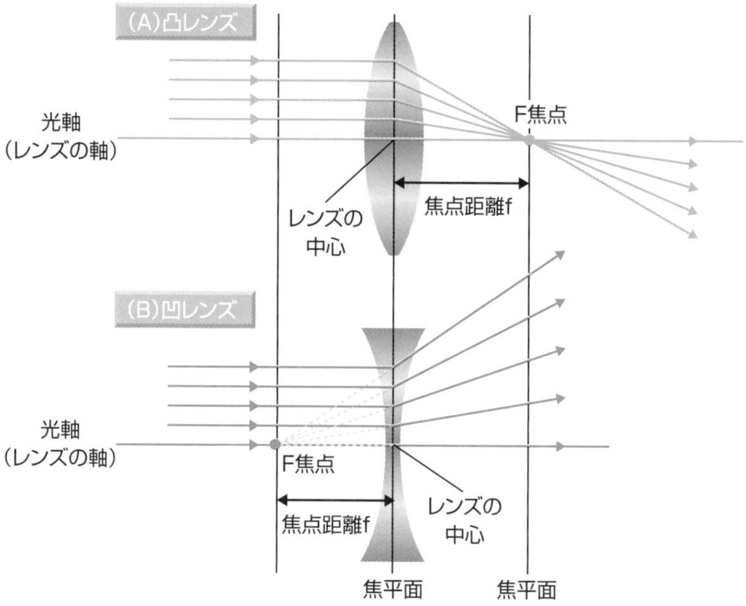

したあとに広がります。これらの光線を反対側に延長すると、光軸上の1点に集まります。この点が凹レンズの焦点です。凹レンズの焦点もレンズの両側にあり、それぞれの焦点距離は同じ大きさです。

凸レンズの焦点距離fは正の値、凹レンズの焦点距離fは負の値と定義します。なお、凹レンズの焦点は実際に光が集まったり、光が出てくるわけではないので、**虚焦点**とも呼ばれます。

## 前側焦点と後側焦点

図3.3.2のように焦点はレンズの両側にありますが、眼鏡や望遠鏡などのレンズは、光を入射する方向が決まっています。凸レンズの場合、光が入射する側にある焦

図3.3.2　凸レンズと凹レンズの前側焦点と後側焦点

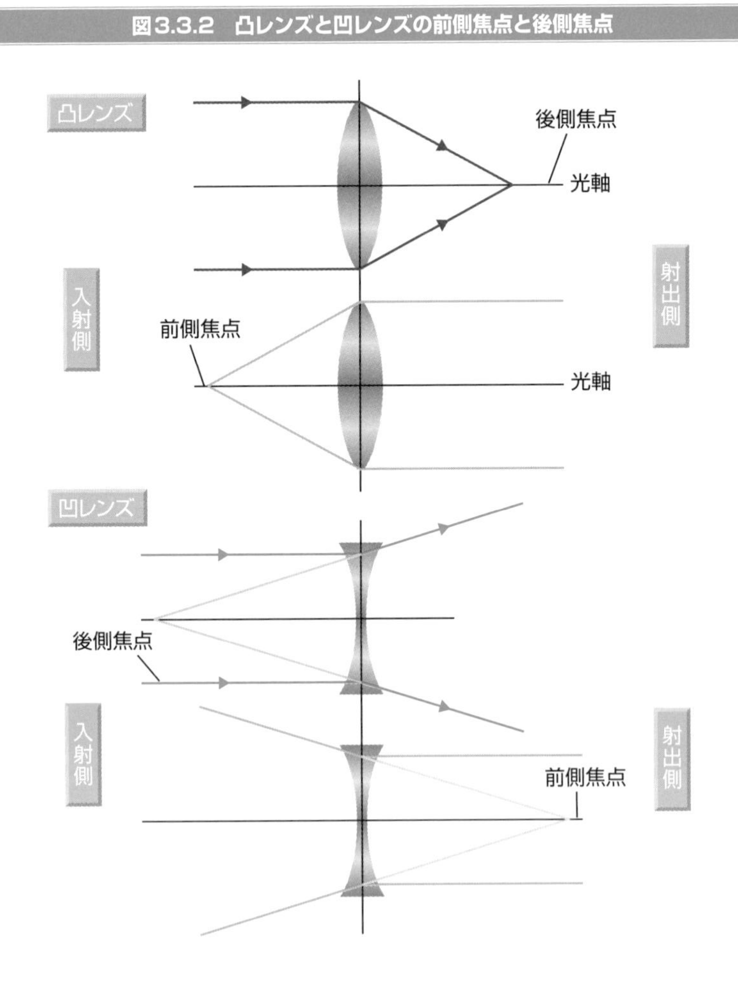

点を**前側焦点**、射出する側にある焦点を**後側焦点**といいます。凹レンズの場合は、光が入射する側にある焦点を後側焦点、射出する側にある焦点を前側焦点といいます。

## 主点

レンズの光学的な中心を**主点**といいます。普通の凸レンズや凹レンズは、両面が同じ形をしているので主点はレンズの中心になります。しかし、レンズには片面が平らのものや、両面が球面でも非対称なものがあります。このようなレンズでは、主点とレンズの中心は一致しません。レンズの焦点距離は主点から焦点までの距離のため、レンズの光学的な中心がどこになるのかを知る必要があります。

実はどのようなレンズでも、入射光と射出光のふるまいを考えることによって、厚さを無視できる1枚の仮想的な**薄肉レンズ**として扱うことができます。カメラに使われているような複数のレンズを組み合わせた複雑な**複合レンズ**も、同様に仮想的な1枚のレンズとして扱うことができます。この仮想的なレンズの中心が、そのレンズ光学系の主点となります。

主点にも、焦点と同様に**前側主点**と**後側主点**があります。図3.3.3は平凸レンズの後側主点と前側主点を示したものです。レンズの前側から光を入射して求めた主点が後側主点で、後側から光を入射して求めた主点が前側主点です。主点を通り、光軸に垂直な面を**主平面**といいます。多くのレンズでは、主点と主平面はレンズの中にありますが、表面が湾曲したレンズや、凸レンズと凹レンズを組み合わせたレンズでは、レンズの外側にある場合もあります。

なお、前節の図3.3.1では、レンズに入る光線が主平面で1回だけ屈折しているように描かれています。レンズを通る光は実際にはレンズの表面で2回屈折しますが、いかなるレンズ光学系でも主平面で光が1回屈折するように光線を描くことができます。実際の光の進みかたとは異なりますが、理論的には間違いでありません。本書においても、特段の理由がない限りは、この方法で作図してあります。

図3.3.3 平凸レンズの後側主点と前側主点

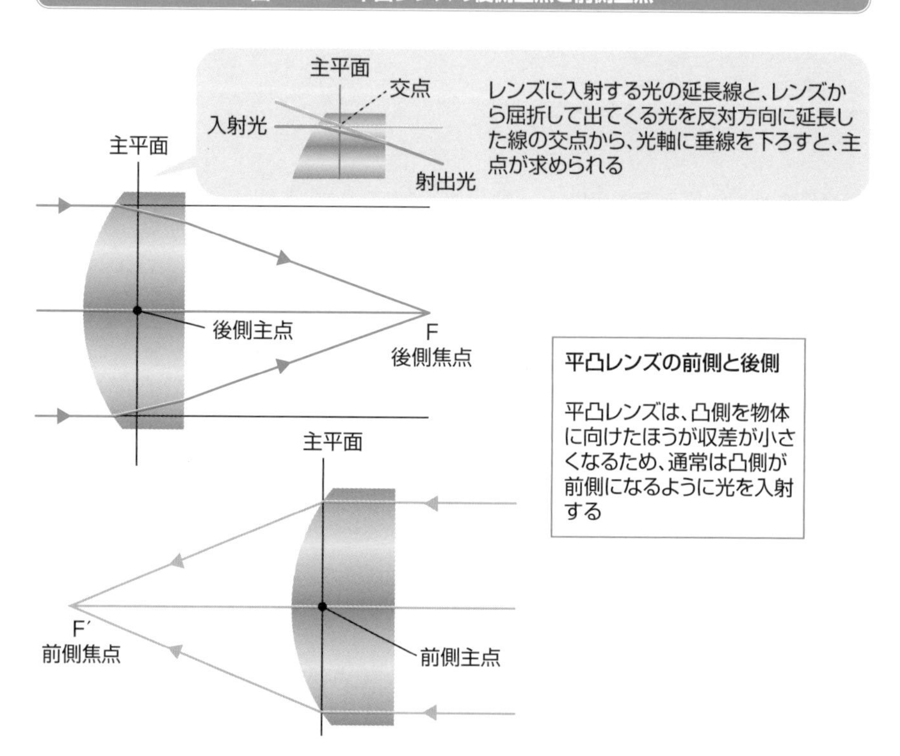


## レンズメーカーの式

中学理科や高校物理では、レンズの中心から焦点までの距離を焦点距離としていますが、正確にはレンズの主点から焦点までの距離が焦点距離です。主点と焦点には前側と後側があるので、焦点距離にも前側と後側があります。主点はレンズ光学系の中心ですから、レンズの前側焦点距離と後側焦点距離は同じ大きさになります。

球面レンズの焦点距離fは、レンズの材質の屈折率n、レンズの表面と裏面の曲率半径*$R_1$、$R_2$、レンズの厚さdによって求めることができます。いま図3.3.4のような曲率半径$R_1$、$R_2$をもつ球面レンズがあるとすると、このレンズの焦点距離は、(1)式で求めることができます。(1)式を**レンズメーカーの式**といいます。曲率半径は、光が入射する側に対してレンズの球面が凸型の場合は正の値、凹型の場合は負の値とします。同図では$R_2$が負の値です。

*曲率半径 曲線を円の一部とみなしたときのその円の半径。曲率半径が小さいほどカーブが急になる。

$$\frac{1}{f}=(n-1)\left(\frac{1}{R_1}-\frac{1}{R_2}\right)+\frac{d(n-1)^2}{nR_1R_2} \quad \cdots\cdots (1)$$

**図3.3.4 球面レンズの焦点距離の求め方**

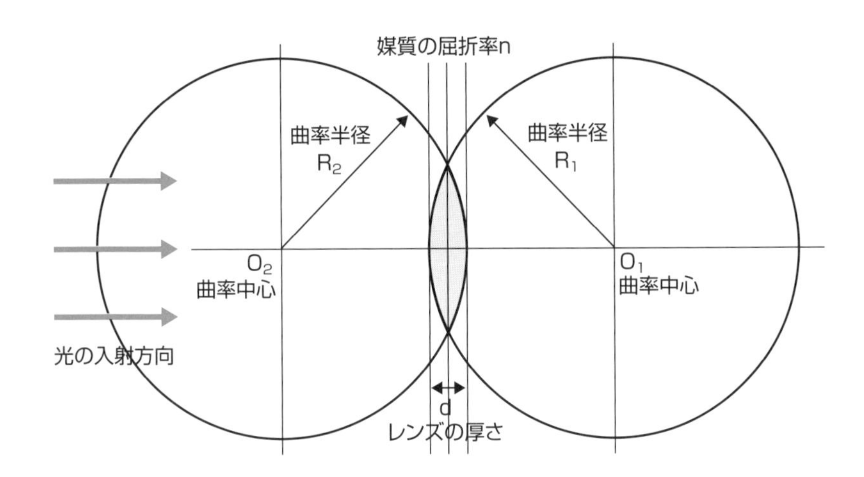


薄肉レンズはレンズの厚さdより、レンズの曲率半径$R_1$、$R_2$が十分に大きいので、(1) 式の右辺の第2項は無視することができます。すると、レンズメーカーの式は (2) 式のようになります。

$$\frac{1}{f}=(n-1)\times\left(\frac{1}{R_1}-\frac{1}{R_2}\right) \quad \cdots\cdots (2)$$

両面が対称形の両凸レンズの場合、$R_1$と$R_2$の大きさは同じになります。$R_1$は正の値、$R_2$は負の値なので、$R_1=R$、$R_2=-R$とすると、レンズメーカーの式は (3) 式のようになります。

$$\frac{1}{f}=\left(\frac{2(n-1)}{R}\right) \quad \cdots\cdots (3)$$

さて、ガラスの屈折率nを1.5とすると、焦点距離fは曲率半径Rに等しくなります。このことを覚えておくと、レンズの作図をするときに比較的正確な図を描けるので便利です。その際、焦点距離はレンズの面からではなく、主点から焦点までの距離であることを忘れないようにしましょう。

# 3-4

# レンズを通る光の進みかた

レンズを通る光の進みかたや、像のでき方を考える場合には、物体から出た光がどのようにレンズを通るのかを考える必要があります。

## 凸レンズの光の進みかた

凸レンズを通る光のうち、レンズの光軸に平行な光、レンズの中心を通る光、凸レンズの前側の焦点を通る光の３つの光は、レンズを出たあと、次のような進みかたをします。

❶凸レンズの光軸に平行な光は、屈折したあと後側焦点を通る。
❷凸レンズの中心を通る光は、屈折せずにそのまま直進する。
❸凸レンズの前側焦点を通る光は、屈折したあと光軸に平行に進む。

図3.4.1　凸レンズを通る３つの光

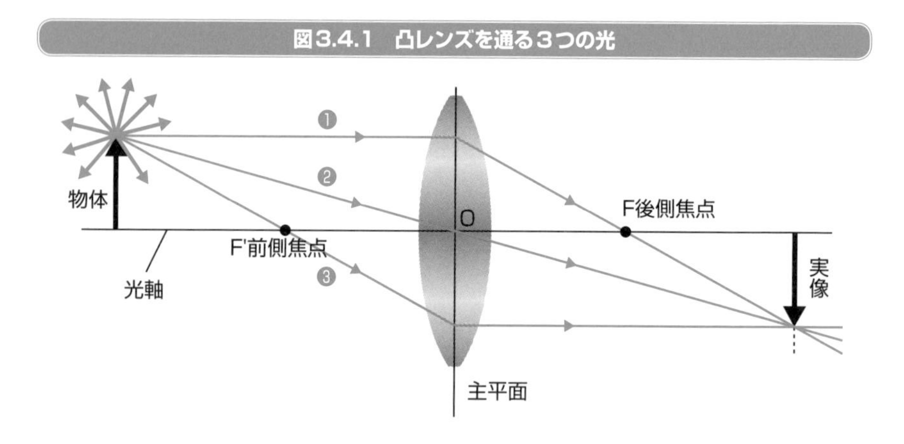


この３つの光線を使うと、凸レンズの光の進みかたや、凸レンズによる像のできかたを作図することができます。この３つの光線の交点が実像のできる位置となります。

この３本の光線は、凸レンズに入る光のうち、作図に便利な光線を選んでいるだけです。図3.4.2で物体のBから出てレンズに入る光線は、実際には薄い青色で塗りつぶした領域に無数に存在します。

この図では、物体の上部(A)、中心部(O)、下部(B)から出る光の光線を描いていますが、実際には、物体のあらゆる面から光が出て、レンズに入射しています。

図3.4.2　凸レンズを通る光

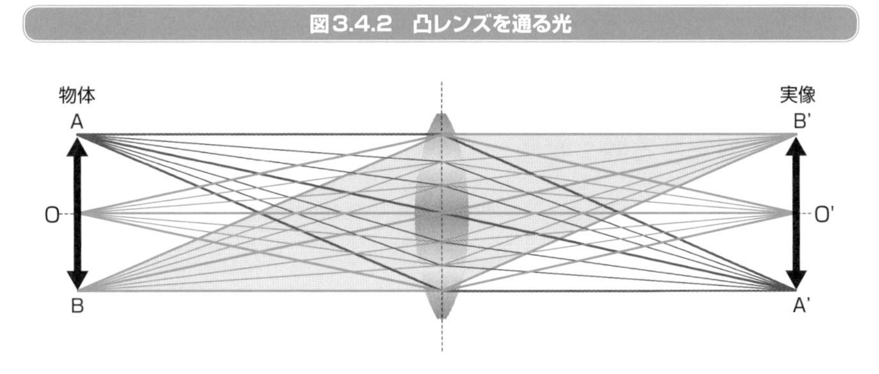


## 凹レンズの光の進みかた

凹レンズでは、次の3つの光線を考えます。凹レンズの場合は、光がレンズを出たあとに広がりますが、光を入射側に延長した交点に虚像ができます。

❶凹レンズの光軸に平行な光は、屈折したあと、後側焦点から直進してきた光のように進む。
❷凹レンズの中心を通る光は、屈折せずにそのまま直進する。
❸凹レンズの前側焦点に向かって進む光は、屈折したあと光軸に平行に進む。

凹レンズの3本の光線も、作図に便利な光線を選んでいるだけです。図3.4.2と同じように、物体の1点から出て凹レンズに入射する光線は無数にあります。

図3.4.3　凹レンズを通る3つの光

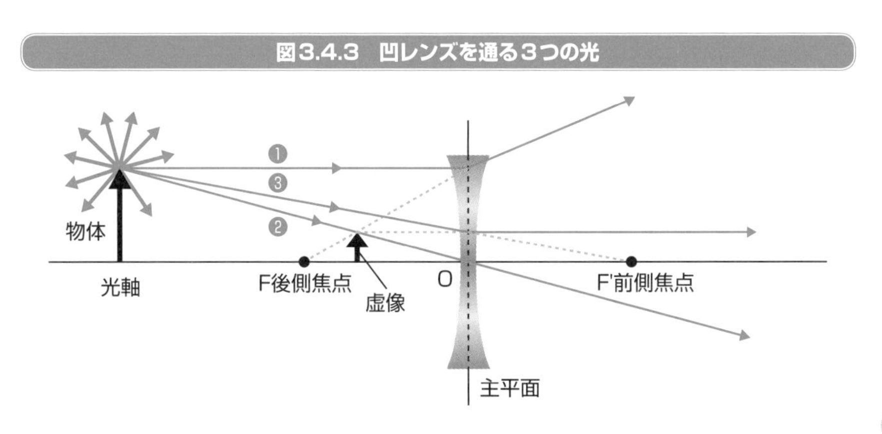

# 3-5

# レンズでできる像

レンズを通る光の進みかたに続いて、レンズで実像や虚像ができる仕組みを考えてみましょう。

## 凸レンズでできる像：実像

レンズで物体の像をつくることを**結像**といい、物体の１点から出た光が像をつくる点を**結像点**もしくは**像点**、像ができる面を**像面**といいます。主点や焦点がレンズに対して一意的に決まるのに対し、結像点の位置はレンズと物体の間の距離で変化します。

凸レンズの焦点の外側に物体を置くと、図3.5.1のように物体のB点から出た光はレンズを通ってB'点に集まります。

このB'点は物体のB点に対する像点です。この位置にスクリーンを置くと、上下左右が逆さまの物体が映ります。この倒立像は光が集まってできた像なので実像です。身近な例では、プロジェクターや映画館のスクリーンに映る映像が実像です。

図3.5.1　凸レンズでできる像：実像

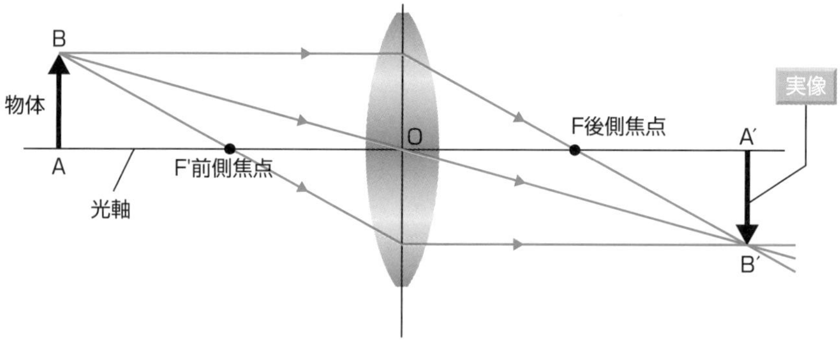

図3.5.2において、物体が2の位置に移動して前側焦点に近づくと、実像のできる位置はbの方向へ移動し、後側焦点から遠ざかります。このとき実像の大きさはもとの位置のときより大きくなります。逆に、物体が１の方へ移動し、前側焦点から

遠ざかると、実像のできる位置はaの方向へ移動し、後側焦点に近づきます。このときの実像の大きさは、もとの位置のときより小さくなります。

図3.5.2　物体の位置と実像ができる位置の関係

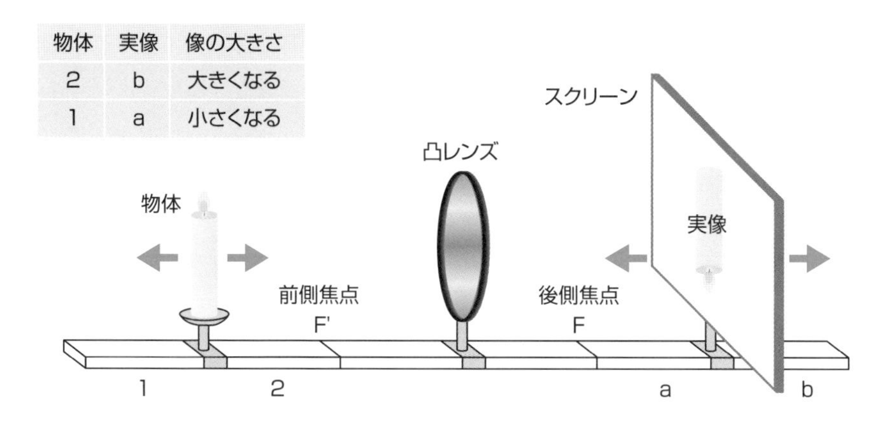


図3.5.3のように、物体を凸レンズの前側焦点の位置から遠ざけていくと、実像のできる位置は後側焦点に近づいていきます。このとき、物体の1点から出て凸レンズに入る光線（図では①②③）は次第に平行光に近づいていきます。

図3.5.3　物体を前側焦点から遠ざける

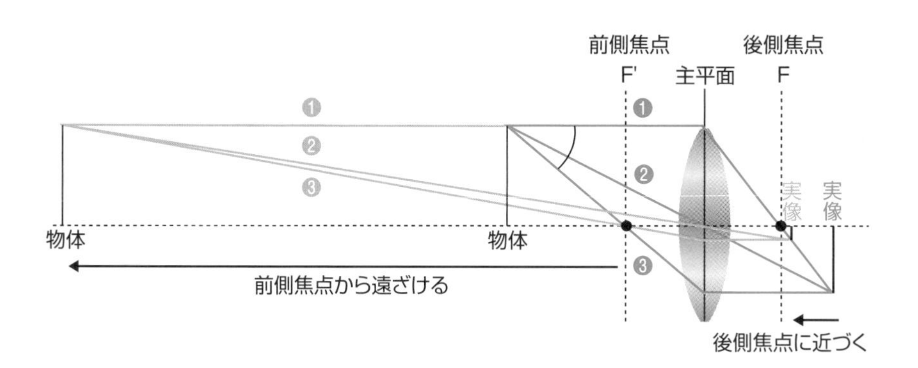

## 無限遠からやってくる光は凸レンズでどこに像を結ぶか

図3.5.4のように、物体が無限遠にある場合、物体の1点から出た光は平行光として凸レンズに入射します。物体の中心から出る光は、光軸に平行光として凸レンズに入射し、後側焦点に集まります。物体の上側からやってくる光と下側からやってくる光は、それぞれ傾きをもった平行光として凸レンズに入射し、焦平面上の1点に集まります。それぞれの光線は焦平面を過ぎると、二度と1点に集まりませんから、焦平面に倒立した実像ができます。つまり、物体の位置が無限遠になると、像面と後側焦平面が一致します。

図3.5.4 物体が無限遠にあるとき

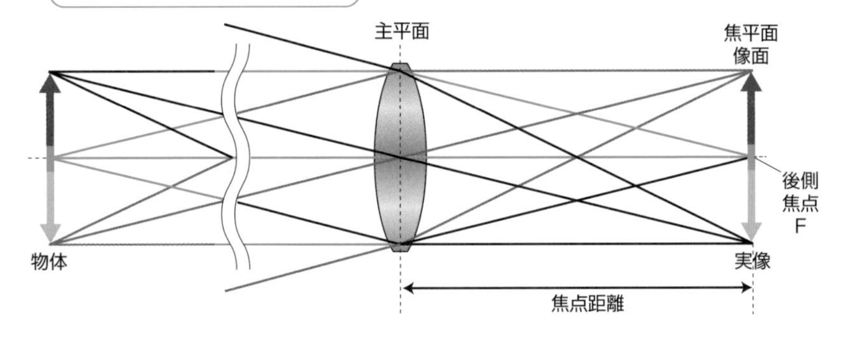


## 凸レンズでできる像：虚像

凸レンズの前側焦点の内側に物体を置くと、物体のB点から出た光は、図3.5.5のように、レンズを出たあと1点に集まりません。しかし、レンズから出てきた光線を、光がやってきた方向に逆にたどると、B'点で交わります。このとき、レンズを後側焦点の方からのぞくと、そこに拡大された物体の正立像が見えます。Bから出た光が、凸レンズの屈折の働きにより、あたかもB'からやってくるように見えるからです。この像を**虚像**といいます。

虚像は、光が集まってできた像ではないため、虚像ができる位置にスクリーンを置いても像は映りません。また、物体と反対側にスクリーンを置いても像は映りません。身近な例では、ルーペや望遠鏡や顕微鏡で拡大して見える物体の像が虚像です。

図3.5.5　凸レンズでできる像：虚像

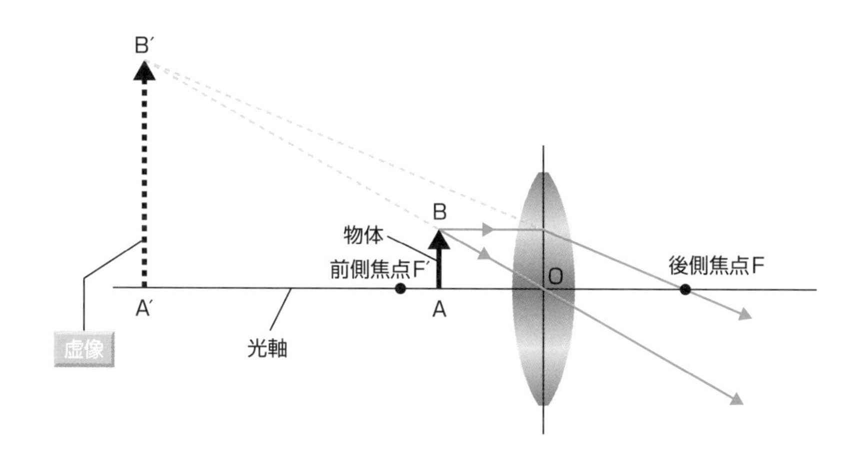


図3.5.6のように、物体が前側焦点の内側にあるとき、物体の拡大された虚像が見えます。このとき、眼を凸レンズに近づけると視界が広くなり、遠ざけると視界が狭くなりますが、虚像の大きさは変わりません。眼の位置を固定して、物体を凸レンズに近づけていくと、虚像が小さくなります。逆に物体を前側焦点F'に近づけていくと、虚像が大きくなります。

図3.5.6　物体の位置と虚像の見え方

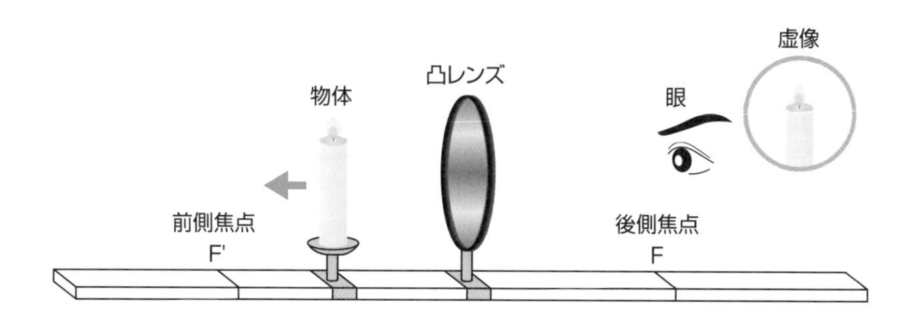

物体が前側焦点の外側にあり、眼が後側焦点Fの外側にあるときは、虚像ではなく実像が見えます。また、物体が前側焦点の外側にあっても、眼が後側焦点の内側にあるときは、虚像が見えます。眼が後側焦点の内側にあるときは、物体の位置にかかわらず、倒立した実像は見えません。必ず虚像が見えます。これは、ルーペを眼鏡のように眼にぴったりとつけて、遠くの物体をのぞくと確認できます。

## 凸レンズを半分隠すと実像と虚像はどうなるか

凸レンズを半分隠すと、実像と虚像がどのようになるか考えてみましょう。

虚像は、レンズを通ってやってくる光をそのまま見ているだけですから、凸レンズを半分隠すと、隠した部分の光が眼に届かなくなり、虚像が半分欠けて見えます。

一方、実像については、物体の1点から出た光の進みかたを考えるとわかります。図3.5.7に示すように、凸レンズをしゃへい板で半分隠すと、物体の1点から出て凸レンズに入る光は、しゃへい板でさえぎられているものと、レンズを通り抜けているものができます。ですから、レンズを半分だけ隠しても、実像は半分に欠けません。ただし、しゃへい板でさえぎられた光の分だけレンズを通る光が少なくなりますから、スクリーン上にできる実像は、もとの実像よりも暗くなります。

図3.5.7 凸レンズを遮蔽板で半分隠した場合

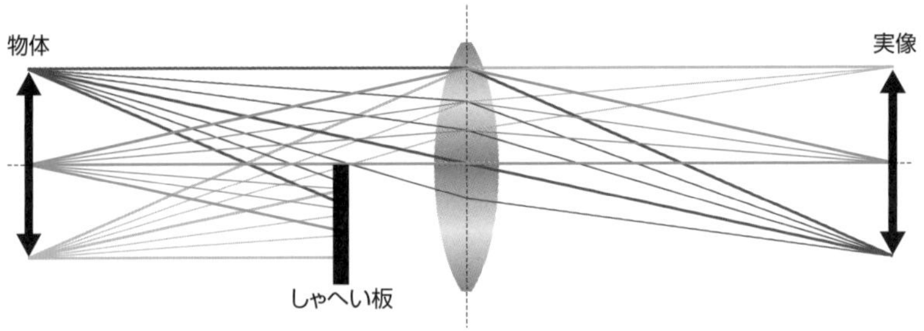

物体
実像
しゃへい板

凸レンズをのぞいて実像を眼で直接見ているときは、凸レンズを半分隠すと実像も半分欠けます。この場合は、凸レンズと眼のレンズを通る光を考える必要があります。図3.5.8は、同じ焦点距離の2枚のレンズを並べて、スクリーンに実像をつくる様子を示したものです。凸レンズ$L_1$でできる実像（凸レンズ$L_2$にとっての物体）

は、実際の物体とは異なり、特定の方向にしか光を出していません。そのため、図のように凸レンズ$L_1$をしゃへい板で下側から隠すと、物体の上側から出て$L_2$に入射する光線（$L_1$実像の下部から出て$L_2$に入射する光線）がなくなります。これと同じようなことが、凸レンズでできる実像を眼で直接見ているときにも起こります。眼（$L_2$）に入ってこない部分は、網膜（スクリーン）に映りませんから、物体が欠けて見えることになります。このとき眼の位置をずらすと、実像の見える範囲が変わります。なお、眼で見たときに$L_1$の実像が倒立して見えるのは脳の働きによるものです。

図3.5.8　凸レンズでできる実像をのぞいたとき

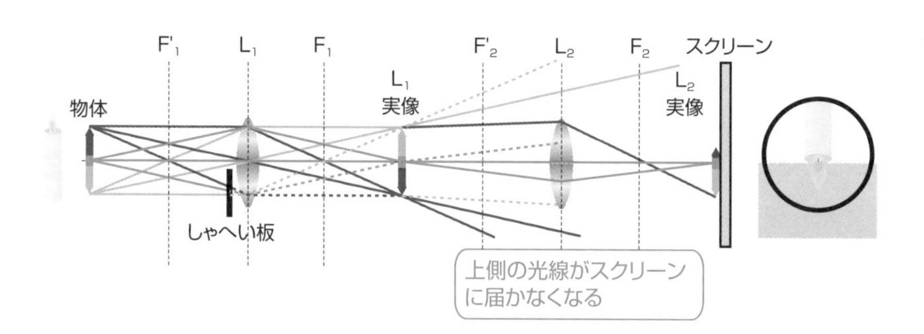


## 物体が凸レンズの前側焦点の位置にあるとき実像と虚像はどうなるか

図3.5.9のように、物体を凸レンズの前側焦点の位置に置くと、物体から出た光は、凸レンズを出たあと、平行光になります。これは物体の１点から出た光が、凸レンズを出たあとに集まらないことを意味しています。ですから、スクリーンに実像をつくることはできません。それでは、この凸レンズを物体の反対側からのぞくと、なにが見えるでしょうか？　凸レンズを出たあとの光が平行光なのですから、倒立した実像を見ることができないのは容易にわかります。また、レンズを通過してきた光線を逆にたどっても光線が交わることはありませんので、虚像はできないように思うかもしれません。しかし、実際に凸レンズをのぞいてみると、物体が拡大された虚像が見えます。実は、この場合も眼の働きを考えなくてはなりません。凸レンズから出た平行光が眼のレンズに入ると考えるとよいのです。眼のレンズにとって、

この平行光は無限遠にある物体の1点からやってきた光と同じことになります。つまり、無限遠にできた虚像が見えることになります*。

図3.5.9　物体が焦点の上にある場合

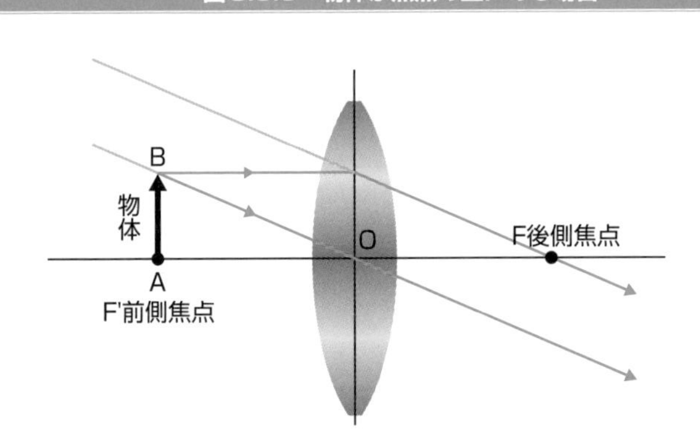


## 凹レンズでできる像

図3.5.10（A）ように、凹レンズの後側焦点の外側に物体を置いて、反対側から凹レンズをのぞくと、物体の縮小された正立像が見えます。また、同図（B）のように凹レンズの後側焦点の内側に物体を置いたときも、物体の縮小された正立像が見えます。凹レンズでできる像は、光が集まってできた像ではないため虚像であり、虚像は凹レンズから出てくる光線をそれぞれ反対方向に延長した交点にできます。

凹レンズの場合、物体を後側焦点の外側にしても内側にしても、眼の位置を前側焦点の外側にしても内側にしても、虚像が見えます。このことは、近視の眼鏡で確認することができます。近視の眼鏡は凹レンズですが、いかなる距離にある物体を見ても、眼鏡を眼から離して物体を見ても、正立した虚像しか見えません。

また、同図（A）と（B）からわかるとおり、凹レンズでできる虚像は物体を凹レンズに近づけるほど大きくなります。しかし、凹レンズでできる虚像は、物体よりかならず小さくなります。これは凹レンズの虚像の倍率が1より小さいという意味です。ですから、凹レンズは凸レンズのようにルーペとして使うことはできません。

凹レンズの焦点距離は、焦点距離が既知の凸レンズを使って求めることができます。この方法では、まず凸レンズでスクリーンに実像を投影します。次に凸レンズとスクリーンの間に凹レンズを置きます。このとき、実像ができる位置がずれます。そ

*…なります　詳細は6-7節のルーペの仕組みで解説する。

の位置のずれから、凹レンズの焦点距離を割りだすことができます。

図3.5.10　凹レンズでできる像

（A）物体が後側焦点の外側にあるとき

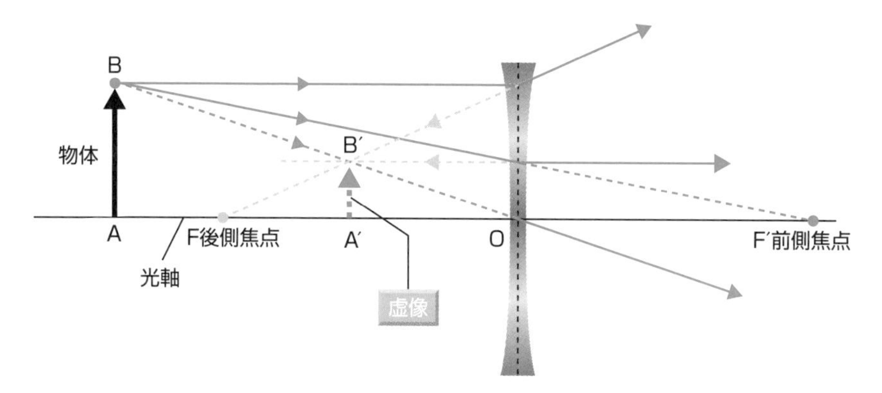


（B）物体が後側焦点の内側にあるとき

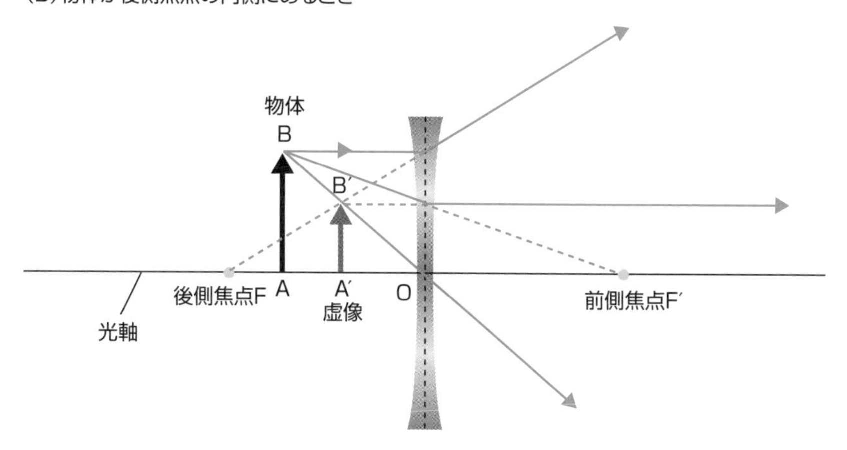

# 3-6

# レンズの式と倍率

レンズでできる像の位置や像の倍率は、焦点距離や主点から物体と像までの距離を用いて、公式で表すことができます。この公式をレンズの写像公式といいます。

## 凸レンズでできる実像

図3.6.1のように、凸レンズの中心Oから物体の位置Aまでの距離OA＝a、像の位置A'までの距離OA'＝b、焦点距離OF＝OF'＝fとします。

図3.6.1　凸レンズでできる実像の光路図

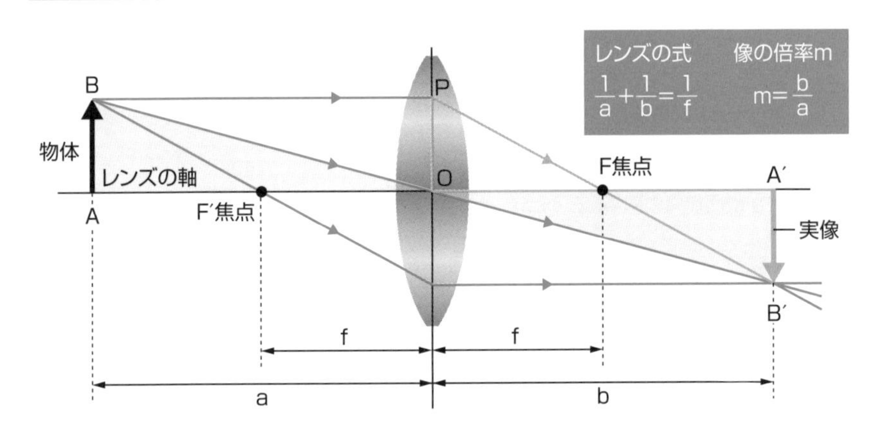


図からわかるとおり、AB＝OP、△POFと△B'A'Fは相似なので、次の式が成り立ちます。

$$\frac{A'B'}{AB}=\frac{A'B'}{OP}=\frac{FA'}{OF}=\frac{b-f}{f} \quad \cdots\cdots (1)$$

また、△OABと△OA'B'も相似なので、次の式が成り立ちます。

$$\frac{A'B'}{AB}=\frac{OA'}{OA}=\frac{b}{a} \quad \cdots\cdots (2)$$

AB＝OPであることに着目すると、(1) 式と (2) 式は等しいので、

$$\frac{b-f}{f}=\frac{b}{a} \quad \cdots\cdots (3)$$

となり、次の式が得られます。

$$\frac{1}{a}=\frac{1}{b}=\frac{1}{f} \quad \cdots\cdots (4)$$

(4) 式は、焦点距離fのレンズの物体と実像のできる位置の関係を示す式で、**レンズの写像公式**または**ガウスの結像公式**といいます。

レンズの**倍率**mは実像の高さと物体の高さの比ですから、A'B'/ABです。これは(2) 式と同じですから、次の式のようになります。

$$倍率m=\frac{A'B'}{AB}=\frac{b}{a} \quad \cdots\cdots (5)$$

## レンズでできる虚像

実像の場合と同様に、図3.6.2でOA＝a、OA'＝b、OF＝OF'＝fとします。

**図3.6.2　凸レンズでできる虚像の光路図**

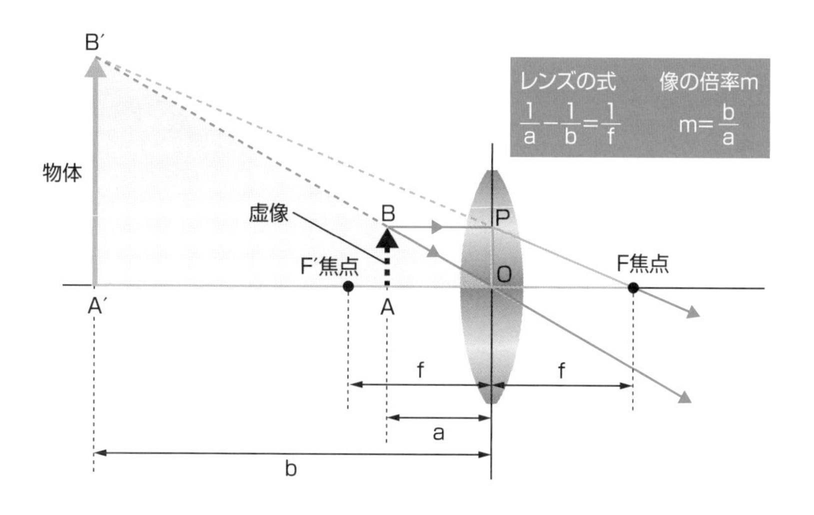

△FOPと△FA'B'、△OABと△OA'B'は相似なので、次の式が成り立ちます。

$$\frac{A'B'}{AB}=\frac{A'B'}{OP}=\frac{FA'}{FO}=\frac{b+f}{f} \quad \cdots\cdots (6)$$

$$\frac{A'B'}{AB}=\frac{OA'}{OA}=\frac{b}{a} \quad \cdots\cdots (7)$$

AB＝OPであることに着目すると、(6) 式と (7) 式は等しいので、

$$\frac{b+f}{f}=\frac{b}{a} \quad \cdots\cdots (8)$$

となり、次式が得られます。

$$\frac{1}{a}-\frac{1}{b}=\frac{1}{f} \quad \cdots\cdots (9)$$

$$倍率\,m=\frac{A'B'}{AB}=\frac{b}{a} \quad \cdots\cdots (10)$$

## 凹レンズでできる虚像

図3.6.3で、OA＝a、OA'＝b、OF＝OF'＝fとします。

図3.6.3　凹レンズでできる虚像と光路図

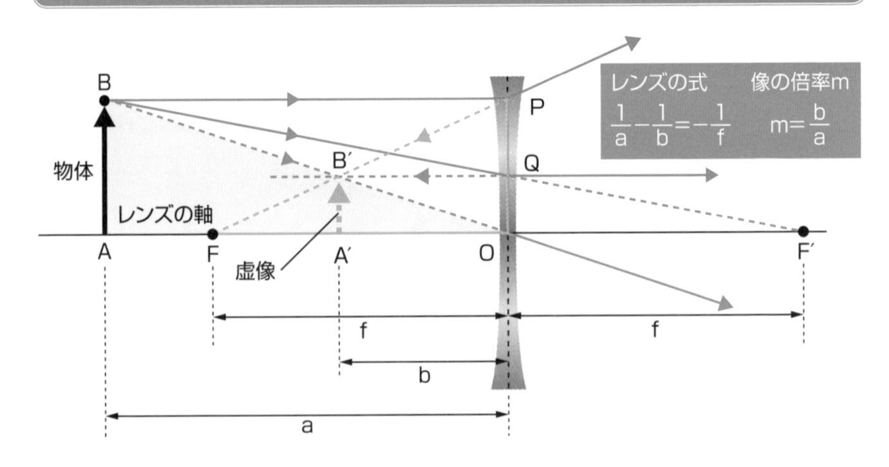

△FA'B'と△FOP、△OA'B'と△OABは相似なので、次の式が成り立ちます。

$$\frac{A'B'}{AB}=\frac{A'B'}{OP}=\frac{FA'}{FO}=\frac{f-b}{f} \quad \cdots\cdots (11)$$

$$\frac{A'B'}{AB}=\frac{OA'}{OA}=\frac{b}{a} \quad \cdots\cdots (12)$$

AB＝OPであることに着目すると、(11) 式と (12) 式は等しいので、

$$\frac{f-b}{f}=\frac{b}{a} \quad \cdots\cdots (13)$$

となり、次式が得られます。

$$\frac{1}{a}-\frac{1}{b}=\frac{1}{f} \quad \cdots\cdots (14)$$

$$\text{倍率}\, m=\frac{A'B'}{AB}=\frac{b}{a} \quad \cdots\cdots (15)$$

## レンズの式のまとめ

レンズの写像公式は、レンズが凸レンズなのか凹レンズなのか、像が実像なのか虚像なのかで符号が変わります。これはたいへん面倒なので、焦点距離をレンズが凸レンズのときは正の値、凹レンズのときは負の値とし、像とレンズの間の距離bを実像のときには正の値、虚像のときには負の値で表します。また、レンズの倍率についてはbとaの比の絶対値とします。すると、レンズの写像公式と倍率は、次のように一般化することができます。

$$\frac{1}{a}+\frac{1}{b}=\frac{1}{f} \quad \cdots\cdots (16)$$

$$m=\left|\frac{b}{a}\right| \quad \cdots\cdots (17)$$

この式はレンズが凸レンズでも凹レンズでも、像が実像でも虚像でも使えます。複数のレンズを組み合わせた複合レンズや、レンズと鏡を組み合わせた複雑な光学系でも、光学系全体の主点と焦点距離を求めることができれば使うことができます。また、レンズだけでなく凹面鏡や凸面鏡に対しても使うことができます*。f、a、bの符号と像のできかたの関係は、次の表のようになります。

| a | f | a | b | | 像のできかた | |
|---|---|---|---|---|---|---|
| 凸レンズ | f＞0 | a＞0 | a＞fのとき b＞0 | a＜fのとき b＜0 | a＞f 実像・倒立 | a＜f 虚像・正立 |
| 凹レンズ | f＜0 | a＞0 | b＜0 | | 虚像・正立 | |

それでは、レンズの写像公式を用いて、焦点距離が50 cmの凹レンズで、レンズの手前40 cmのところに虚像ができたとき、物体の位置と虚像の倍率を求めてみましょう。この場合、レンズの写像公式に焦点距離 f＝－50 cm、凹レンズから虚像までの距離 b＝－40 cmを代入します。aとbを求めると、物体の位置と倍率を求めることができます。

$$\frac{1}{f}=\frac{1}{a}+\frac{1}{b}\text{より}=\frac{1}{a}=\frac{1}{-50}-\frac{1}{-40}=\frac{1}{200}$$

$$m=\left|\frac{b}{a}\right|=\left|\frac{-40}{200}\right|=0.2$$

物体のある位置は凹レンズの手前200 cm、倍率は0.2倍となります。

ところで、物体が無限遠にあるとき、1/aは限りなく0に近い値となります。そのため、fとbが一致します。このとき、倍率mはb/aで定義することはできません。物体が無限遠にあるときの倍率の求め方は、第5章で説明します。

*…**使うことができます**　詳細は3-10節参照。

# 3-7

# 焦点距離から結像を考える

レンズの主点がレンズの中心と一致しないような場合、レンズの写像公式から物体を置く位置や像のできる位置を考えるのは少々面倒です。そこで、前側焦点から物体の位置までの距離と、後側焦点から像ができる位置までの距離を使って、凸レンズでできる実像について考えてみましょう。



## 焦点距離と倍率で表すレンズの結像式

3-6節の図3.6.1と（3）式に注目してみましょう。左辺の分子b－fは、焦点から実像までの距離です。そこで、この値をb'とします。右辺b/aはレンズの倍率mですから、（3）式は、

$$\frac{b-f}{f}=\frac{b'}{f}=\frac{b}{a}=m \quad \cdots\cdots (18)$$

となります。ゆえに、

$$b'=fm \quad \cdots\cdots (19)$$

と表すことができます。次に（18）式を変形して得られるb=fm+fをレンズの写像公式（14）式に代入すると、

$$a-f=\frac{f}{m}$$

が得られます。a－fは焦点から物体までの距離ですから、これをa'とすると、

$$a'=\frac{f}{m} \quad \cdots\cdots (20)$$

と表すことができます。この（19）式と（20）式は、図3.7.1で三角形の相似を考えることによっても、簡単に求めることができます。

図3.7.1 凸レンズでできる像（2つの式を求めるための相似の三角形）

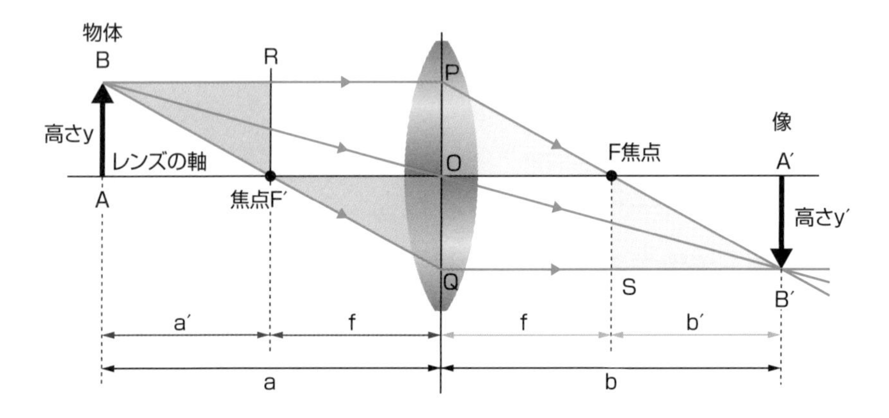


①△BF′Rと△F′QOは相似なので、

$$\frac{RF'}{OQ}=\frac{a'}{f}$$

②△B′FSと△FPOは相似なので、

$$\frac{SF}{OP}=\frac{b'}{f}$$

③RF′、POは物体の高さy、SF、QOは像の高さy′なので、

$$\frac{y}{y'}=\frac{a'}{f},\ \frac{y'}{y}=\frac{b'}{f}$$

④ $\frac{y'}{y}$ は倍率mと定義するので、

$$a'=\frac{f}{m}\quad b'=fm$$

この2つの式からわかるとおり、物体の拡大した実像をつくるときはm＞1ですから、a'＜fとなり、b'＞fとなります。また、物体の縮小した実像をつくるときはm＜1ですから、a'＞fとなり、b'＜fとなります。

物体と等倍の実像をつくることを**等倍結像**といいます。このときm＝1ですから、a'＝f、b'＝fとなり、a=bとなります。

## 物体の置き方と像のできる位置

図3.7.2のように、焦点距離100 mmの凸レンズを使って、直径25 mmのコインを5倍に拡大した像をつくるとき、像のできる位置と物体を置く位置を求めてみましょう。レンズの焦点距離fは100 mm、倍率mは5倍ですから、(19) 式から、

$$b' = fm = 100 \times 5 = 500 \text{ mm}$$

となり、(20) 式から、

$$a' = \frac{f}{m} = \frac{100}{5} = 20 \text{ mm}$$

となります。このことから、レンズの前側焦点から20 mm手前にコインを置くと、レンズの後側焦点から500 mmの位置にコインの実像ができることがわかります。後側焦点から500 mmの位置にスクリーンを置くと、スクリーンには5倍に拡大されたコインの倒立像が映ります。像の直径は、25 mm×5＝125 mmとなります。

コインを置く位置と、像ができる位置を作図するときは、a'とb'がレンズの中心からの距離ではなく、それぞれ前側焦点と後側焦点からの距離であることに注意しましょう。

図3.7.2 コインを置く位置と像のできる位置

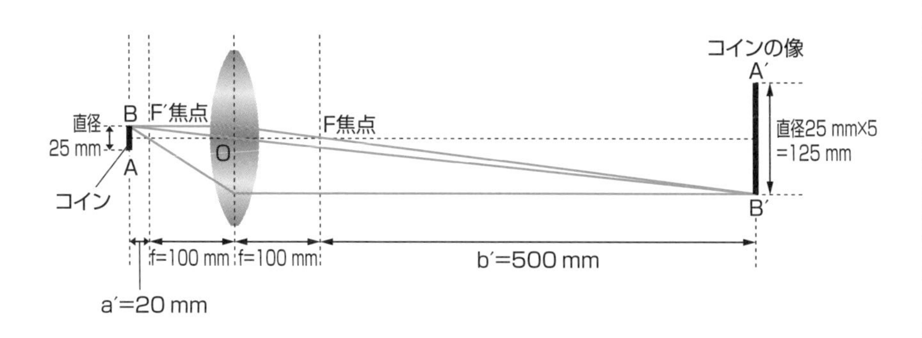

次に、同じ凸レンズとコインを使って、コインの0.5倍の像をつくってみましょう。

焦点距離f＝100 mm、倍率m＝0.5ですから、同様に、

$$b' = fm = 100 \times 0.5 = 50\ \text{mm}$$

となり

$$a' = \frac{f}{m} = \frac{100}{0.5} = 200\ \text{mm}$$

となります。

以上の結果からわかるとおり、像を拡大するときは、物体をレンズの前側焦点の近くに配置する必要があります。これを利用して、スクリーンに大きな映像を映し出すのが幻灯機や映写機です。また、像を縮小するときは、物体をレンズの前側焦点から遠くに配置する必要があります。物体を置く位置と像の倍率が与えられれば、レンズの焦点距離を求めることができます。焦点距離がわかれば、3-3節で説明したレンズメーカーの式を使って、必要となるレンズの曲率半径を求めることができます。

図3.7.3　簡単なスライド映写機の仕組み

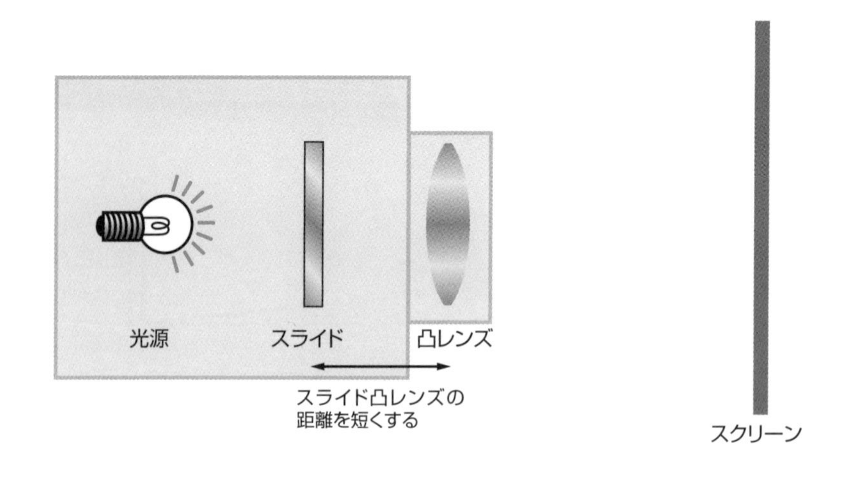

# 3-8

# 2枚のレンズを通る光

カメラや望遠鏡や顕微鏡などレンズを使った光学機器は複数のレンズを組み合わせてつくられています。ここでは、2枚のレンズによる結像について考えてみましょう。

## 凸レンズと凸レンズ

図3.8.1は、凸レンズ2枚を通して見える虚像を作図したものです。2枚の凸レンズでできる像を考える場合、前側のレンズ$L_1$でつくられる物体ABの実像A'B'を後側のレンズ$L_2$の物体と考えます。ただし、$L_1$でつくられる実像A'B'は、普通の物体とは異なり、光を四方八方に出していません。$L_1$からやってきた光の延長線上に、光を出しているだけです。したがって、$L_1$でつくられた実像から出る光が$L_2$に入射するようレンズを配置する必要があります。

この例では、実像A'B'が$L_2$の前側焦点$F_2$の内側にできています。A'から出て$L_2$を通った光は、あたかもA"からやってくるように見えます。そのため、$L_2$の後ろ側からのぞくと、拡大された虚像A"B"が見えます。$L_1$でできる実像の位置、$L_2$でできる虚像の位置は、それぞれレンズの写像公式で求めることができます。

像の倍率は、

$$L_1\text{で}\quad m_1 = \frac{b}{a}$$

$$L_2\text{で}\quad m_2 = \frac{b'}{a'}$$

となるので、

$$m = m_1 m_2 = \left| \frac{bb'}{aa'} \right|$$

となります。

図3.8.1　2枚の凸レンズを通る光（鏡像を見る）

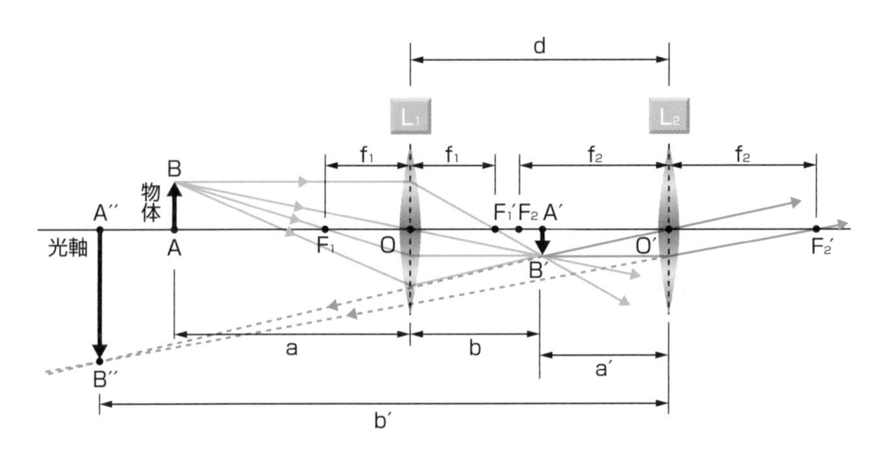


$L_1$でできる像の位置　$\dfrac{1}{a}+\dfrac{1}{b}=\dfrac{1}{f_1}$

$L_2$でできる像の位置　$\dfrac{1}{a'}+\dfrac{1}{b'}=\dfrac{1}{f_2}$

像の倍率　$m=\left|\dfrac{bb'}{aa'}\right|$

## 凸レンズと凹レンズ

　図3.8.2は、凸レンズと凹レンズを組み合わせてスクリーンに投影した実像を作図したものです。この例では、凸レンズ$L_1$の後側焦点$F_1$に凹レンズ$L_2$を配置しています。凸レンズ$L_1$でできる物体ABの実像A'B'は、凹レンズがなければ、凹レンズ$L_2$の前側焦点$F_2$の内側にできることになりますが、凹レンズで光が拡散されるため、凹レンズの後方に実像A"B"ができます。A'B'を凹レンズ$L_2$に対する**虚物体**といいます。これもレンズの写像公式を使って、実像の位置や倍率を求めることができます。

図3.8.2　凸レンズと凹レンズを通る光（実像をつくる）

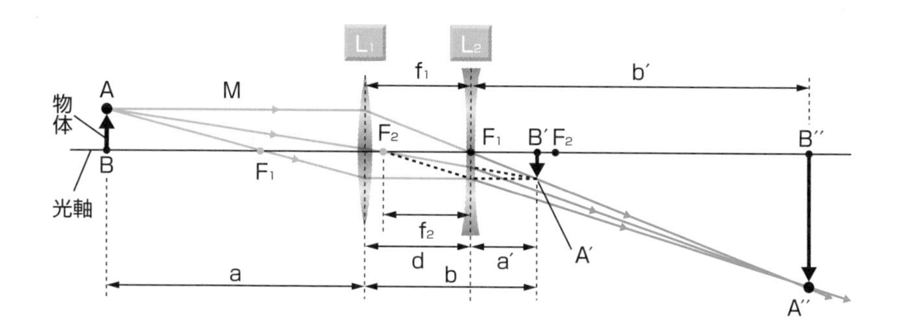




## 2枚のレンズの合成焦点距離

2枚のレンズの**合成焦点距離**は、次の式で求めることができます。

$$\frac{1}{f}=\frac{1}{f_1}+\frac{1}{f_2}-\frac{d}{f_1 \times f_2}$$

ここで$f_1$は1枚目のレンズ$L_1$の焦点距離、$f_2$は2枚目のレンズ$L_2$の焦点距離、dは$L_1$と$L_2$の距離です。それぞれの焦点距離は凸レンズのとき正の値、凹レンズのとき負の値として計算します。dが焦点距離$f_1$と$f_2$比べて十分に小さいとき、すなわち2枚のレンズがぴたりと重なると考えることができるような場合は、第3項は0とします。

レンズが3枚の場合、まず2枚のレンズの合成焦点距離を計算します。続いて、計算した2枚の合成焦点距離と3枚目のレンズの焦点距離から、3枚のレンズの合成焦点距離を計算します。4枚以上の場合も同じように計算することができます。

# 3-9

# レンズの簡易な作図方法

複数のレンズを通る光線を描く場合、1枚目の凸レンズに入射する光線は自由に描くことができますが、1枚目から2枚目の凸レンズに入射する光線、2枚目から3枚目に入射する光線となると、そうはいきません。かならず任意の傾きでレンズに入射する光線の道筋を考える必要が出てきます。

## 凸レンズに任意の角度で入射線する光線

図3.9.1のように、凸レンズに任意の傾きで入射する光線①が、凸レンズを通り抜けたあと、どのように進むのか作図だけで考えてみましょう。まず、同図のように、光線①に平行で凸レンズの主点Oを通る光線②を焦平面まで描きます。凸レンズに平行に入射する光は、3-5節で説明した無限遠からやってくる光と同じふるまいをします。つまり、この光線①と光線②は凸レンズを出たあとに焦平面上の1点で交差します。このことを踏まえて、光線①のP点から、光線②と焦平面との交点Qに向かって光線③を描きます。これが、光線①が凸レンズを出たあとに進む道筋となります。もし、光線①と光線②が無限遠にある物体の1点からやってきた光であれば、Q点に対応する**点像**を結ぶことになります。

図3.9.1　凸レンズに任意の傾きで入射する光はどのように進むか

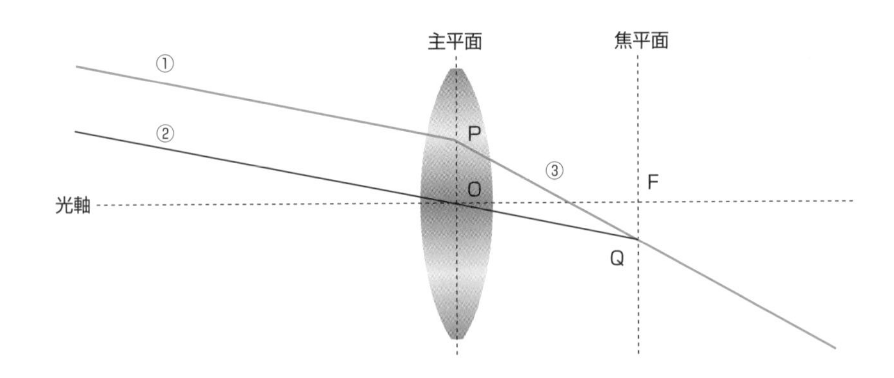

3-4節において、凸レンズの光の進みかたは、3本の光線で考えると説明しました。しかし、この3本の光線を使う方法では、任意の傾きで凸レンズに入射する光が、凸レンズを出たあとどのように進むか求めることができません。そこで、3本の光線を使う方法に加えて「凸レンズの主点を通る光とその光に平行な光は焦平面上で交わる」という規則を覚えておくとよいでしょう。

## 凹レンズに任意の角度で入射する光線

凹レンズの場合はレンズの手前にある後側焦点Fの焦平面が、作図にとって重要となります。図3.9.2のように、凹レンズに任意の傾きで入る光線①が凹レンズを通り抜けたあと、どのように進むのか考えてみましょう。まず、光線①に平行でレンズの主点Oを通る光線②を描きます。そして、光線②と焦平面の交点Qから、光線①と主平面の交点Pに向かって光線③を描きます。つまり、凹レンズに任意の傾きで入射する光線①は、凹レンズを出たあとに光線③のように進みます。もし、光線①と光線②が無限遠にある物体の1点からやってきた光であれば、Q点に虚像ができることになります。

図3.9.2　凸レンズに任意の傾きで入射する光はどのように進むか

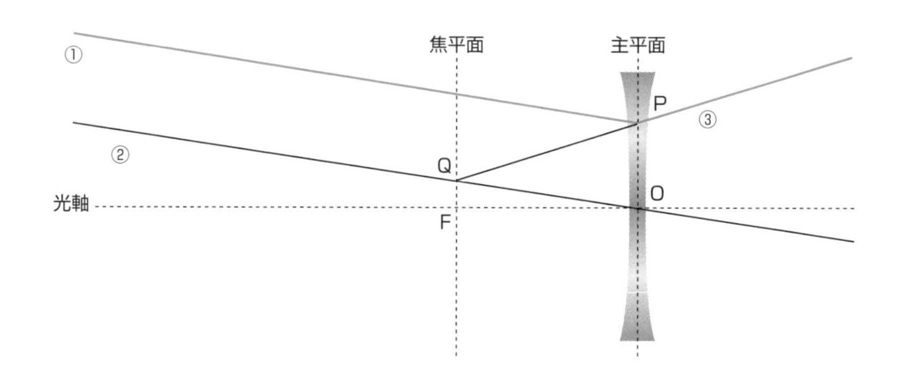

凹レンズの光の進みかたについても、3-4節で３本の光線で考えると説明しましたが、この３本の光線に加えて「凹レンズの主点を通る光に平行な光は、凹レンズを出たあと、凹レンズの主点を通る光と後側焦平面の交点から出てきた光のように進む」という規則を覚えておくといいでしょう。例えば、3-8節のような２枚のレンズを通る光の図もこの方法で作図することができます。

この節で説明した作図方法を使うと、レンズの写像公式を使わなくても、凸レンズや凹レンズを通る光の道筋を作図することができます。

これを応用すると、複数のレンズを通る光の道筋を次々と求めることができ、簡単に作図を行うことがことができます。

ただし、この方法は、レンズが理想的な薄肉レンズであることを前提としています。実際のレンズには第５章で説明する収差がありますので、この方法でレンズを通る光の道筋を厳密に作図することはできません。しかし、この方法は、レンズを通る光線を考えたり、原理図を描いたりする場合には有用ですので、覚えておくとよいでしょう。

## COLUMN　平行光で凸レンズの焦点距離を求める

凸レンズの焦点は、凸レンズに入る光軸に平行な光線が凸レンズを出た後に１点に集まる位置です。ですから、凸レンズの焦点距離は簡単に求めることができます。凸レンズの焦点距離を求めるもっとも簡便な方法は、太陽を利用する方法です。図のように、太陽光をレンズで集め、太陽光が集まる部分が最も小さくなるところを調べ、レンズからの距離を測ります。その距離が焦点距離となります。

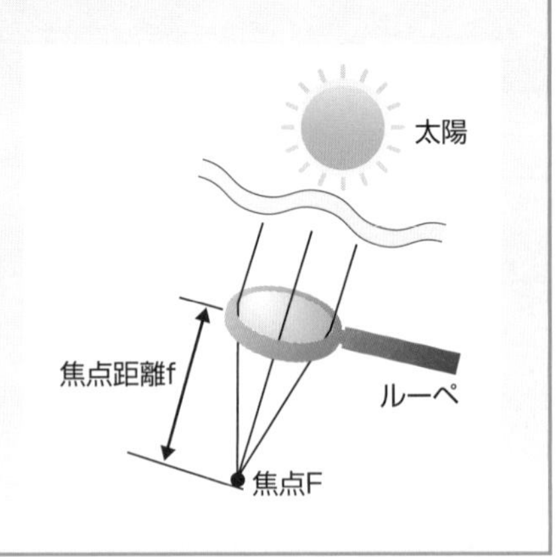

# 3-10

# 凹面鏡と凸面鏡

凸レンズで光を集めたり、凹レンズで光を発散させたりすることができるのは、レンズの屈折の働きによるものです。実は、レンズを使わなくても、鏡による光の反射を利用することで、光を集めたり発散させたりすることができます。

## 平面鏡で反射する光

平面鏡による光の反射では、図3.10.1 (A) のように、入射光も反射光もそれぞれ平行光線となるので、1枚の平面鏡では光を集めたり発散させたりすることができません。しかし、同図 (B) や (C) のように、たくさんの鏡を、向きを少しずつ変えながら並べると、光を集めたり、発散させたりできます。

**図3.10.1　平面鏡で反射する光**

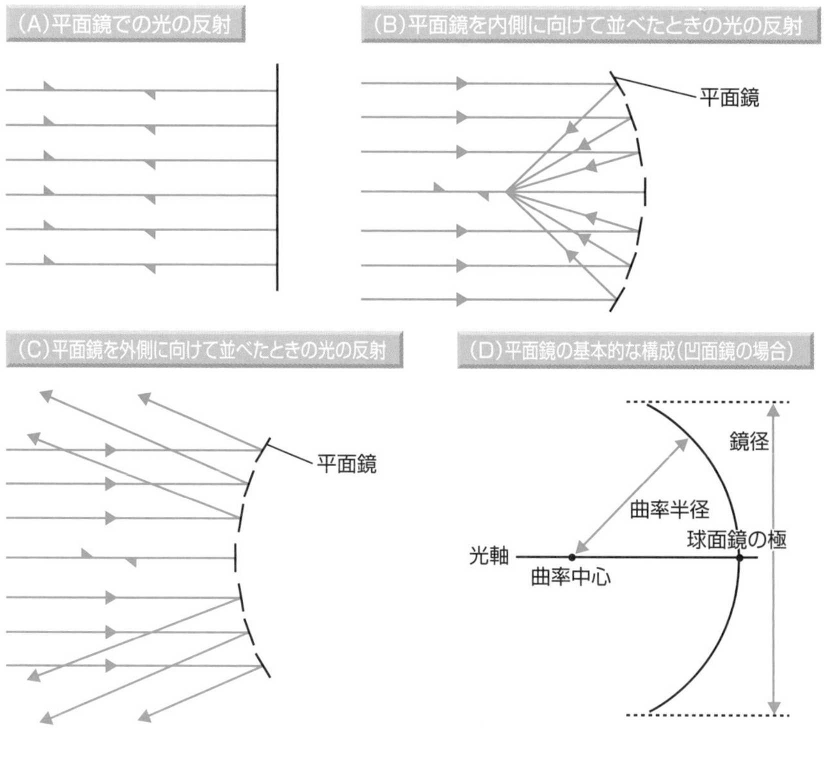

(A)平面鏡での光の反射

(B)平面鏡を内側に向けて並べたときの光の反射

平面鏡

(C)平面鏡を外側に向けて並べたときの光の反射

平面鏡

(D)平面鏡の基本的な構成(凹面鏡の場合)

鏡径
曲率半径
球面鏡の極
光軸
曲率中心

　鏡の表面を球面にした鏡を、**球面鏡**といいます。球面鏡の表面が同図（B）のような形のものを凹面鏡、同図（C）のような形のものを**凸面鏡**といいます。**凹面鏡**は、凸レンズと同じように光を集める働きをし、物体の実像をつくったり、虚像をつくったりします。凸面鏡は凹レンズと同じように光を広げる働きをし、物体の虚像をつくります。凸面鏡は物体の実像をつくる働きはありません。

　また、同図（D）は球面鏡の基本的な構成を、凹面鏡を例に簡単に示したものです。球面鏡の反射面の中心を、**球面鏡の極**といいます。球面鏡の球心を**曲率中心**といい、球面の半径を**曲率半径**といいます。曲率中心と極を通る直線を、光軸または**鏡軸**といいます。球面鏡の直径を、**鏡径**または**鏡口**といいます。

　鏡とレンズは違うものと考えがちですが、光の進む方向を変えたり、光を集めたり、広げたりするという点では、同様な働きをもつと考えてよいでしょう。レンズは屈折の働きにより、光を通過させて進む向きを変えますが、鏡は反射の働きにより、光の進む向きを反転させて進む向きを変えます。

## 凹面鏡で反射する光

　凹面鏡は、光軸に平行に入射する光を焦点Fに集めます。凹面鏡の極Oから焦点Fまでの長さが、焦点距離fとなります。光軸に近いところでは△FPRが二等辺三角形になると考えることができるので、焦点距離fは曲率半径ORの1/2となります。

　凹面鏡の反射では、次の３本の光線を考えます。

❶凹面鏡の光軸に平行な光は、反射したあと焦点を通る
❷凹面鏡の焦点を通る光は、反射したあと光軸に平行な光となる
❸凹面鏡の曲率中心を通る光は、反射したあと同じ径路を戻る

　図3.10.2（A）のように、物体を凹面鏡の焦点Fより外側に置いた場合、物体と同じ側に倒立した実像ができます。このとき、凹面鏡をのぞくと、上下左右が反対になった物体の像が見えます。また、同図（B）のように、物体を焦点Fの内側に置いた場合、鏡の中に物体の拡大された虚像が映ります。

　スプーンの内側をのぞいたときに、顔が逆さまに映るのは、スプーンの内側が凹

面鏡の働きをするからです。また、光ではありませんが、衛星放送のパラボラアンテナは、焦点に受信機が置いてあり、衛星からの電波を集めて受信するようになっています。

**図3.10.2　凹面鏡で反射する光**

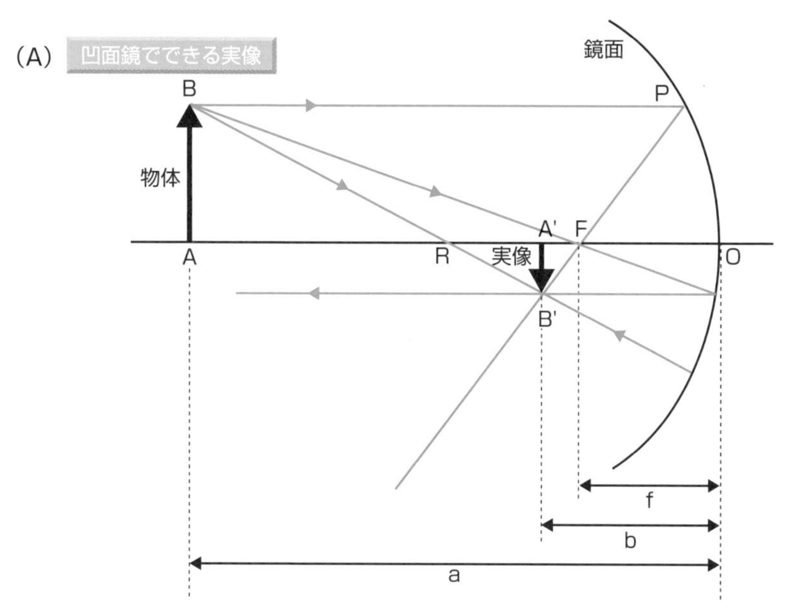


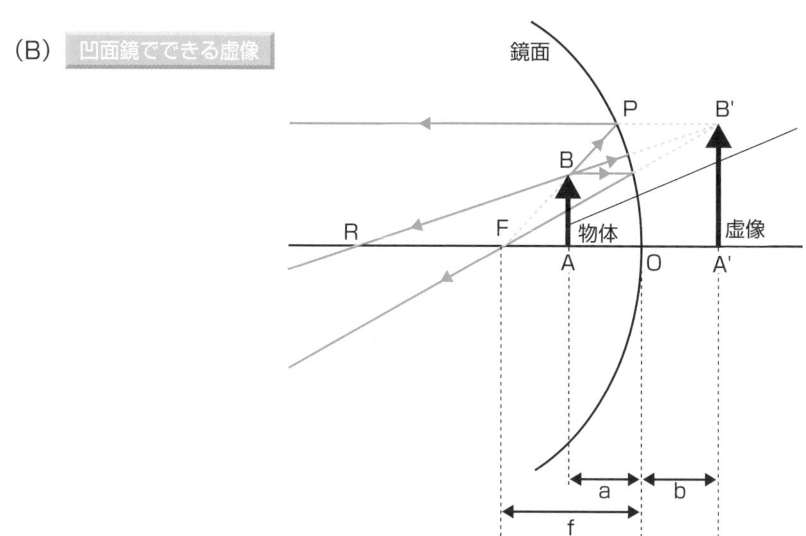

## 凸面鏡で反射する光

次に凸面鏡の反射について考えてみましょう。図3.10.3のように、凸面鏡は光を発散するように反射します。そのため、凸面鏡の中の1点から光がやってくるように見えます。凸面鏡の反射では、次の3本の光線を考えます。

❶凸面鏡の光軸に平行な光は、焦点からやってきたように反射する
❷凸面鏡の焦点に向かう光は、反射したあと光軸に平行な光となる
❸凸面鏡の曲率中心に向かう光は、反射したあと同じ径路を戻る

凸面鏡の手前に物体を置くと、鏡の中に物体の縮小された虚像ができます。凸面鏡の場合も、焦点距離fは曲率半径ORの1/2となります。

**図3.10.3　凸面鏡で反射する光**

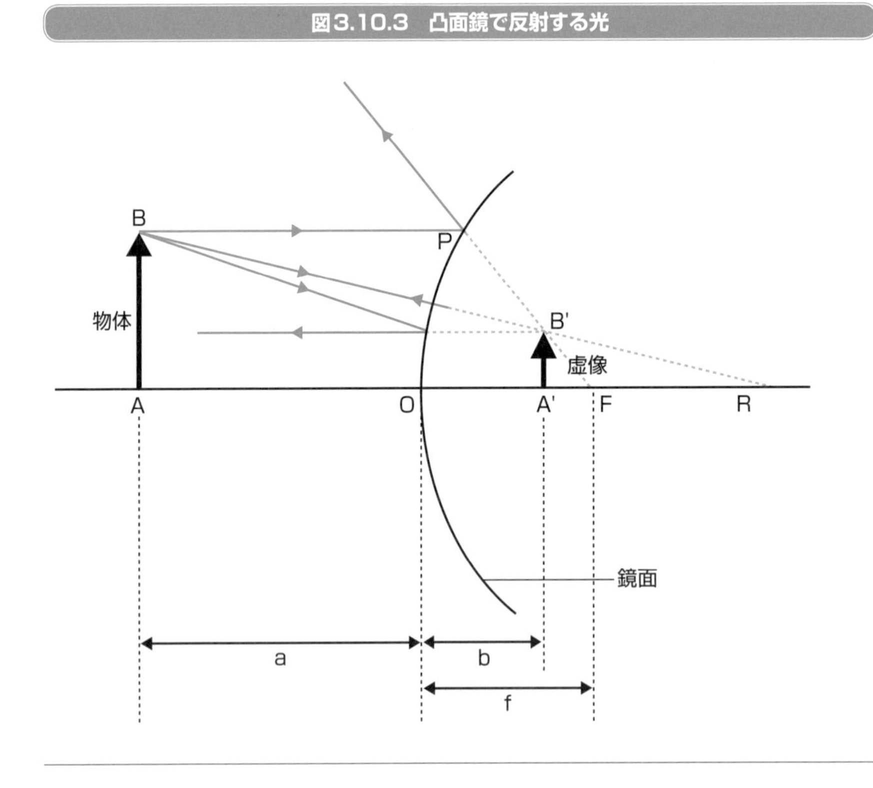

凸面鏡に物体を映すと、物体は小さくなって映りますが、同時に広い範囲が映ります。この性質から、凹面鏡は自動車のバックミラーや、カーブミラー*に使われています。

図3.10.4　凸面鏡の使用例—カーブミラーの例

## 凹面鏡と凸面鏡の焦点距離と倍率

レンズの写像公式では、焦点距離fは凸レンズで正の値、凹レンズで負の値とする約束がありました。球面鏡の場合は凸面鏡で負の値、凹面鏡で正の値とします。また、曲率半径Rは凸面が正の値、凹面が負の値としますので、球面鏡の曲率半径と焦点距離fの関係は、次の式のようになります。

$$f = -\frac{R}{2}$$

また、球面鏡の倍率は次の式で求めることができます。

$$m = \left|\frac{b}{a}\right|$$

なお、凸面鏡の焦点は凹レンズの焦点と同様に、そこに光が集まったり、そこから光が出てくるわけではないので、**虚焦点**と呼ばれます

＊**カーブミラー**　見通しの悪い交差点やカーブに設置されるミラー。

COLUMN

## 凹面鏡を利用した太陽炉

畳1枚の大きさの地面にあたる太陽光を集めると、1リットルの水を約3分で沸騰させることができます。

鏡を使うと太陽光を集めることができますが、衛星放送のアンテナを大きくしたようなものの内側に鏡をはりつけて太陽光を集める太陽炉というものがあります。最近ではソーラークッカーという名前で、太陽光の熱エネルギーを集めて調理をする道具が販売されています。これは凹面鏡が光を集める原理を利用したものです。

凹面鏡の直径が10 cmぐらいのもので、凸レンズのように紙を燃やすことができます。小型の太陽炉はオリンピックの聖火をつけるのにも使われています。フランスにある世界最大の太陽炉は幅54 m、高さ40 m、焦点距離18 mもあり、光を集中した部分の温度は3500°にもなります。

▲フランス国立太陽エネルギー研究所の超大型太陽炉

第4章

# レンズの分類

第3章では凸レンズと凹レンズを中心にレンズの基本的な仕組みと働きを説明しました。この章では、レンズの基本的な分類、レンズをつくる材料、そしてレンズのつくりかたについて説明しましょう。

# 4-1

# レンズの基本的な分類のしかた

レンズは、その形状や、光をどのように屈折するかで分類することができます。ここでは、レンズの基本的な分類のしかたについて確認しましょう。

## 光の屈折のしかたによる分類　…凸レンズと凹レンズ

レンズはまず、凸レンズの働きをするのか、凹レンズの働きをするのかで大きく分類できます。

これまで説明したように、凸レンズは光を集める働きがあり、凹レンズは広げる働きがあります。どのようなレンズでも、その作用によって、凸レンズか凹レンズに分類することができます。

## レンズ面で光を屈折するレンズ

普通のレンズは、レンズの表面と裏面で光を屈折させます。図4.1.1は両面が対称形の両凸レンズです。レンズに入射する光は、まず空間との境界面である入射面で屈折してレンズの内部に入ります。普通のレンズは均一の屈折率の媒質でできていますから、光はレンズ内部を直進します。そして、空間との境界面である射出面で屈折してレンズからでてきます。これは、2-3節で説明した、「光は媒質の境界面で屈折する」という光の基本的な性質によるものです。

表面屈折を利用したレンズは、表面の形状によって、図4.1.2の❶～❺に分類することができます。❶球面レンズは、レンズの表面が球面をしたレンズです。このレンズの表面は、ある一定の大きさの曲率半径の球面になっています。❷非球面レンズは、表面の形が球面ではないレンズです。このレンズの表面は、放物面、楕円面、多項式などでつくられる曲面、あるいは自由曲面になっています。❸シリンドリカルレンズの表面は、円柱の側面のような形をしています。❹フレネルレンズは、ガラスやプラスチックの板の上に、のこぎりの歯のような段差をつけた形をしています。❺トロイダルレンズは、ビア樽の側面のような曲面をしたレンズです。これらのレンズについては、第４章で詳しく解説します。

図4.1.1　表面屈折のようす：両凸レンズでの光の進み方

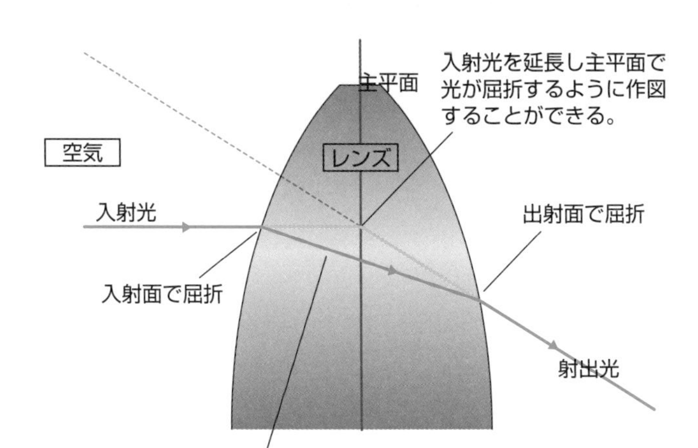


## ▶▶ レンズ面での屈折を利用しないレンズ

レンズには、レンズ面の屈折を利用しないで光を集めたり、広げたりするのもあります。表面屈折を利用しないレンズには、図4.1.2の❻と❼があります。❻グリンレンズ（屈折率分布レンズ）は、屈折率が内部で均質ではないガラスやプラスチックを使ったレンズです。❼回折レンズは、光の回折現象を利用して光の進む向きを変えるレンズです。これらのレンズについては、4-4節で詳しく解説します。

図4.1.2 レンズの分類

| 表面屈折を利用したレンズ | |
|---|---|
| ❶ | 球面レンズ |
| ❷ | 非球面レンズ |
| ❸ | シリンドリカルレンズ |
| ❹ | フレネルレンズ |
| ❺ | トロイダルレンズ |
| 表面屈折以外のレンズ | |
| ❻ | グリンレンズ |
| ❼ | 回折レンズ |

# 4-2

# レンズ面で光を屈折するレンズ①…球面レンズと非球面レンズ

最初にレンズ面で光を屈折するレンズのうち、球面レンズと非球面レンズについて説明します。

## 球面レンズ

**球面レンズ**は、図4.2.1のように 球の表面の一部分をとり出した形をしています。球の大きさは球の半径の大きさによって決まります。ですから、球面の曲がり方

**図4.2.1　球面レンズの表面：平凸レンズの場合**

(A)球面の一部を取りだしたものが球面レンズ

球面

半径R

(B)半径Rの線分OPが描く弧がレンズの球面（平凸レンズの場合）

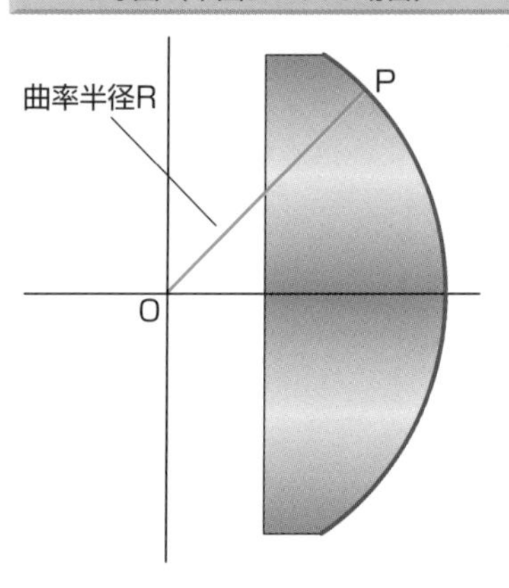


(C)曲率半径の大きさとレンズの球面

曲率半径が大きい球面　曲率半径が小さい球面

は、半径が大きくなり、球が大きくなるほどゆるやかになります。この半径を**曲率半径**といいます。同じ屈折率の材料を使ったレンズでは、曲率半径が小さいほど（曲面の曲がり方がきついほど）、レンズの焦点距離が短くなります*。

球面レンズは図4.2.2のように レンズ面の形によって分類され、それぞれ凸レンズと凹レンズがあります。

**図4.2.2　球面レンズの分類**

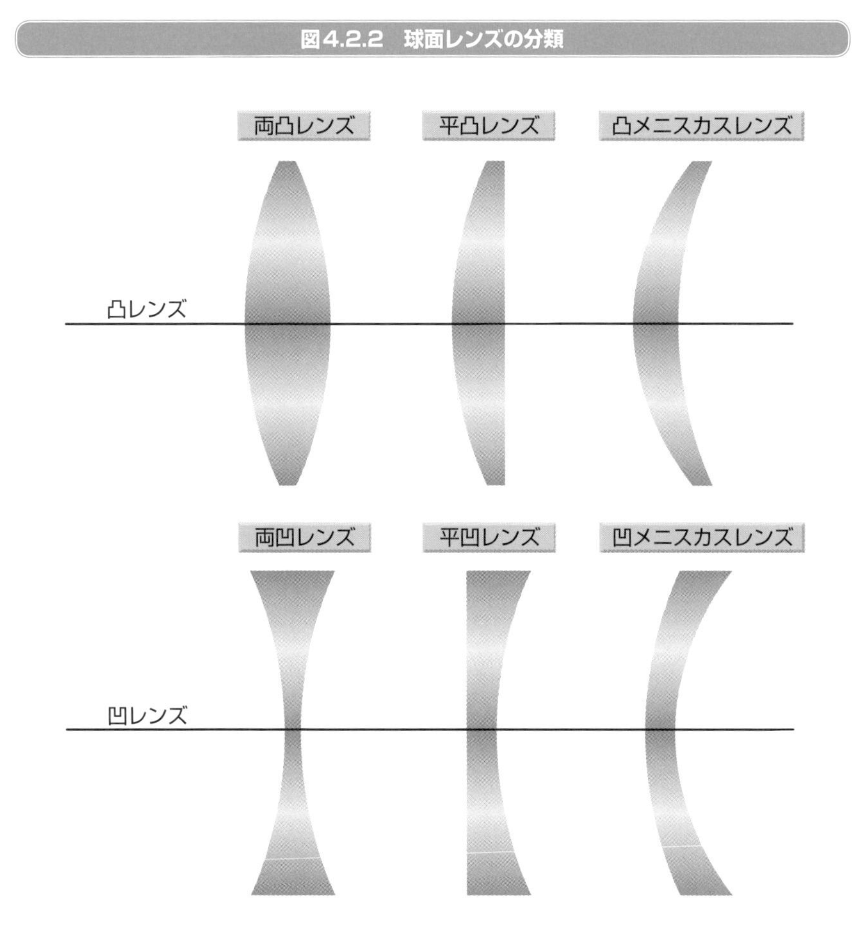


**両凸レンズ**は両面が凸面のレンズ、**両凹レンズ**は両面が凹面のレンズです。**平凸レンズ**、**平凹レンズ**は片面が平面ですが、平面は曲率半径が無限大の球面と考えることができるので、球面レンズに分類されています。また、両凸レンズ、両凹レンズ

＊…**なります**　3-3節のレンズメーカーの式を参照。

は、両面が同じ球面であるとは限りません。両面の曲率半径が異なっているものもあります。そういう意味でも、平凸レンズ、平凹レンズは両凸レンズや両凹レンズの仲間と考えることができます。

**メニスカスレンズ**は、三日月形をしたレンズです。レンズの片面が凸面で、もう片面が凹面になっています。メニスカスレンズは、凸面と凹面を合わせもっているにも関わらず、凸レンズまたは凹レンズに分類されますが、これはレンズ全体としての働きが凸レンズなのか凹レンズなのかで決まります。**凸メニスカスレンズ**はレンズの中央が周辺部より厚く、光を集める働きがあり、**凹メニスカスレンズ**はレンズの中央が周辺部より薄く、光を広げる働きがあります。普通のレンズは主点がレンズの内部にありますが、メニスカスレンズは主点がレンズの外部にあります。変わった形をしていますが、眼鏡に使われるレンズがメニスカスレンズです。

## 非球面レンズ

昔からレンズは球面レンズが多く使われてきました。それは、一定の曲率半径の球面のレンズがつくりやすかったからです。しかし、レンズの加工技術が向上するにつれて、球面ではない、非球面のレンズがつくられるようになりました。

非球面レンズに使われる面の多くは、放物面や楕円面や多項式などでつくられる面です。非球面の形は、図4.2.3（A）のように、曲線をY軸のまわりに回転させることによってつくることができます。Y軸は光軸になりますので、このような面を**光軸対称回転面**といい、この方法でつくられたレンズは同図（B）のようになります。最近では、同図（C）のように回転軸を使わずにレンズの表面を加工して自由な曲面にすることが可能となっています。このようにつくられる非球面を**自由曲面**といいます。

非球面レンズは、球面レンズより設計も製作もたいへんです。にもかかわらず非球面レンズが使われるのは、球面レンズに**収差**＊という問題があるからです。例えば球面レンズを通してよく見ると、図4.2.4のように、レンズの周辺の部分が歪んで見えます。カメラのレンズでは、レンズを組み合わせることによってこうした歪みを補正しますが、眼鏡のレンズの場合には、何枚も組み合わせることができません。非球面のレンズを使うと、レンズ１枚でこの歪みを補正することができます。

＊**収差**　第5章で詳しく説明する。

図4.2.3　非球面レンズの形状

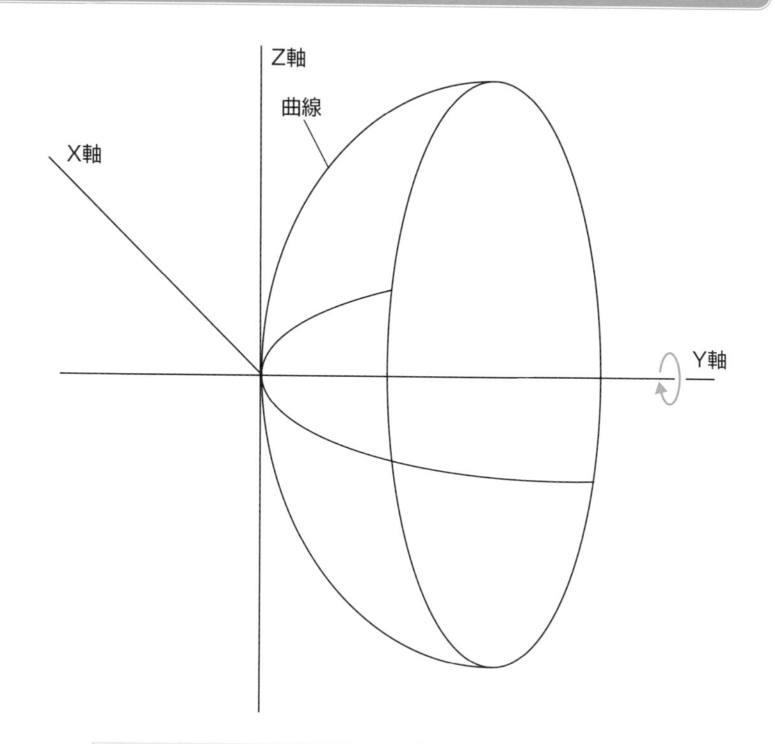


(A) 楕円曲線をY軸で回転させた例

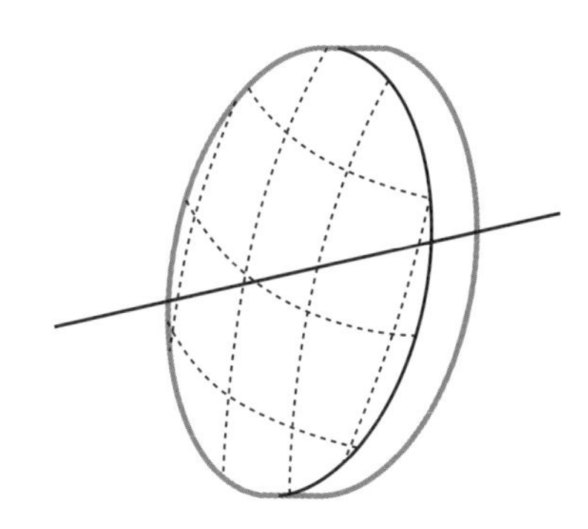

(B) 回転対称型の非球面レンズ

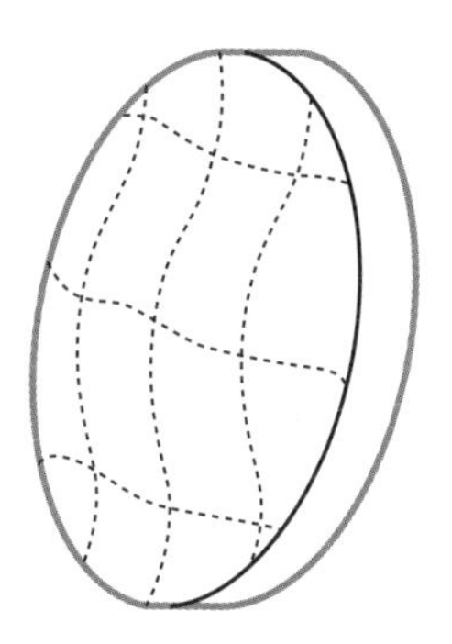

(C) 自由曲面でつくった非球面レンズ

図4.2.4　球面レンズ（凸レンズ）による像の歪み

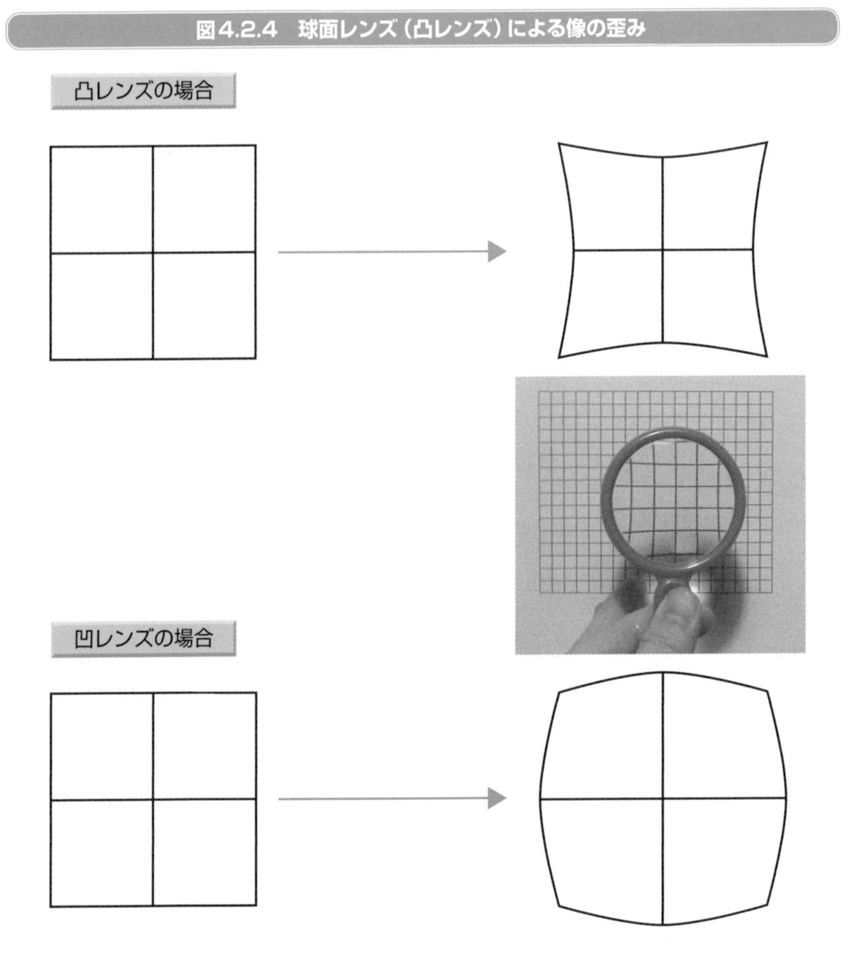


非球面レンズは、ガラスやプラスチックを溶融して型押し（プレス）する方法でつくられます。眼鏡のレンズは非球面レンズにすることにより、レンズの厚さを抑えることができたり、境目のない遠近両用眼鏡のレンズが実用化できたりするようになりました。また、厚さの薄いスマートフォンに高性能なカメラを搭載できるようになった背景にも非球面レンズの製作技術の向上があります。技術の向上にともない、かなり精巧な非球面レンズをつくることができるようになってきましたが、大きなレンズや厚いレンズをつくるのはいまだ難しい状況です。

# 4-3

# レンズ面で光を屈折するレンズ②

## …シリンドリカルレンズ、フレネルレンズ、トロイダルレンズ

次にシリンドリカルレンズ、フレネルレンズ、トロイダルレンズがどのようなレンズなのか説明しましょう。

### シリンドリカルレンズ

**シリンドリカルレンズ**は、図4.3.1のように表面が円筒の側面の一部を切り出した形をしたレンズです。その形状からカマボコレンズと呼ばれることもあります。シリンドリカルは「円筒状の」という意味です。球面レンズはどこを切り出しても、その断面に曲面がありますが、シリンドリカルレンズは、曲面のある断面と、曲面のない断面があります。そのため、光を屈折する向きと屈折しない向きがあります。

**図4.3.1　シリンドリカルレンズの形**

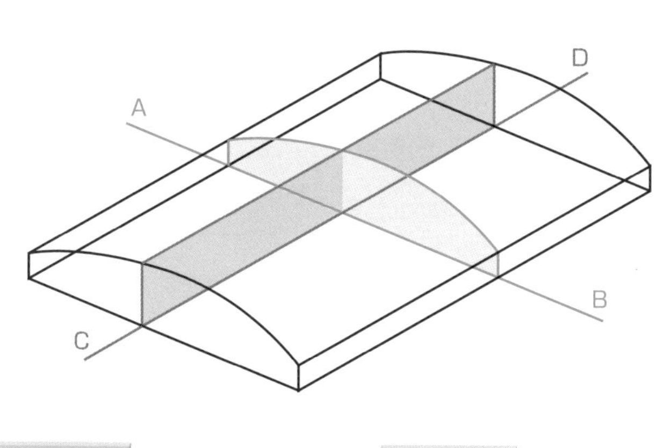


断面A-B

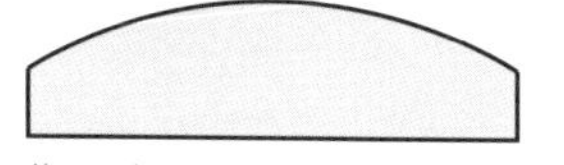

曲面があり、レンズの働きをする

断面C-D

レンズの働きをしない

シリンドリカルレンズの光軸に平行に入る光は、図4.3.2(A)のように進みます。シリンドリカルレンズ光軸上のA面で入る光は屈折せずに直進します。A面に平行なB面で入る光は、屈折します。球面レンズに入る光は、同図(B)のようにレンズのどの部分を通っても焦点1点に集まるように屈折しますが、シリンドリカルレンズの場合には一直線上に集まるように屈折します。

図4.3.2 シリンドリカルレンズの光の進み方

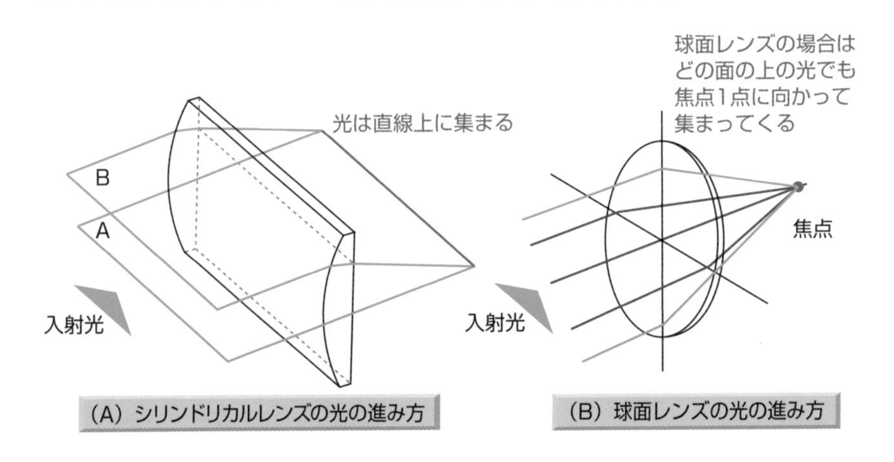


シリンドリカルレンズを使うと、直線上に並んだ細かい目盛りなどを拡大して読みとることができます。1-3節で紹介した半円筒形のレンズはシリンドリカルレンズです。シリンドリカルレンズは乱視矯正用の眼鏡*、レーザープリンター、コピー機、バーコードのスキャニング、ホログラフィー装置などに使われています。

シリンドリカルレンズは非球面レンズと考えることもできますが、昔から使われていることや、断面の曲面が円弧であることから、非球面レンズとは区別されています。なお、シリンドリカルレンズには凹型のものもあります。

## フレネルレンズ

**フレネルレンズ**は、ガラスやプラスチックの板の上に、のこぎりの歯のような段差がついたレンズです。フレネルレンズは、図4.3.3のように、球面レンズの表面を細かく分解して平面に配置したような断面をしています。そのため、球面レンズよ

---

* **乱視矯正用の眼鏡** 眼鏡の処方箋のCYLは円柱度数といい乱視の度数を示す数値で、CYLはCylinder(シリンダー)の略。

りも厚さが薄くなり、普通の球面レンズでは不可能な、口径より短い焦点距離を実現することができます。なお、普通のフレネルレンズは同心円状に溝が刻まれていますが、一方向にのみ溝を刻んでシリンドリカルレンズと同じ働きをさせるようにしたものを**リニアフレネルレンズ**といいます。

図4.3.3 フレネルレンズの形と光の進み方

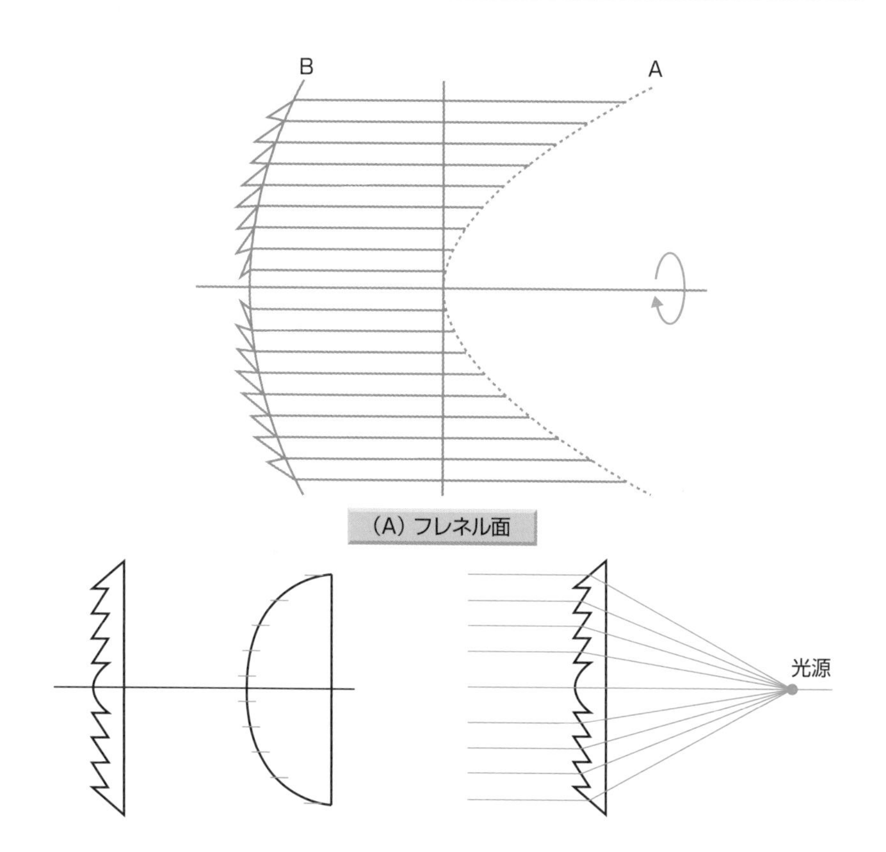


フレネルレンズはもともと、1822年にフランスの物理学者**オーギュスタン・ジャン・フレネル**が灯台用のレンズとして考案したものです。灯台は遠くに光を届ける必要がありますが、これを球面レンズでつくろうとすると、巨大なレンズが必要となります。フレネルレンズを使えば、球面レンズより薄くて軽いレンズで済む

のです。口絵⑭の灯台のような大形のフレネルレンズは、図4.3.4のような構造をしています。ガラスの表面に削られた1つひとつの段差が、プリズムと同じような働きをします。レンズの中心周辺と外周部分では、光の進み方が違います。中心周辺では光をプリズムで屈折させて進む向きを変え、外周部分では光をプリズム内で全反射させて進む向きを変えています。

**図4.3.4　灯台の大型のフレネルレンズの仕組み**

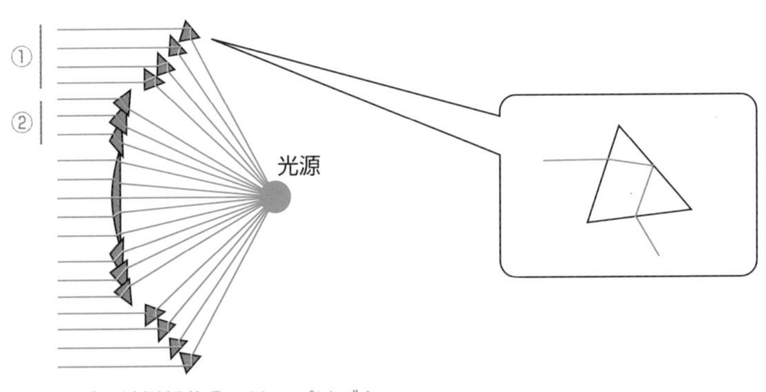


レンズの外側部分①では、プリズム内で光が反射してでてくる。

フレネルレンズは、綺麗な像をつくることはできませんが、光を集めて送ることや、簡易ルーペとしては十分に使えます。カメラのストロボの発光部にとりつけられている表面が波型をした透明板や、オーバーヘッドプロジェクターの投影レンズ、同心円の模様がついた薄い板状の簡易型のレンズが、フレネルレンズです。

## トロイダルレンズ

**トロイダルレンズ**は、図4.3.5のようにドーナツの一部を切り出したような形をしたレンズです。**トーリックレンズ**と呼ぶこともあります。トロイダルとは「円環状の」という意味です。

トロイダルレンズの表面は、ビア樽やドーナツの側面のような形をしていて、図4.3.6のように、縦方向と横方向の曲率半径が異なる曲面をもっています。つまりトロイダルレンズは、縦方向と横方向で焦点距離が異なるということです。

図4.3.5 トロイダルレンズの形

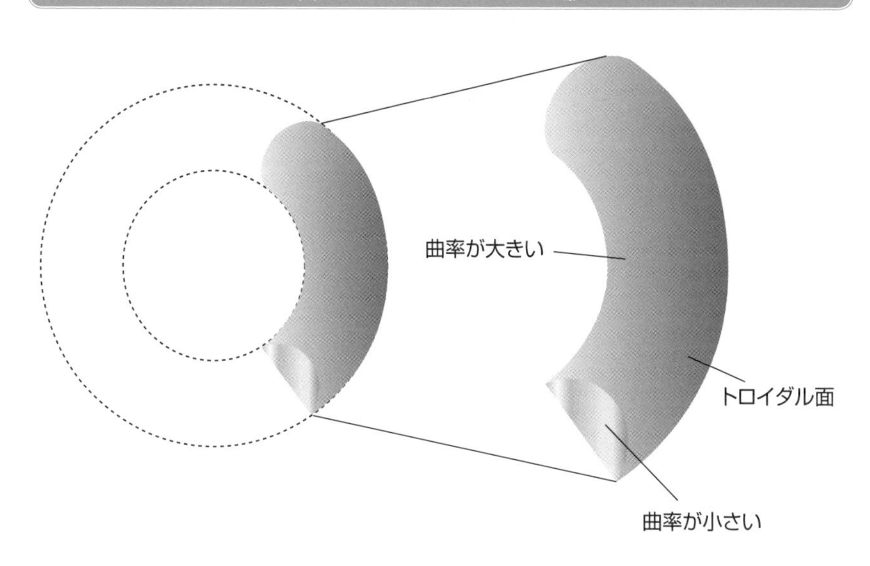


図4.3.6 トロイダルレンズの形

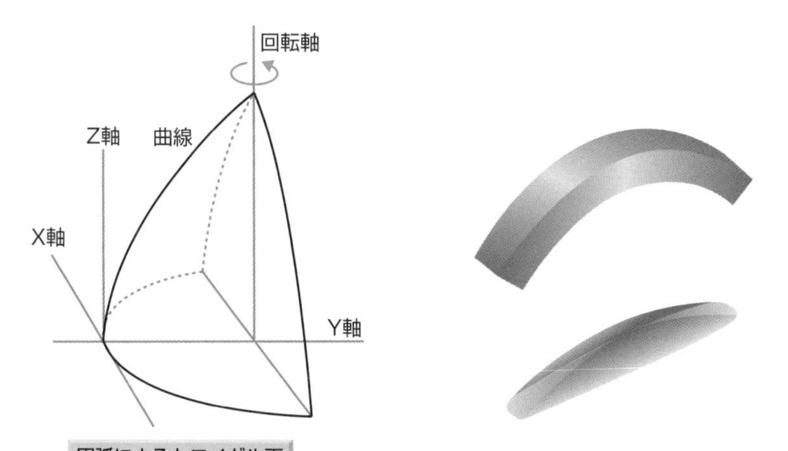


円弧によるトロイダル面

円弧と同一の面内（YZ面）にあって、円弧の曲率中心を通らない
Y軸に直交する軸で回転させて得られる面

トロイダル面の縦横どちらかの面の曲率を無限大にすると、その面が平面になるため、シリンドリカルレンズとなります。シリンドリカルレンズは、光が屈折する方向としない方向がありますが、普通のトロイダルレンズは両方向で光を屈折します。

１枚のシリンドリカルレンズに平行光を通した場合、図4.3.2(A)で示したとおり、光軸上に直線状の像をつくります。焦点距離の異なる２枚のシリンドリカルレンズを90度向きを変えて重ねて置き、平行光を通すと、光軸上に横方向の直線状の像と、縦方向の直線状の像ができます。それぞれの像は２枚のシリンドリカルレンズの焦点距離の差分だけ離れたところにできます。また、２枚のシリンドリカルレンズを使って、図4.3.7のようにダイオードレーザーの楕円形のビームを円形にすることができます。

**図4.3.7　２枚のシリンドリカルレンズで集光する例**

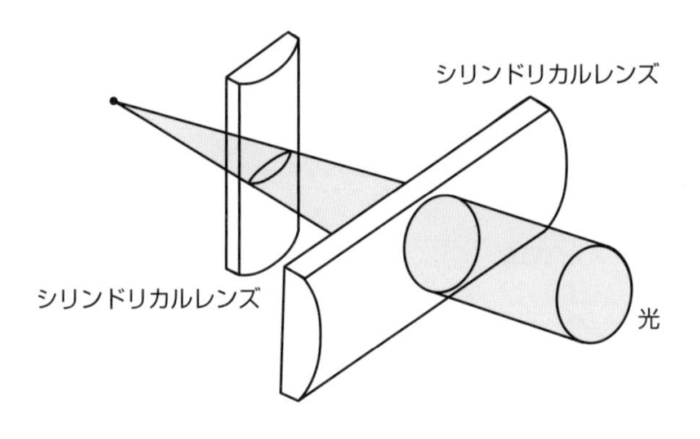


トロイダルレンズは１枚のレンズで２枚組み合わせたシリンドリカルレンズと同じような働きをします。像が位置がずれてできることを非点収差*といいますが、非点収差は普通のレンズでは光軸上から離れたところに生じます。トロイダルレンズを使うと、光軸上で非点収差をわざと生じさせることができます。

トロイダルレンズの身近な利用例は、乱視矯正の眼鏡です。乱視は角膜の縦方向と横方向の屈折力が異なるために起こります。乱視を矯正するためには、縦方向と横方向の屈折力をそろえる必要があります。4-3節で乱視の矯正にシリンドリカルレンズを使うと説明しましたが、眼鏡のレンズはメニスカスレンズのため、実際にはトロイダルレンズとなります。

---

＊**非点収差**　非点収差の詳しい説明は5-3節を参照。

# 4-4

# レンズ面での屈折を利用しないレンズ

レンズ面での屈折を利用しないレンズには、グリンレンズ（屈折率分布レンズ）と回折レンズがあります。どのようにレンズの働きをするのでしょうか。

## グリンレンズ（屈折率分布レンズ）

ろうそくの炎や電熱器の上側で、景色がゆらゆらと揺れて見えることがあります。また、鍋に入れた水をガスコンロで温めていくと、水がもやもやと揺れて見えます。これらの現象は、空気や水が温められて密度の薄い部分と濃い部分ができ、光が屈折して、進む方向が乱れるために起こります。夜空にきらきらと輝く星が瞬いて見えるのも、気温や気圧によって大気がゆらいでいるせいです。逃げ水や蜃気楼といった現象も、空気の密度の違いによって起こる現象です。

図4.4.1は、**逃げ水**が起こる仕組みを示したものです。太陽光で道路が熱せられると、下方の空気が熱せられて空気の密度が小さくなり、上方の空気との間に密度の勾配ができます。光は密度が高い媒質ほど大きく屈折するという性質がありますから、空気の密度の勾配の中では曲がって進むことになります。そのため遠くにある物体（図の例では前方を走る自動車）から出た光は、空気の層で図のように屈折して、後方の自動車の運転手の眼に届きます。そのため、光がやってくる延長線上の路面に、まるで水をまいたかのように物体の像が見えるのです。前方に自動車が走っていない真っ直ぐな道路でも逃げ水が見えます。この場合は、空や遠くの景色が像となっています。

図4.4.1　逃げ水の仕組み

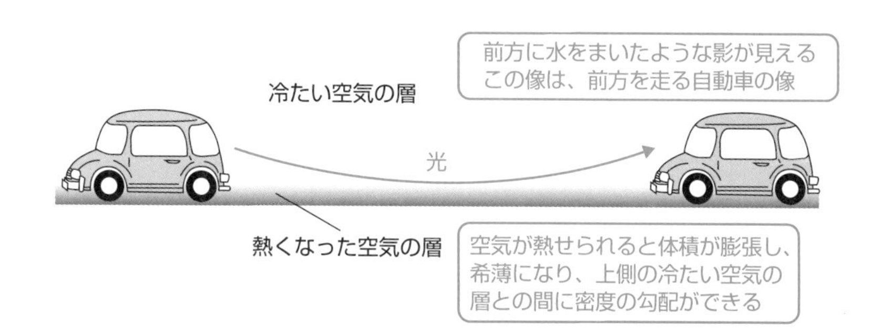

レンズにも、素材の密度を変えて光の進め方を変えるものがあります。図4.4.2（A）のように、円筒状のガラスやプラスチックの内部に屈折率の勾配をつけると、光は左から右に進むにしたがって、より大きく曲がります。このようにして光を屈折させるレンズを、**グリンレンズ**（**屈折率分布レンズ**）といいます。光を通す方向に対し全体として光を集めるものは凸レンズ、光を広げるものは凹レンズと同じ働きをすると考えてよいでしょう。

グリンレンズには、媒質の屈折率を小➡大➡小となるように勾配をつけたものもあります。例えば同図（B）のようにすると、光は内部で1点に集まったあと、再び広がります。このような工夫をすると、1つのグリンレンズで正立像を得ることができます。

**図4.4.2 アキシャル型グリンレンズ**

（A）

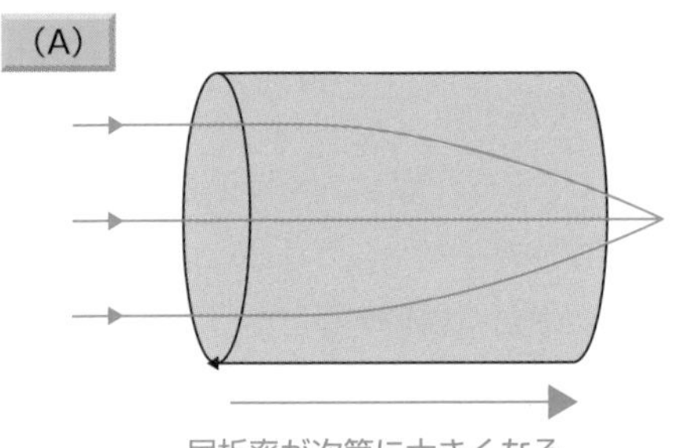


（B）

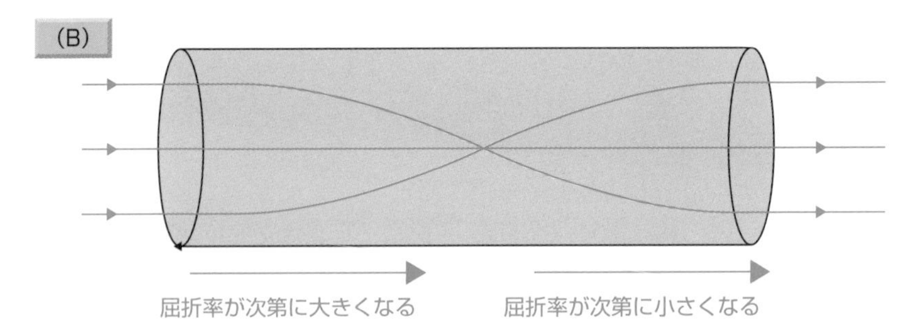


グリンレンズには、光を通す方向に屈折率分布をもたせた**アキシャル型グリンレンズ**、光を通す方向と垂直な方向に屈折率分布をもたせた**ラジアル型グリンレンズ**、球状の屈折率分布を有する**スフェリカル型**（**球面型**）**グリンレンズ**があります。

アキシャル型は、面に曲率をもたせることによって収差補正ができます。また、ラジアル型は、垂直方向の屈折率を変化させることで収差補正ができます。

グリンレンズは端面を平面にできることから部品として扱いやすいため、様々な光学機器で利用されています。

図4.4.3　ラジアル型グリンレンズ

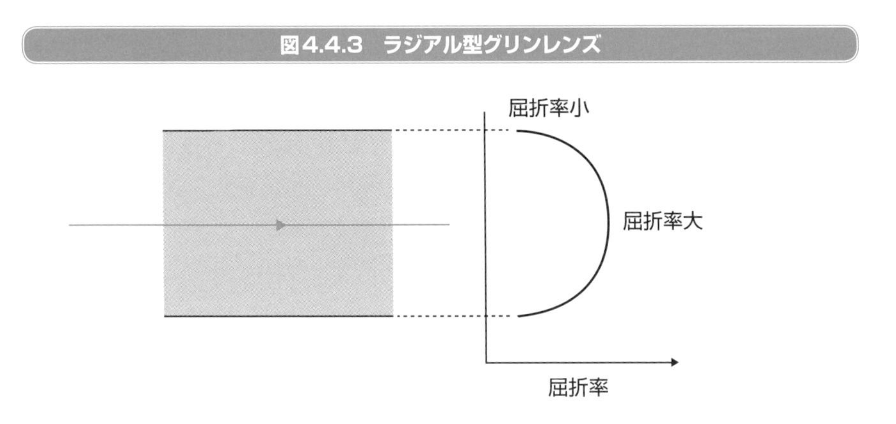


## 回折レンズ

普通のレンズは屈折によって光を曲げて光を集めたり広げたりしますが、**回折レンズ**は光の回折現象を使います。2-6節で光の波の性質である回折と干渉について説明しましたが、光の波を重ねたり、打ち消したりすることで、光が伝わる方向を変えるのが回折レンズです。

回折レンズの説明をする前に、回折格子*について説明します。いま、図4.4.4（A）のように、格子間隔dの回折格子に、波長$\lambda$の光を垂直に入射させると、透過光の進行方向と格子面に立てた垂線のなす角度が次の条件を満たすところで光が明るくなります。この角度$\theta$を**回折角**といいます。

$$d \cdot \sin\theta = m\lambda \quad (m = 0, \pm 1, \pm 2 \cdots)$$

この式から、回折格子の間隔を変えると回折角が変わり、間隔が狭いほど回折角が大きくなることがわかります。このことから、同図（B）のように格子間隔を連続的に変化させた回折格子を用いると、光を集めることができます。

*回折格子　2-6節参照。

しかし、回折格子からでてくる光は1つだけではありません。そこで、同図（C）のように回折格子の溝をのこぎりの歯のような形にして光の光路差を調整し、回折してでてくる光を特定の次数（m）にそろえます。これを**ブレーズ化**といいます。

同図（D）の上のタイプの回折レンズは、1つの波長の光に対して100%の回折効率が得られるので、波長の決まったレーザー光を使うCDやDVDのレンズとして使われています。しかしながら、普通のレンズとして使うことはできません。なぜなら、白色光にはいろいろな波長の光が含まれるからです。そこで、2枚の回折レンズを貼り合わせた回折レンズが考えだされました。2枚の回折レンズを重ね合わせることによって、各波長での回折効率を上げることができるようになるのです。最近では、カメラのレンズにも使われるようになりました。

回折レンズの表面は透過型の回折格子のようになっており、よく見ると表面に同心円状の模様が見えます。屈折レンズは波長の短い光ほど光を大きく曲げる働きがありますが、回折レンズはその逆で、波長の長い光ほど光を大きく曲げる働きがあります。そのため、光の波長によって焦点位置がずれる**色収差**が生じます。

屈折レンズで色収差をなくすには、凸レンズと凹レンズを組み合わせますが、そうするとレンズ全体が厚くなります。回折レンズと屈折レンズを組み合わせると、全体として薄いレンズで色消しを実現することができるようになります。

また、回折レンズは、回折格子の格子間隔を変えることによって光の進む方向を変えることができるので、格子間隔を調整することにより、非球面レンズと同じ働きをするレンズをつくることができます。

COLUMN

## 光を回折させてみよう

普通の平面鏡にレーザーポインタの光をあてて、その反射光を壁にあてると、壁にレーザーポインタの光の点が、一つだけ映ります。

ところが、平面鏡の代わりにCD-ROMの裏面を使ってレーザーポインタの光を反射すると、壁に等間隔に並んだ複数のレーザーポインタの光の点が映ります。

これは、CD-ROMが反射型の回折格子の働きをして、レーザーポインタの光を回折するからです。真ん中にできた光の点が0次光、その外側の両端の光の点が±1次光、さらに外側の両端の光の点が±2次光になります。

回折レンズの原理はこの現象と同じです。

図4.4.4 回折レンズの仕組み

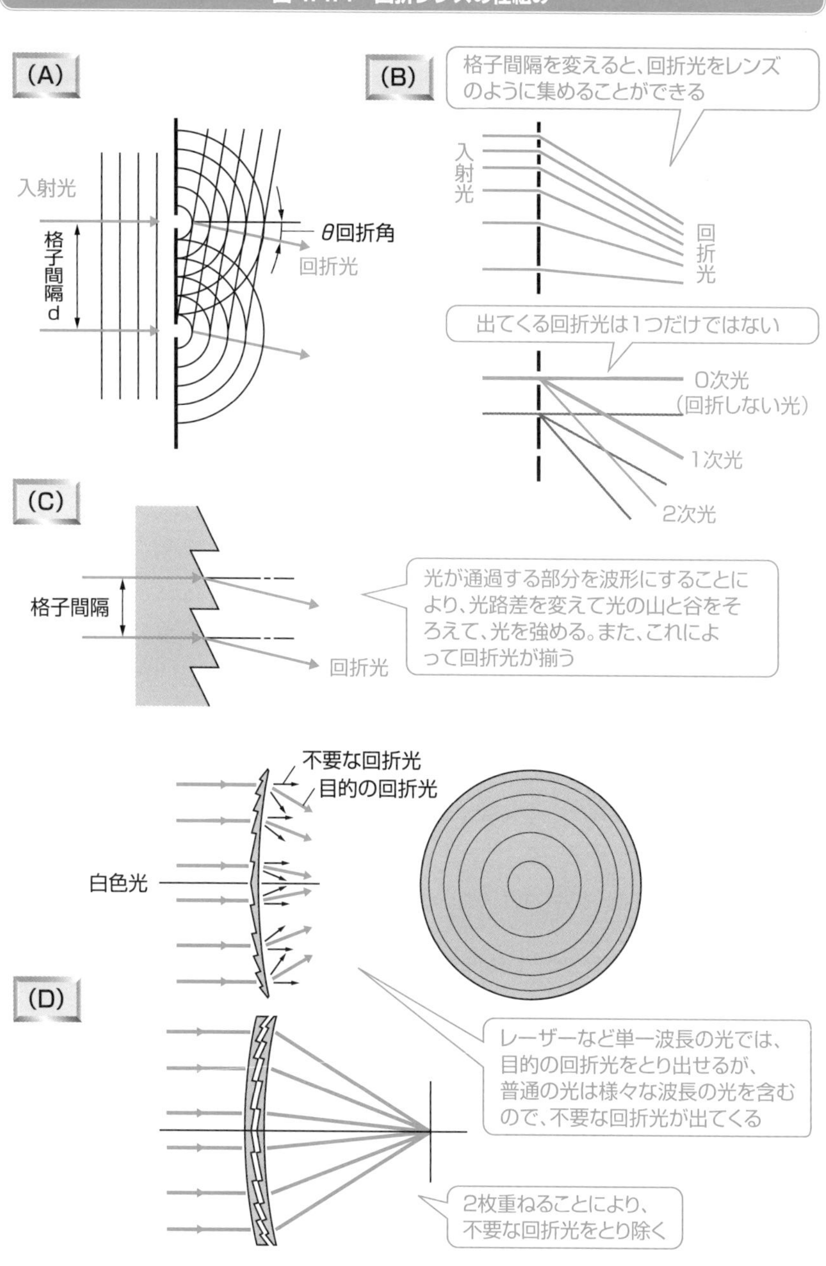

# 4-5

# レンズをつくる材料

レンズは透明なガラスやプラスチックでつくられていますが、身の回りにあるような普通のガラスやプラスチックでは、よいレンズをつくることができません。レンズをつくる材質には、どのような性質が求められるのでしょうか。

## 光学ガラス

レンズは光を屈折させて集めたり、広げたり、像をつくったりする道具です。ですから、レンズに使われるガラスは、材質が均質で、どの部分でも屈折率が同じである必要があります。

また、レンズは光を弱めることなく通さなければなりません。レンズを厚くしたり、レンズを何枚か組み合わせて使うときに、光が通らなくなるようなガラスはレンズの材料には使えません。レンズに使われるガラスは、光の吸収が少なくなければならず、特に精巧な光学機器に使われるものには、きわめて高い透明度が求められます。

さらに、レンズの用途に合わせた耐環境性や、レンズの生産性向上に必要な、すぐれた加工性なども求めらます。このようにレンズに使うガラスには、普通のガラスにはない性質が求められます。

普通のガラスは簡易なルーペなどには使うことができますが、精巧な光学機器には使えません。カメラや望遠鏡といった光学機器用のレンズやプリズムなどに使う特別なガラスのことを、**光学ガラス**といいます。

図4.5.1　レンズをつくる光学ガラスに求められる基本的な性質

| 光学的性質 | |
|---|---|
| 光透過性 | 光の吸収が少なく、光を弱めることなく通すこと |
| 均質性 | 屈折率がガラスのどの部分も同じであること |
| 耐環境性や生産性 | |
| 化学的性質 | 耐熱性、耐水性、耐薬品性など |
| 機械的性質 | 強靭性、硬度など |

光学ガラスは昔からあったわけではありません。1-3節で説明したように、レンズが道具として使われ始めた頃は、レンズは高級品であり、その材料には天然の水晶が使われていました。ガラスがレンズの材料として使われようになったのは12世紀を過ぎた頃からですが、それでもなお、高級なレンズには天然の水晶が使われました。当時の技術ではレンズに求められるほどの良質のガラスをつくるのは難しく、天然の水晶に匹敵するほど均質で透明なガラスをつくれなかったためです。

光学ガラスは19世紀の初めに、スイスの**ピエール・ギナン**によって開発されました。当初の光学ガラスは、珪砂を主成分とする**ソーダガラス**と、珪砂と酸化鉛を含む**鉛ガラス**の2種類しかありませんでした。レンズに求められる性能は次第に高くなり、これらの光学ガラスで高性能のレンズをつくるには限界がありました。

光学ガラスの性能を飛躍的に向上させたのは、ドイツの**オットー・ショット**と**エルンスト・アッベ**です。彼らは19世紀の終わりにカール・ツァイス社で、従来のガラスの原料に化学物質を加えることによって様々な屈折率をもつ新しい光学ガラスを開発しました。

20世紀に入ると、アメリカの**ジョージ・モーリー**が、ランタンなどそれまで使われていなかった化学物質を加えた光学ガラスを開発し、その後、より高性能の新種の光学ガラスがつくられるようになりました。

1800年代の中頃までのガラスを**旧ガラス**、ショットとアッベの光学ガラスから20世紀初めに開発された光学ガラスを**新ガラス**、モーリーの光学ガラスから現在まで新たに開発されている光学ガラスを**新種ガラス**といいます。現在、光学ガラスは200種類以上、原料に使われる物質は約70種類ありますが、大きく分けると**クラウンガラス**と**フリントガラス***という2つに分類することができます。

## 光学ガラスの均質性

窓ガラスなどに使われている普通のガラスは、私たちには均質に見えます。外の景色が明るく鮮明に見えますし、歪んで見えるわけでもありません。光学ガラスと見比べてもそれほど違いがあるようには見えませんが、光にとっては大きな違いがあります。

普通のガラスは、製造過程でガラスを溶かして固める際にガラスの内部に**脈理**と呼ばれるムラが生じます。この脈理が原因となって、ガラスの内部に屈折率のムラ

＊**クラウンガラスとフリントガラス**　4-7節参照。

が生じます。光学ガラスは脈理ができないように作られており、ガラスのどの部分で屈折率を測ってもほとんど同じ値になります。また、ガラスをつくる過程で気泡や異物が入らないよう、細心の注意が払われています。

## 光学ガラスの透明性

普通のガラスは正面から見ると透明に見えますが、断面を見ると緑色に見えます。これはガラスに含まれている鉄分などの不純物が光を吸収するからです。

口絵⑮は、厚さが1.5 cmのガラスを2枚重ねて撮影したものです。左側が3 cm、右側が1.5 cmの厚さになっています。たった1.5 cmの差ですが、左側の方が少し暗くなっています。このガラスを何枚も重ねると、どんどん暗くなっていき、光が通らなくなります。

光学ガラスは光の透過性がきわめて高く、光を吸収しません。光ファイバーが遠くまで光を運ぶことができるのは、光の透過性にきわめてすぐれた石英ガラスが使われているからです。

### COLUMN　ガラスはなぜ透明か

一般に透明とは、物体が可視光線のほぼ全域もしくは一部の光を透過して、物体の向こう側が見通せる状態のことをいいます。物体が透明になるには、光が物体の表面や内部で散乱しない、光が物体を構成する物質に吸収されない、などの条件が必要です。

固体には、たくさんの原子や分子が規則正しく結合した結晶体と、不規則に結合して結晶をつくらない非晶体があります。固体物質の多くは、小さな単結晶がたくさん集まってできた多結晶体です。多結晶体には、粒界と呼ばれる結晶の境目があります。粒界の大きさが光の波長と同じかそれ以上の場合、光が粒界で散乱するため、不透明となります。

一方、結晶をつくらない非晶体は、粒界がないため光の散乱は起きません。ガラスは結晶構造をもたない非晶体です。主成分の二酸化ケイ素（$SiO_2$）が網目状に結びついた構造をしており、その様子は、固体というより液体に近い状態です。このような状態では、粒界が存在しないため光は散乱しません。そのため、ガラスは透明なのです。

また、粒界を小さくすることによって、結晶構造をもちながら光学ガラスと同等の光透過性をもつ透光性セラミックス*が開発されています。

＊セラミックス　広義には陶磁器のこと。

# 4-6

# 光学ガラスの屈折率とアッベ数

高性能なレンズをつくるためには、光学ガラスの品質管理、レンズの加工精度が重要になってきます。ここでは、レンズの光学的特性を決める上で重要な、光学ガラスの屈折率とアッベ数について説明します。

## 屈折率

レンズの働きは光を屈折させて、光を集めたり広げたり像をつくることです。レンズによる光の屈折は、レンズの表面の形状とレンズの素材となる光学ガラスの屈折率で決まります。

前節で光学ガラスの均質性について述べましたが、もし均質でない光学ガラスを使ってレンズをつくったら、いくらレンズの表面を精密に加工しても、レンズの各部で光の屈折の仕方が異なる粗悪なレンズができてしまいます。また、レンズは光学製品の部品として使われるのですから、同じ型番のレンズは常に同じ仕様がみたされていなければいけません。そのため、光学ガラスは、屈折率が一定となるように厳しい品質管理のもとで製造されています。

白色光をプリズムに通すと、光が分散して光の色の帯ができます*。光の分散は、屈折率が光の色（波長）によって異なるために起こる現象です。光学ガラスのカタログを見てみると、様々な波長の光に対する屈折率が示されています。メーカーによってどの波長の屈折率が記載されているかは異なりますが、一般的によく使われている光の種類と波長を図4.6.1に示します。

通常、光学ガラスの屈折率は、ヘリウム原子が発する波長587.562 nmの光であるd線の屈折率ndで表されます。この波長を**基準波長**、ndを**基準屈折率**と呼びます。この光は、人間の眼の感度もよく、可視光線の波長領域（380～780 nm）のほぼ中央にある光です。

基準波長の光は、もともとはナトリウム原子が発する波長589.592 nmのD線が使われていましたが、間近に別の波長の光が存在し*、誤差を生じやすいことから、現在ではd線が用いられています。なお、D線の屈折率はnDで表され、ndといっしょに記載されている場合もあります。

*…できます　2-5節参照。
*…の光が存在し　D線には589.592 nmの$D_1$線と588.995 nmの$D_2$線がある。

多くの光学ガラスは、同じ材質であればndが±0.0005の範囲になるように保証されており、高精度のものでは±0.0002の範囲まで保証されているものもあります。このように光学ガラスの屈折率はきわめて正確に管理されているのです。

図4.6.1　光の種類と波長

| スペクトル線 | 波長 | 光源 |
|---|---|---|
| t（赤外線） | 1013.98 | Hg |
| s（赤外線） | 852.11 | Cs |
| A'（赤色） | 768.195 | K |
| r（赤色） | 706.519 | He |
| C（赤色） | 656.273 | H |
| C'（赤色） | 643.847 | Cd |
| He-Ne（赤色） | 632.816 | He-Neレーザー |
| D（黄色） | 589.592 | Na |
| d（黄色） | 587.562 | He |
| e（緑色） | 546.047 | Hg |
| F（青色） | 486.133 | H |
| F'（青色） | 479.992 | Cd |
| g（青色） | 435.835 | Hg |
| h（紫色） | 404.656 | Hg |
| i（紫外線） | 365.015 | Hg |

## アッベ数

光の分散の度合いは、光学ガラスによって異なります。例えば、分散の度合いが大きい光学ガラスでつくったプリズムでは、図4.6.2（A）のように光の色の帯の幅が広くなります。分散の度合いが小さい光学ガラスでつくったプリズムでは、同図（B）のように光の色の帯の幅が狭くなります。

波長の短い光（紫）と波長の長い光（赤）の屈折率の差が大きい光学ガラスを**分散が大きい光学ガラス**、差が小さいものを**分散が小さい光学ガラス**と呼びます。

分散の大きさは、「F線に対する屈折率nFとC線に対する屈折率nCの差（この差を**主分散**という）」と「d線に対する屈折率nd（基準屈折率）から1を引いた値」の比で表します。基準屈折率ndが同じ値でも、この式を使えば、波長の違いによる屈折率の変化を量的に表すことができます。

図4.6.2　分散の異なるプリズムで光の色の帯をつくる

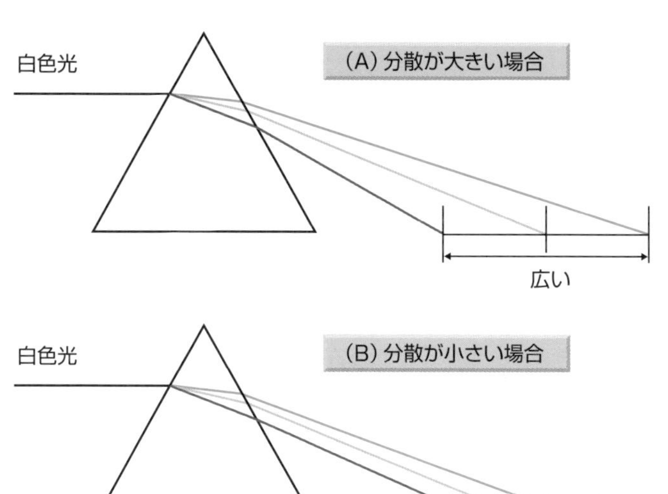


$$分散 = \frac{nF - nC}{nd - 1}$$

nd：波長587.562 nmの光に対する屈折率

nF：波長486.133 nmの光に対する屈折率

nC：波長656.273 nmの光に対する屈折率

レンズの光の分散はこの逆数の値が用いられます。この値を**アッベ数**といい、ギリシャ文字$\nu$（ニュー）で表します。基準屈折率で計算されるため、$\nu$dと表す場合もあります。

$$アッベ数\nu = \frac{nd - 1}{nF - nC}$$

最近では「F'線に対する屈折率nF'とC'線に対する屈折率nC'の差（主分散）」と「e線に対する屈折率neから1を引いた値」の比も使われています。この分散とアッベ数は次のようになります。こちらのアッベ数は$\nu$eと表す場合もあります。

$$分散=\frac{nF'-nC'}{ne-1} \qquad アッベ数\nu=\frac{ne-1}{nF'-nC'}$$

ne：波長546.047 nmの光に対する屈折率
nF'：波長479.992 nmの光に対する屈折率
nC'：波長643.847 nmの光に対する屈折率

アッベ数$\nu$の値が小さいということは、光の波長（色）による屈折率の変化の割合が大きいことを意味しています。すなわち、$\nu$の値が小さい光学ガラスでプリズムをつくると、光の色の帯の幅が大きくなることを意味しています。

3-3節で、レンズは光を焦点に集めると説明しましたが、実際には光の色によって屈折率が異なるわけですから、厳密には図4.6.3のように、光の色によって焦点位置がずれることになります。このずれを**色収差***といいます。アッベ数は、この焦点位置のずれを示していることにもなります。

多くの光学ガラスは同じ型番であれば、$\nu$が±0.8%の範囲になるように保証されており、高精度のものでは±0.3%の範囲まで保証されているものもあります。

**図4.6.3　レンズによる色収差（軸上色収差）**

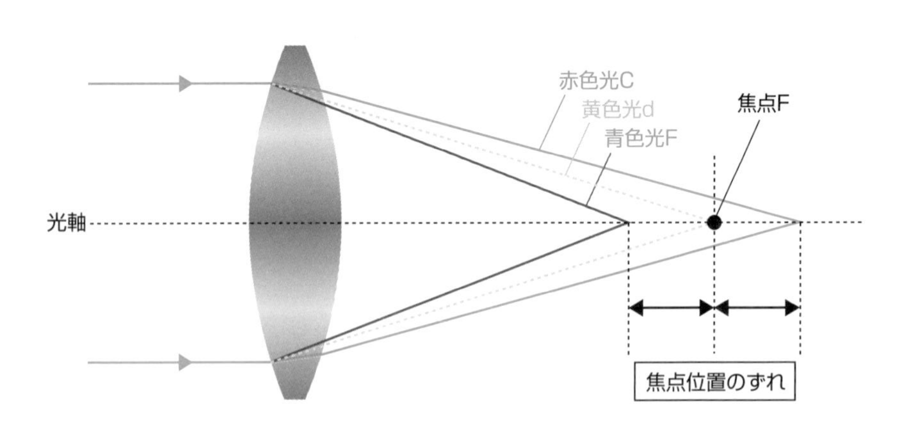


* **色収差**　詳しくは、5-5節で説明する。

# 4-7

# 光学ガラスの分類

光学ガラスはたくさんの種類がありますが、大きく分けるとクラウンガラスとフリントガラスの2つに分類できます。ここでは、光学ガラスの分類について説明します。

## 光学ガラスの分類

光学ガラスにはたくさんの種類があります。光学ガラスのカタログを見てみると、各波長の光に対する屈折率、アッベ数、透過率などが詳しく記載されています。

図4.7.1の表は代表的な光学ガラスのアッベ数、主分散、屈折率を示したものです。BK7は多くのレンズに使われているクラウンガラス、F2は代表的なフリントガラス、SF1は重フリントガラスです。

図4.7.1　代表的な光学ガラスのアッベ数、主分散、屈折率

| コード※ | 名前 | アッベ数 | | 主分散 | |
|---|---|---|---|---|---|
| | | νd | νe | nF－nC | nF'－nC' |
| 517642 | BK7 | 64.17 | 63.96 | 0.008054 | 0.008110 |
| 620364 | F2 | 36.37 | 36.11 | 0.017050 | 0.017284 |
| 717296 | SF1 | 29.62 | 29.39 | 0.024219 | 0.024606 |

| 屈折率 | | | | | | |
|---|---|---|---|---|---|---|
| nc | nc' | nD | nd | ne | nF | nF' |
| 1.51432 | 1.51472 | 1.51673 | 1.51680 | 1.51872 | 1.52238 | 1.52283 |
| 1.61503 | 1.61582 | 1.61989 | 1.62004 | 1.62408 | 1.63208 | 1.63310 |
| 1.71035 | 1.71144 | 1.71715 | 1.71736 | 1.72308 | 1.73457 | 1.73605 |

（注）コードは6桁の数字で表記される。最初の3桁は屈折率ndの小数点以下3桁、後の3桁はアッベ数νdの上3桁を表す。

（SHCOTT社カタログデータシートを参考に作成）

光学ガラスのカタログには、種々の光学ガラスの特性がひと目でわかるように、図4.7.2のような光学ガラスの分類チャート図が掲載されています。

このチャート図は、横軸がアッベ数（νd）、縦軸が屈折率（nd）となっており、BKやFやSFなど光学ガラスの種類が書き込まれています。実際のカタログでは、メー

カーが製造している光学ガラスの製品がチャートのどこに位置しているのかが示されています。グラフの上に行けば行くほど屈折率が大きくなり、右に行けば行くほどアッベ数が小さくなり、分散が大きくなります。

図4.7.2　光学ガラスの分類チャート図

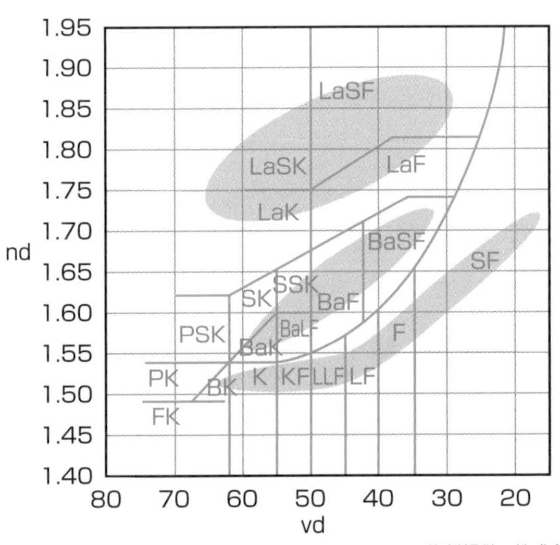


資料提供：株式会社住田光学ガラス

灰色で領域を塗られた上の領域に属する光学ガラスが新種ガラス、真ん中の領域に属する光学ガラスが新ガラス、下の領域に属する光学ガラスが旧ガラスです。近年になって、屈折率が大きくても分散が小さいガラスがつくれるようになってきました。

## クラウンガラスとフリントガラス

**クラウンガラス**は、窓ガラスやガラスびんに使われている**ソーダ石灰ガラス**をもとにつくられた光学ガラスで、二酸化ケイ素、酸化ナトリウム、酸化カルシウムが主成分です。

**フリントガラス**は装飾品などに使われる**鉛ガラス**をもとにつくられた光学ガラスで、二酸化ケイ素、酸化鉛が主成分です。鉛ガラスは屈折率が大きく、表面をカットして模様をつけるとよく輝きます。

クラウンガラスとフリントガラスは、それぞれソーダ石灰ガラス、鉛ガラスそのままではなく、光学ガラスとしての性能を向上させるために化学物質が添加されています。チャート図の光学ガラスの名称の先頭の文字は化学物質を表しています。Fはフッ素、Pは リン、Bはホウ素、Baはバリウム、Laはランタンです。フリントガラスは、最近では環境に配慮して無鉛のものが使われています。

図4.7.2のチャート図で、ndが1.6より大きく$\nu$が50より大きい部分、あるいはndが1.6より小さく$\nu$が55より大きい部分に属する光学ガラスがクラウンガラスで、それ以外の部分に属する光学ガラスがフリントガラスとなります。この分類は、チャート図を見るとわかるように、数値によって一元的に決まるものではなく、恣意的な分類となっています。

チャート図の中で、Kがついているものがクラウンガラス、Fがついているのがフリントガラス、KFと書いているのは**クラウンフリントガラス**という光学ガラスです。また、LLFは特軽フリントガラス、LFは軽フリントガラス、SFは重フリントガラス、SK は重クラウンガラス、SSKは最重クラウンガラスの略です。チャート図によっては、クラウンガラスがCと表記されているものもありますが、これは英語のCrown（冠）の頭文字のCをとったものです。ドイツ語ではKrone（クローネ）です。

**図4.7.3　クラウンガラスとフリントガラスの比較**

| | 屈折率 | アッベ数（分散） | 材質の特徴 |
|---|---|---|---|
| クラウンガラス | 小さい | 大きい（小さい） | 硬くて軽い |
| フリントガラス | 大きい | 小さい（大きい） | 柔らかくて重い |

# 4-8

# ガラス以外の材料

レンズはガラスだけではなく、天然の水晶やプラスチックなど、他の材料からつくられる場合もあります。ガラス以外の材料にどのようなものがあるかを説明しましょう。

## 光学結晶

### ❶水晶、石英 ($SiO_2$)

**石英**は二酸化ケイ素 ($SiO_2$) が結晶化してできた鉱物です。特に結晶度の高いものは**水晶**と呼ばれて区別されます。水晶は天然鉱物ですが、均質性が高く、硬くて耐熱性にすぐれています。無色透明で紫外線から中赤外線までの光をよく通すことから、昔からすぐれたレンズの材料として使われてきました。現在では、人工的につくられた**合成石英**が使われています。ガラス製の光ファイバーに使われているのは合成石英です。

図4.8.1　水晶

### ❷蛍石 ($CaF_2$)

**蛍石**はフッ化カルシウム ($CaF_2$) を主成分とする鉱物で、紫外線から遠赤外線までの光をよく通します。赤外線については石英よりも長い波長の光を通すことができます。アッベ数が大きく、低分散なので、広い波長領域にわたって焦点距離のずれが小さく、色収差の小さいレンズをつくることができます。しかし、天然には小さな結晶しかなく、また材質が柔らかくて加工しにくいという問題がありました。現在では、人工的に蛍石をつくる方法が開発され、カメラ用のレンズにも使うことができるようになりました。蛍石と似た性質をもつ**EDガラス**（**特殊低分散ガラス**）も開発されています。

### ❸岩塩（NaCl）、シリコン（Si）、ゲルマニウム（Ge）、透光性セラミックス

NaCl、Si、Geの結晶は赤外線をよく通します。**岩塩**は塩化ナトリウムが主成分のため、湿度に弱いという欠点がありますが、赤外線をよく通すため、昔から赤外線を使って物質を調べる分析装置などに使われてきました。

**シリコン**や**ゲルマニウム**は半導体の材料でもありますが、赤外線をよく通すため、赤外線をとり扱う機器のレンズとして使われています。シリコンやゲルマニウムは可視光を通さないという特徴もあります。

透光性セラミックスは、透明性が高く、高強度で、屈折率が2以上あることからレンズなどの材料として使われています。

**図4.8.2　レンズの材料と透過波長領域**

| 化学式 | 物質名 | 透過波長領域（μm） |
|---|---|---|
| フッ化リチウム | LiF | 0.11～9 |
| フッ化マグネシウム | MgF2 | 0.11～7.5 |
| フッ化カルシウム | CaF2 | 0.13～12 |
| フッ化バリウム | BaF2 | 0.15～15 |
| 合成石英 | SiO2 | 0.15～4.5 |
| サファイヤ | Al2O3 | 0.23～5 |
| 塩化ナトリウム | NaCl | 0.21～26 |
| 塩化カリウム | KCl | 0.21～30 |
| 臭化カリウム | Kbr | 0.23～40 |
| ジンクセレン | ZnSe | 0.55～22 |
| シリコン | Si | 1.2～15 |
| ゲルマニウム | Ge | 1.8～23 |

▼波長（μm）と電磁波

| 電磁波 | 極紫外線 | 真空紫外線 | 近紫外線 | 可視光線 | 近赤外線 | 中赤外線 | 遠赤外線 |
|---|---|---|---|---|---|---|---|
| 波長（um） | 0.001～0.01 | 0.01～0.2 | 0.2～0.4 | 0.4～0.8 | 0.7～2.5 | 2.5～4 | 4～1000 |

## プラスチック

現在、眼鏡用レンズやスマートフォンなどのデジタルカメラのレンズなど、**プラスチック**でつくられたレンズがたくさんあります。プラスチックは軽くて割れにくく、成型も簡単なため、昔からレンズの材料として使うことが考えられてきました。しかし、初期の透明プラスチックはガラスに匹敵するほどの高い透過率と屈折率がなく、また傷がつきやすいなどの理由で、レンズの材料として適していませんでした。

レンズに使えるプラスチックが開発されたのは20世紀に入ってからです。アメ

リカのPPGインダストリーズ社が1940年代初めに開発した**CR-39（アリルジグリコールカルボナート、ADC）**という**熱硬化性プラスチック**がレンズの材料として広く使われるようになりました。

**熱可塑性プラスチック**では、アクリル系の**PMMA（ポリメチルメタクリラート）**がよく使われています。コンタクトレンズはPMMAをもとにつくられたものです。最近では、耐熱性や耐水性にすぐれたポリカルボナートやポリオレフィン系のプラスチックも使われています。現在までにいろいろな光学プラスチックが開発されていますが、光学ガラスと比べると少なく約20種類で、ndやνdの選択の幅も広くありません。透明プラスチックを有機化合物でできたガラスという意味で、**有機ガラス**と呼ぶ場合もあります。

現在使われているプラスチックレンズは、ガラスの半分ほどの重さで、高い透明度をもち、表面硬度も高く、耐摩耗性にもすぐれています。

図4-8-3 プラスチックの長所と短所

| 長所 | 短所 |
|---|---|
| ・ガラスに比べて軽い | ・傷がつきやすい |
| ・衝撃に強く割れにくい | ・種類が少ない |
| ・表面を自由に加工できる | ・ガラスに比べて屈折率が低いためレンズが厚くなる |
| ・大量生産が可能 | ・ガラスに比べて熱膨張しやすく、屈折率の温度変化が大きい |

プラスチックレンズはガラスレンズと異なり、金型で成型するため大量生産することができ、レンズの単価が安くなります。金型も球面だけではなく非球面のものをつくることができるので、自由な形の表面をもつレンズをつくることができます。

反面、プラスチックは温度と湿度の影響を受けやすいという欠点があります。使用環境によっては、温度や湿度の変化で屈折率が大きく変化し、焦点距離がずれるなどの問題もあります。

図4-8-4 クラウンガラスBK7とCR39、PMMAの物性値の比較

| | 屈折率 | アッベ数 | 密度 g/cm$^3$ |
|---|---|---|---|
| BK7 | 1.517 | 64 | 2.52 |
| CR-39 | 1.498 | 58 | 1.32 |
| PMMA | 1.492 | 58 | 1.19 |

# 4-9

# レンズのつくりかた

この章の最後に、レンズがどのようにしてつくられているのかを説明しましょう。

## レンズの製造工程

レンズは図4.9.1のような流れで製造されます。

図4.9.1　レンズの製造工程

### ●溶解と加工

高性能のレンズをつくるためには、まず均質な光学ガラスが必要です。現在、光学ガラスの種類は200種類以上、原料の種類は約70種類あります。それらの原料を目的の光学ガラスに応じて調合します。

調合された原料はまず、**石英るつぼ**で**1次溶解**され、**原料ガラス**となります。次に、原料ガラスを**白金るつぼ**に入れて**本溶解**を行います。1200～1500℃に加熱して溶かし、均質になるように攪拌していきます。溶解が終わったら、光学ガラスの種類やサイズよって異なりますが数時間から数ヶ月かけてゆっくりと冷却していきます。光学ガラスは板状の塊としてとり出されますが、気泡や脈理などが含まれていないかどうか検査を行い、均質な部分だけをとり出してレンズの材料とします。とり出されたガラスは適当な大きさに**加工**され、円盤状のガラス板となります。この段階でレンズのような形をしていますが、表面はまだ平らです。

本溶解したガラスを再び加熱し、柔らかくなったガラスを金型に入れ、プレスしてレンズの形に加工する方法もあります。最近では、本溶解したガラスをそのまま金型に入れてプレスし、レンズの形状に加工する**ダイレクトプレス**という方法もあります。また、ガラスを再溶解して金型で成型を行う**リピートプレス**という方法もあります。これらの方法ではレンズ表面の加工工程が不要で、あとはレンズ表面を磨くのみとなります。

### ●荒ずりと砂かけ

円盤状のガラス板の表面をレンズの形にしていきます。**荒ずり**では図4.9.2に示すような**カーブジェネレーター**という機械が使われ、レンズの表面が人工ダイヤモンドの砥石で削られていきます。レンズの曲率は砥石の角度によって決まります。

荒ずりが終わると、レンズの形をしたガラスができあがり、続いて**砂かけ**（**精研**）が行われます。レンズの表面を**砥粒**と呼ばれる砂や人工ダイヤモンドの小さな球状の粒で磨き、滑らかにしていきます。これらの作業で、レンズは仕上げ寸法に近い形となります。この時点では、レンズは透明ではなく、すりガラスのようになっています。

図4.9.2 荒ずり

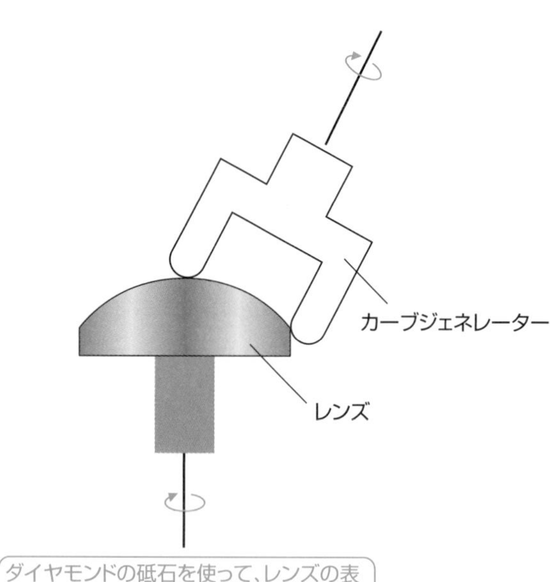

### ●研磨、洗浄、芯とり

研磨剤を使ってレンズの表面を精巧に磨いていきます。レンズの表面はサブミクロン（1万分の1ミリメートル）の精度で磨かれます。レンズは、表面がいかに精巧にできているかが命です。研磨が適切に行われないと、光がレンズ表面に入る場所によって、焦点の位置がずれてしまいます。**研磨**は、レンズの製造の中でも、最も重要な工程といってよいでしょう。

研磨が終わると、レンズは透明になります。できあがったレンズは、研磨剤などの汚れをとり除くため**洗浄**され、続いて、レンズ表面が設計通りにつくられているかどうか図4.9.3のように**レンズ原器**と重ねてできる**ニュートンリング**を検査します。ニュートンリングとは、光の干渉によってできる同心円状の縞模様のことです。

**図4.9.3　レンズ原器による検査**

作成したレンズとレンズ原器の間にすき間があると、同心円状の縞模様が見える。この縞模様をニュートンリングという

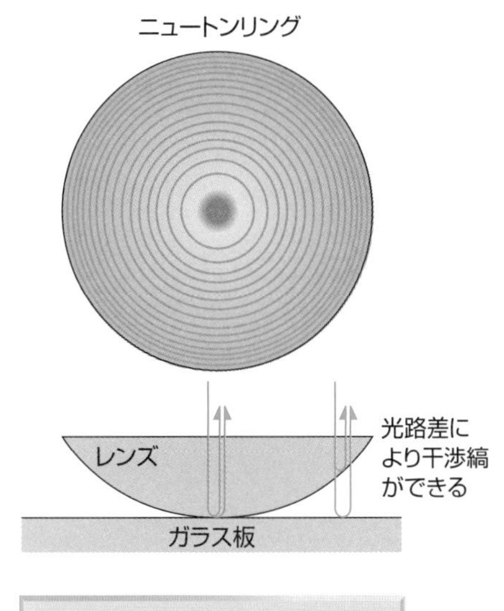


ニュートンリングができる仕組み

検査の終わったレンズは、図4.9.4の**芯とり**が行われ、光軸がレンズの中心となるように外周が削られます。

図4.9.4 芯とり

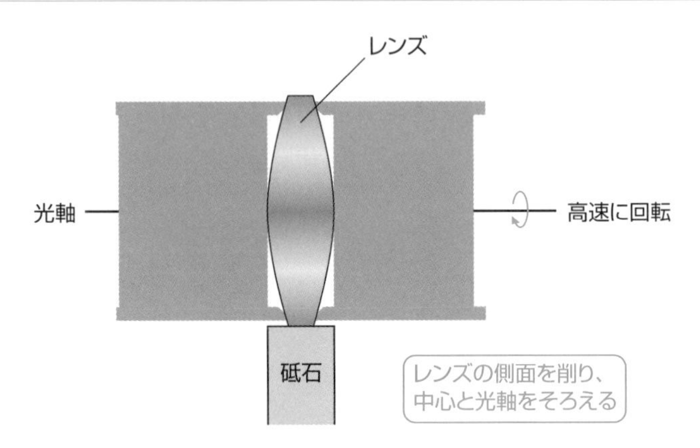


●コーティング

光の反射を抑えるためにレンズの表面に薄い膜をつけます。光の反射によって、レンズの光の透過度が落ちたり、余計な像ができたりする問題を防ぐためです。**コーティング**は、真空装置の中で、コーティング材料を蒸発させてレンズ表面に膜を形成させる**真空蒸着**という方法が使われています。

## 非球面レンズのつくりかた

非球面レンズは表面の曲率が異なるため、**プレス成型**によってつくられます。コンピュータで制御された超精密旋盤装置を使って非球面形状の金型をつくり、その金型にプラスチックをはさんでプレス成型を行います。最近では、金型を自由に、かつ精巧につくることができるようになり、小さな非球面レンズをつくることができるようになりました。スマートフォンのカメラのレンズやCDやDVDのピックアップレンズはこの方法でつくられています。

ガラスは柔らかくなる温度が高いため、金型の痛みがひどく、プレス成形が使えないという問題がありました。現在は耐熱性にすぐれたセラミックス製の型が使われるようになり、前述の通りガラスでもプレス成型でレンズがつくられるようになりました。このようにしてつくったレンズを**ガラスモールドレンズ**といいます。

その他、球面レンズの表面に薄いプラスチックの膜をつけ、そのプラスチックの膜を金型を使って非球面にした**複合非球面レンズ**というものもあります。

図4.9.5　非球面レンズのつくりかた

金型によるプラスチック非球面レンズ

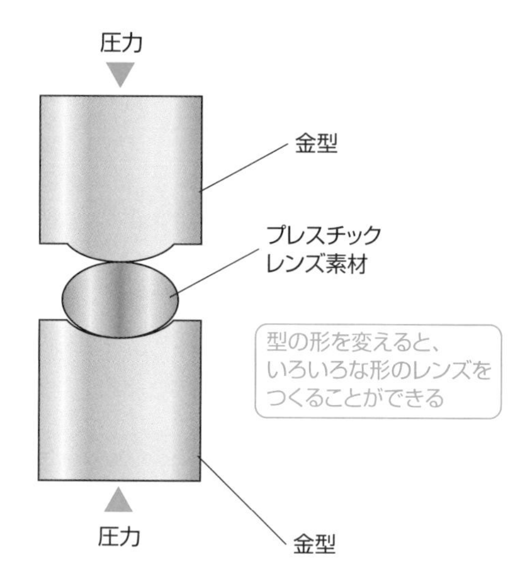


複合非球面レンズ

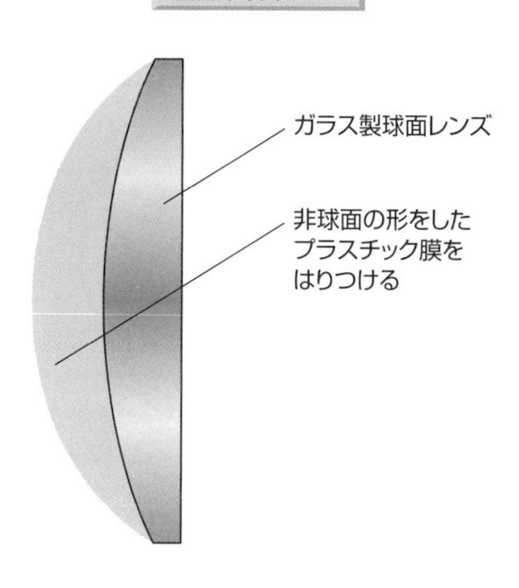

　ところで、どんなに精巧な金型を使っても、型を精度良く重ね合わせることができなければ、レンズの中心がレンズの表と裏でわずかにずれてしまいます。これを極端に描くと、図4.9.6のようになります。このずれは普通のレンズではあまり問題にならない大きさですが、たとえば高性能なカメラを搭載したスマートフォン用の小型のレンズは、このようなずれが生じないように精密に作られています。

図4.9.6　レンズの中心のずれ

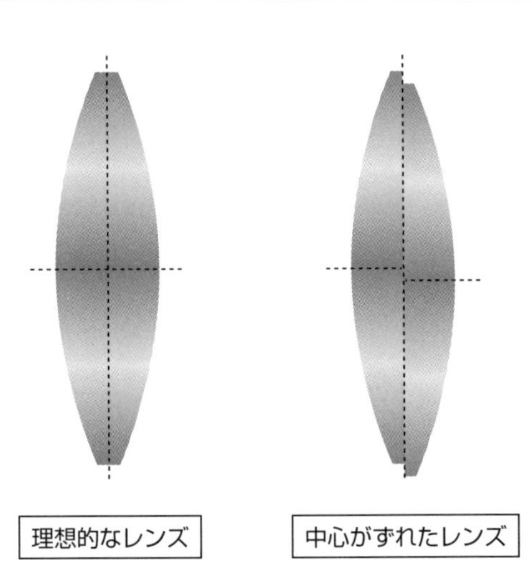


## COLUMN　光学ガラスやレンズの製造工程を詳しく知りたい人は

　インターネットで検索すると、光学ガラスやレンズのメーカーが、光学ガラスのやレンズの製造工程を説明したホームページ、写真や動画を見つけることができます。「光学ガラス」「レンズ」「製造工程」「研磨」「optical glass」「lens」「grinding」「lens production」「How It's Made Optical Lenses」などキーワードを任意に組み合わせて検索してみましょう。

　カーブジェネレータでレンズの荒ずりをしている動画などを見ることができます。

第5章

# レンズの収差と性能

レンズの働きは、光を正確に集めたり、広げたりすることです。ところが、普通のレンズでは、この基本的な働きが厳密には成り立たず、像がぼやけたり、歪んだりします。この現象を収差といい、いかに表面を正確に磨いたレンズでも、収差から逃れることはできません。この章では、レンズの収差とレンズの性能を表す代表的な数値についても説明します。

# 5-1

# 収差とは何か

3章で、「凸レンズに平行に入る光は焦点に集まる」「物体の1点から出た光は凸レンズを通ったあと、1点に集まり像をつくる」と説明しました。しかし、実際にはレンズには収差があるため、光を厳密に1点に集めることができません。ここでは、収差がなぜ生じるのか、収差にはどのような種類があるのかを簡単に説明しましょう。

## 収差とは何か

レンズを通る光は、レンズのあらゆる面で、第2章で説明したスネルの法則が成り立つように屈折します。ですから、レンズの表面の形は、スネルの法則にしたがって光が1点に集まるように設計されていると考える人も多いかもしれません。ところが、実際はそうではないのです。

**スネルの法則**

$$n_1 \cdot \sin\theta_1 = n_2 \cdot \sin\theta_2$$

$n_1$：空気の屈折率、$n_2$：レンズの光学材料の屈折率

$\theta_1$：入射角、$\theta_2$：屈折角

例えば、昔から使われている球面レンズは、レンズの表面が加工しやすいから球面にしているのであって、光を厳密に1点に集める目的でレンズの表面を球面にしているわけではありません。

実際に、球面レンズに入る光軸に平行な光の道筋を、スネルの法則の式で計算すると、レンズの中心部と周辺部を通る光では、焦点の位置がずれることがわかります。焦点の位置がずれるということは、光が1点に集まらずに、ある範囲で広がるということです。すなわち、像がぼやけることになります。

それでは、スネルの法則にしたがって、光が1点に集まるようにレンズの表面の形を非球面に設計すれば、収差の問題は解決できるでしょうか。この場合、上述の球面レンズの収差については、解決できます。しかし、収差には色々な種類があり、すべての収差を解決することはできません。

＊**点像**　物体の1点に対応する像を点像という。点光源の実像は点像である。

その一例を紹介しましょう。スネルの法則の式をもう一度見てください。$n_2$はレンズをつくる光学材料の屈折率です。プリズムで光の分散が起こることからわかるように、屈折率は光の波長によって異なります。ある特定の波長の光で、スネルの法則にしたがってレンズの表面を加工しても、別の波長の光では光の道筋が変わってくるのです。その結果、光の波長によって焦点位置や像ができる位置がずれ、像に色がついたり、像の色がにじんだりします。

その他、収差には、光軸からずれたところで像が尾を引いて伸びる現象や、像が歪んで物体と同じ形にならない現象などがあります。このような現象をまとめてレンズの**収差**といいます。

## 収差の分類

収差には、図5.1.1に示すように、**球面収差**、**コマ収差**、**非点収差**、**像面湾曲**、**歪曲収差**、**軸上色収差**、**倍率色収差**があります。

最初の５つの収差は単色光の光で生じる収差で、**単色収差**といいます。1856年にドイツの数学者でもあり天文学者でもある**ルードヴィヒ・ザイデル**が解析したことから、**ザイデルの５収差**とも呼ばれます。後ろの２つの収差は、光の波長の違いによって生じる収差で、**色収差**と呼ばれます。

どのようなレンズにも、程度の違いはあれ収差は存在します。また、収差の度合いは、レンズの大きさや像の大きさによって変化します。それぞれの収差については、次節から詳しく説明していきます。

図5.1.1　収差の分類

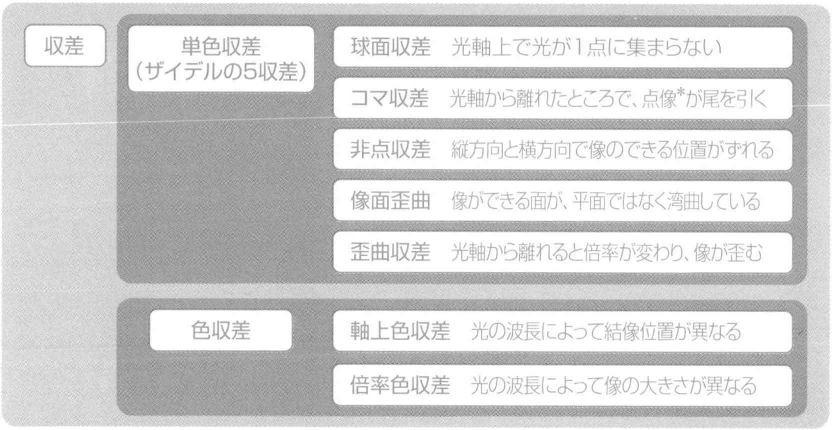

| 収差 | | | |
|---|---|---|---|
| | 単色収差（ザイデルの5収差） | 球面収差 | 光軸上で光が1点に集まらない |
| | | コマ収差 | 光軸から離れたところで、点像*が尾を引く |
| | | 非点収差 | 縦方向と横方向で像のできる位置がずれる |
| | | 像面歪曲 | 像ができる面が、平面ではなく湾曲している |
| | | 歪曲収差 | 光軸から離れると倍率が変わり、像が歪む |
| | 色収差 | 軸上色収差 | 光の波長によって結像位置が異なる |
| | | 倍率色収差 | 光の波長によって像の大きさが異なる |

# 5-2

# 球面収差

まず、単色収差（ザイデルの５収差）のうち、球面収差について説明しましょう。

## 球面収差とは

凸レンズの基本的な働きの一つに、「光軸に平行な光はレンズを通過したあと、焦点に集まる」があります。ところが実際には、レンズには収差があるため、焦点に集まらず円形に広がり、像がぼやけてしまいます。

図5.2.1は、球面平凸レンズに入る、無限遠にある点光源からやってくる光の道筋を示したものです。この場合、理論上は焦点と結像点の位置が一致するはずですが、実際には、レンズの内側を通る光❶❷は光軸上の焦点Fに集まり、レンズの周辺部を通る光❸❹は、光軸上の焦点Fの手前に集まります。したがって、焦点には点像ではなく円形に広がった像ができることになります。このように、レンズの表面が球面であることが原因で起こる収差を**球面収差**といいます。球面収差は球面レンズの宿命といってもよいでしょう。

図5.2.1　球面収差

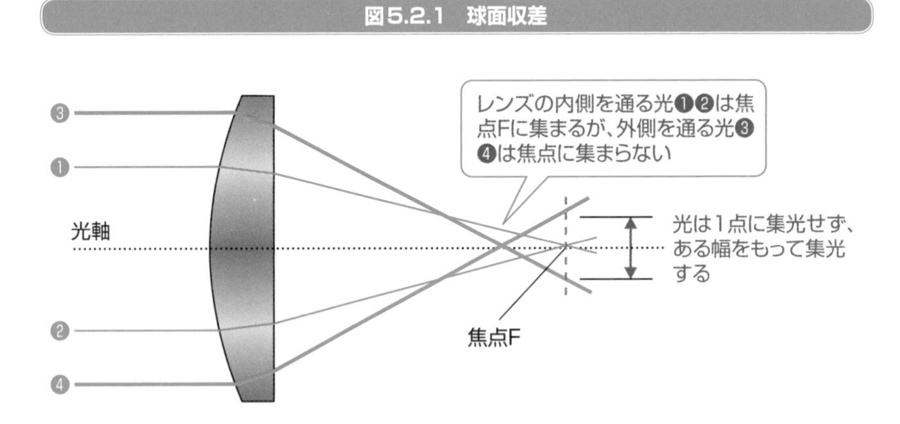


図5.2.2のように、レンズの各部に入る光線が、それぞれ像面のどの位置にやってくるのかをプロットした図を、**スポットダイヤグラム**といいます。球面収差のスポットダイヤグラムは、同心円状の形をしています。

図5.2.2 球面レンズのスポットダイヤグラム

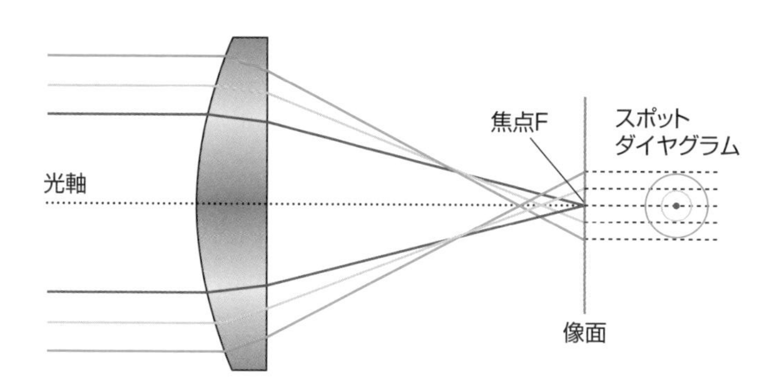


## レンズの有効径と球面収差

球面収差は、レンズの中心近くを通る光と、周辺部を通る光の焦点位置のずれによって生じます。したがって、同じ曲率半径のレンズでは、光が入る部分の径が小さくなると、球面収差による像の広がりが小さくなります。この径のことをレンズの**有効径**といいます。カメラの場合は、レンズの有効径は**絞り**で調整することができ

図5.2.3 レンズの有効径

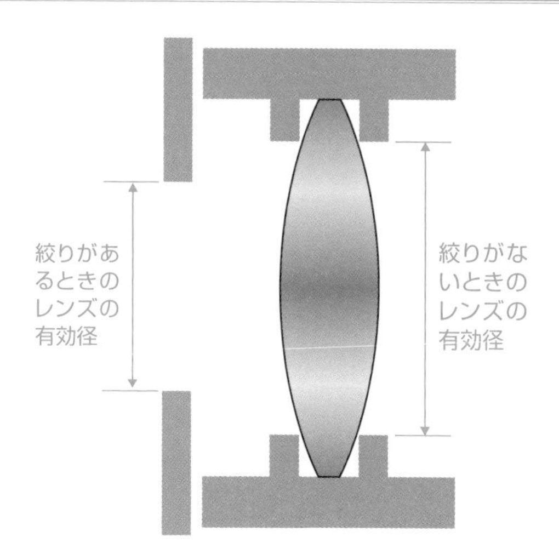

ます。絞りがないレンズでも、実際にはレンズを押さえる枠があるため、レンズ有効径はレンズの直径よりも小さくなります。球面収差による像の広がりはレンズの直径の３乗に比例しますので、レンズの直径が小さくなると球面収差は３乗の割合で急激に小さくなります。

## 球面収差の補正

球面収差を小さくする方法は、3つあります。

一つは、前述のように、レンズの有効径を小さくすることです。しかし、レンズの有効径を小さくすると、レンズに入る光の量が減るので、像が暗くなるという問題があります。例えば、カメラで写真を撮影するとき、まわりが暗い場合は絞りを開いてレンズの有効径を大きくし、レンズに入る光の量を増やさなければ、きれいな写真を撮ることができません。ですから、レンズの有効径を小さくすることで球面収差を小さくするには限界があるのです。そのため、球面収差を小さくする有効な手段として、次に説明する２つの方法が使われます。

第一の方法は、図5.2.4のように凸レンズと凹レンズを組み合わせる方法です。凸レンズには光を集める働きがあり、凹レンズには光を広げる働きがあります。この相反する性質を利用して球面凸レンズと球面凹レンズを組み合わせると、球面収差を完全ではないにしろ補正することができます。この凸レンズと凹レンズを組み合わせたレンズを、**タブレット**といいます。

図5.2.4　タブレットによる球面収差の減少

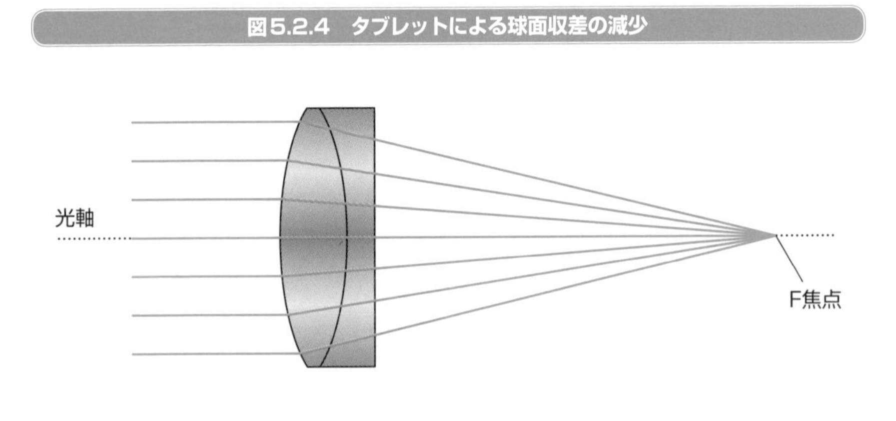

第二の方法は、図5.2.5のように、非球面レンズを使う方法です。タブレットを使うと球面収差をかなり小さくすることができますが、レンズを2枚組み合わせる必要があるので、レンズが厚くなってしまいます。これは、レンズ全体のサイズが大きくなり、さらに光の透過率が低下することを意味します。そのため、1枚で収差のない非球面レンズをつくる方法の開発が進みました。レンズの中央部と周辺部の曲率半径が異なる非球面レンズを使うことで、球面収差を完全になくすことができます。適切な非球面レンズを使えば、レンズに入る光の量を変えることなく球面収差をなくすことができます。タブレットを使わないということは、レンズを1枚減らせるということですから、カメラなどの小型化や軽量化が可能になります。

**図5.2.5　非球面レンズによる球面収差の解消**

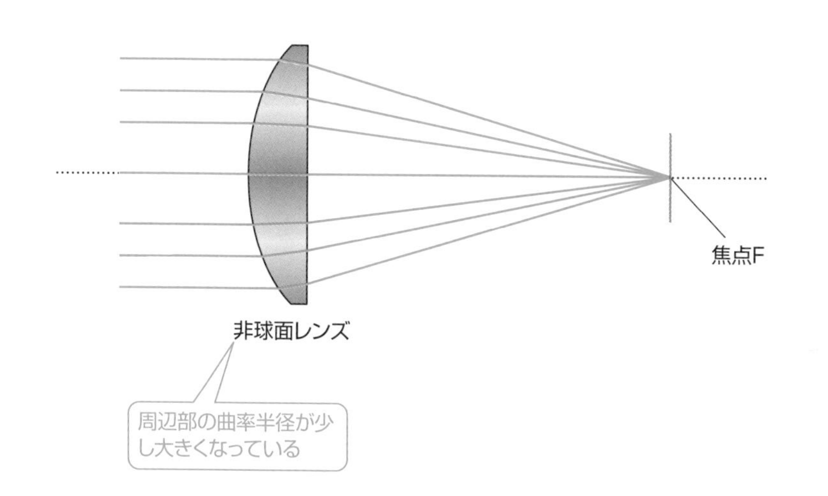


**レンズメーカーの式（3-3節）**

曲率半径が大きくなると、焦点距離が長くなる。

$$\frac{1}{f} = (n-1) \times \left(\frac{1}{R_1} - \frac{1}{R_2}\right) + \left(\frac{d(n-1)^2}{nR_1R_2}\right)$$

# 5-3

# コマ収差と非点収差

次に、単色収差（ザイデルの５収差）のコマ収差と非点収差について説明します。

## コマ収差とは

球面収差を完全に消した状態でも、光軸から離れた１点から出た光が、像面で１点に集まらずに、尾を引いた彗星のような像になる現象があります。このように点像が伸びる現象のことを、**コマ収差***といいます。

図5.3.1は、コマ収差による像の広がりを示したものです。光軸から離れたところからやってくる光ほど、像ができる位置がずれています。さらに、レンズの中心を通る光と、レンズの中心から離れたところを通る光がつくる像を比較すると、像の大きさが変わっていることがわかります。これは、レンズの中心部の倍率とレンズの周辺部の倍率が違うことを意味します。そのため、本来は点になる像が尾を引いた彗星のようになるのです。

コマ収差のスポットダイヤグラムは、同図の右端の像のような形になります。像の小さい方が彗星の頭で、大きい方が彗星の尾です。像の明るさは頭の部分が明るく、尾の部分が暗くなります。また、この図では、像が光軸の外側に向かって尾を引いた形になっていますが、光軸の内側に向かって尾を引く場合もあります。前者を**正のコマ（内向コマ）**、後者を**負のコマ（外向コマ）**と呼びます。

図5.3.1　コマ収差

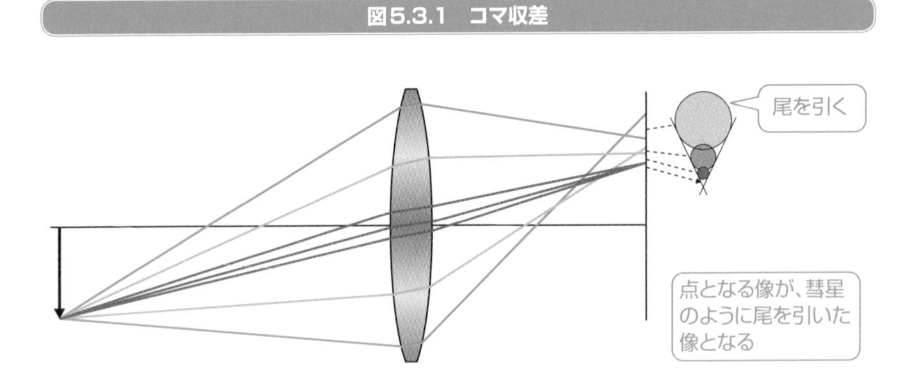


* **コマ収差**　コマ（coma）とは「彗星の尾の形状」を意味する言葉。像が尾を引いた彗星のように広がることから、コマ収差と名付けられた。

## コマ収差の補正

コマ収差による像の広がりは、画角（5-6節参照）とレンズの有効径の2乗に比例した円となります。つまり、レンズに入る光線の傾きが大きくなるほど、またレンズが大きくなるほど、コマ収差は大きくなります。レンズの有効径を小さくすると、コマ収差を小さくすることができますが、レンズに入る光の量が低下します。

そこで、コマ収差を補正するには、凸レンズと凹レンズを組み合わせる方法と、両面を非球面にした凸レンズを使う方法が使われます。

球面収差とコマ収差をとり除くことを**アプラナチズム***といい、球面収差とコマ収差をとり除いたレンズを**アプラナートレンズ**といいます。

## 非点収差とは

レンズでできる像の端の方をよく見てみると、縦方向と横方向でピントがずれていることがあります。この現象を**非点収差**といいます。非点収差があると、点像が縦長になったり、横長になったりします。

図5.3.2は、非点収差による像の広がりを示したものです。一般に光束の中心を通る光線を**主光線**といいます。通常、光学系では、光軸から離れた1点から出る光のうち、絞りの中心を通り像に至る光線が主光線となります。ですから、主光線は絞りが最小でもレンズに入る光線です。

収差のない理想的なレンズでは、物体の1点から出た光がつくる点像は主光線が届く像点にできますが、非点収差のあるレンズでは、同図のように、主光線と光軸を含む面（**メリジオナル面**）にある光線（青い点線）でできる像と、この面に直交する面（**サジタル面**）にある光線（青い実線）でできる像が、異なる位置にできます。そのため、像面にできる像が広がることになります。

非点収差は、眼の乱視と似ています。乱視は、角膜の屈折力が、縦方向と横方向で異なるのが原因*です。そのため、角膜に縦方向で入る光によってできる像の位置と、横方向で入る光によってできる像の位置が、ずれることになります。その結果、方向によって、ものがぼやけて見えたり、ものが多重に見えたりします。

---

* **アプラナチズム**　アプラナチズムを満たす条件をアッベの正弦条件という。

* **…が原因**　乱視と乱視の矯正については、6-4節で詳しく説明する。

図5.3.2 非点収差

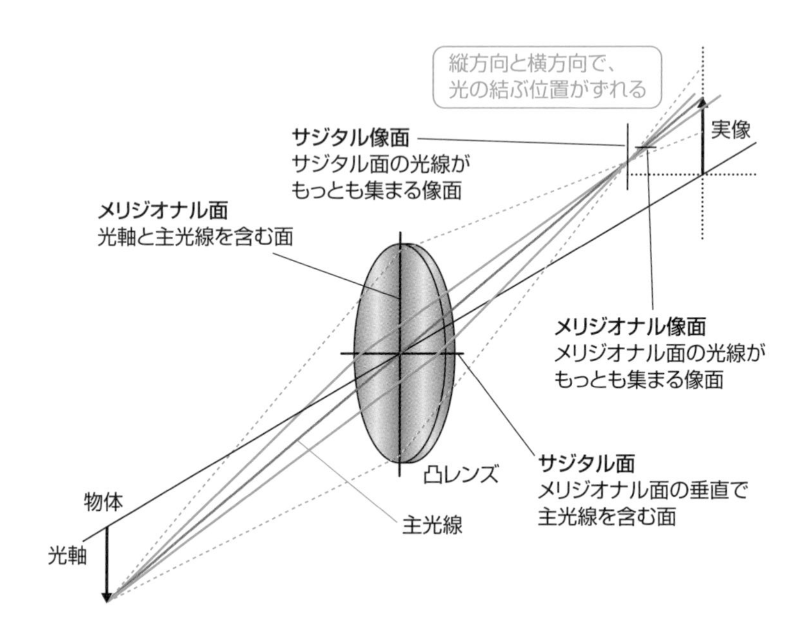


## 非点収差の補正

非点収差による像の広がりは、画角の2乗に比例し、レンズの有効径に比例した楕円となります。レンズに入る光の傾きが大きくなるほど、またレンズが大きくなるほど、非点収差が大きくなります。

非点収差は絞りの位置によって変化します。レンズの有効径を小さくすると、像のボケをある程度は改善できますが、非点収差はピントが外れた状態と似ているため、収差そのものをなくすことはできません。

非点収差は、レンズの両面の曲率を適切に合わせることで低減することができます。一般に、方向によって屈折の度合いが異なるシリンドリカルレンズやトロイダルレンズが使われます。最近の眼鏡では、両面を非球面に加工し、非点収差を低減したレンズが使われるようになってきました。

なお、コマ収差や非点収差は、光軸外からの光線に特有に発生するので、**軸外収差**とも呼ばれます。

# 5-4

# 像面湾曲と歪曲収差

続いて、単色収差（ザイデルの５収差）の像面湾曲と歪曲収差について説明します。

## 像面湾曲とは

光軸に近いところからやってくる光は、光軸に垂直な平面に結像します。しかし、光軸から離れたところからやってくる光は、必ずしもこの平面上に結像せず、像が曲面上にできてしまいます。この現象を**像面湾曲**といいます。

図5.4.1は、像面湾曲でできる像を示したものです。像面湾曲のあるレンズでは、同図のように光軸から離れたところから出た光が、平面上に結像せず、お椀の内側のように湾曲した曲面上に結像します。

像面湾曲のあるレンズで写真を撮影する場合、画面の中心にピントを合わせると、周辺部がぼやけます。逆に、周辺部にピントを合わせると、中心部がぼやけます。像面湾曲はピントの合う面が曲がっている現象と考えてもよいでしょう。

図5.4.1　像面湾曲

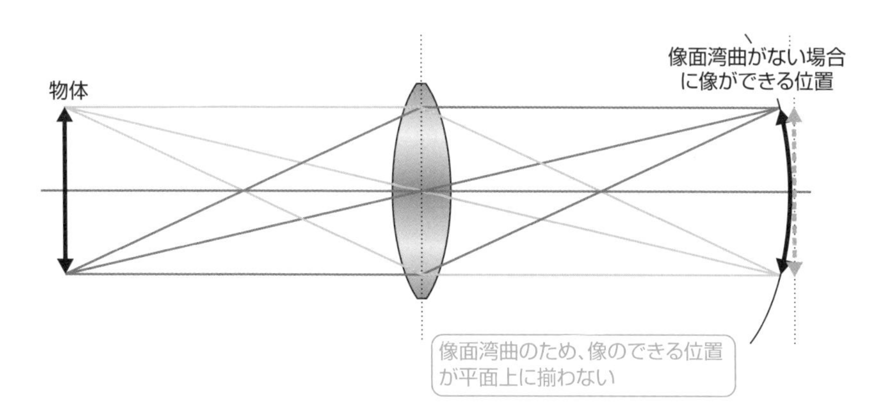

## 像面湾曲の補正

像面湾曲でできる像広がりは、画角の2乗に比例し、レンズの有効径に比例した円となります。レンズに入る光の傾きが大きくなるほど、またレンズが大きくなるほど、像面湾曲が大きくなります。レンズの有効径を小さくすると、ある程度は改善できますが、非点収差と同様に像面湾曲もピントが外れた状態と似ているため、収差そのものをなくすことはできません。像面湾曲を補正するためには、レンズの形状を変えたり、絞りの位置を変えるなどの工夫が必要です。

非点収差と像面湾曲を同時に補正する条件に、**ペッツバールの法則**というものがあります。複数のレンズを組み合わせたレンズにおいて、各レンズの屈折率nと焦点距離fの積の逆数をすべて加えた和Pがゼロになるようにすると、非点収差と像面湾曲を補正できるというものです。このPを**ペッツバール・サム**といいます。

$$P = \sum_{i=0}^{k} \frac{1}{fi \cdot ni} = 0 \quad (k：レンズの数)$$

## 歪曲収差（ディストーション）とは

ここまで説明してきた球面収差、コマ収差、非点収差、像面湾曲は、像がぼやける現象が起こる収差です。これに対して**歪曲収差**は、像が歪んで物体の形が変形する収差です。歪曲収差は**ディストーション**ともいいます。

図5.4.2は、碁盤の目のような格子を、歪曲収差のあるレンズでのぞいたときの様子を示したものです。物体と像は相似形になるのが理想ですが、歪曲収差のあるレンズでは、周辺部で像が歪みます。周辺にいくほど像が縮む歪曲収差を**タル型**といい、周辺にいくほど像が広がる歪曲収差を**糸巻き型**といいます。一般にタル型は広角レンズ、糸巻き型は望遠レンズで起こりやすくなります。なお、タル型と糸巻き型が合わさった**陣笠型**の歪曲収差もあります。

図5.4.2　歪曲収差

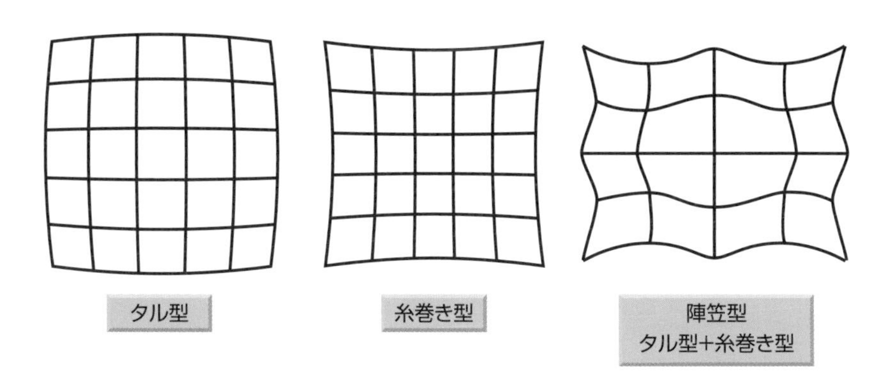


## 歪曲収差の補正

　歪曲収差は画角の３乗に比例します。そのため、画角の小さい望遠レンズより、画角の大きな広角レンズで生じやすくなります。また、歪曲収差は絞りの位置で変化します。凸レンズの場合は、絞りが物体側にあるときタル型の歪曲収差になり、絞りが像側にあるとき糸巻き型の歪曲収差になります。レンズの有効径は関係ないので、絞りを絞っても、歪曲収差を改善することはできません。対称に配列した２枚の同じ形状のレンズの間に絞りを置くことによって*、低減することができます。また、凸レンズと凹レンズを組み合わせたり、非球面レンズを使ったりすることで改善することができます。

　歪曲収差の程度Dは、理想的な像の高さ$Y_0$と、実際にできる像の高さYを用いて、次の式で表すことができます。

$$D(\%) = \frac{Y - Y_0}{Y_0} \times 100$$

*…**置くことによって**　このような構造のカメラのレンズを対称型レンズという。5-8節の図5.8.3のレンズはトリプレットタイプという対称型レンズ。

# 5-5

# 軸上色収差と倍率色収差

ここまで説明してきた収差は、単色光で起こる収差でした。最後に、光の波長の違い、つまり光の色の違いによって起こる色収差について説明します。

## 軸上色収差とは

白色光をプリズムに通すと、光が分散して色の帯ができます。これはプリズムをつくる材料の屈折率が、光の波長によって異なるからです。レンズをつくる光学材料も、光の波長によって屈折率が異なります。そのため、光の波長によって、光軸上で像が結像する位置が違ってきます。その結果、像の色がにじんでしまいます。この現象を**軸上色収差**といいます。

図5.5.1は、凸レンズの軸上色収差を示したものです。波長の短い青色光は、屈折率が大きいため、焦点より前に集まります。一方、波長の長い赤色光は、焦点より後ろに集まります。4-6節で説明した通り、光学レンズの屈折率はndで定義されますから、レンズの焦点Fに集まる光は波長587.562 nmのd線です。

図5.5.1　軸上色収差

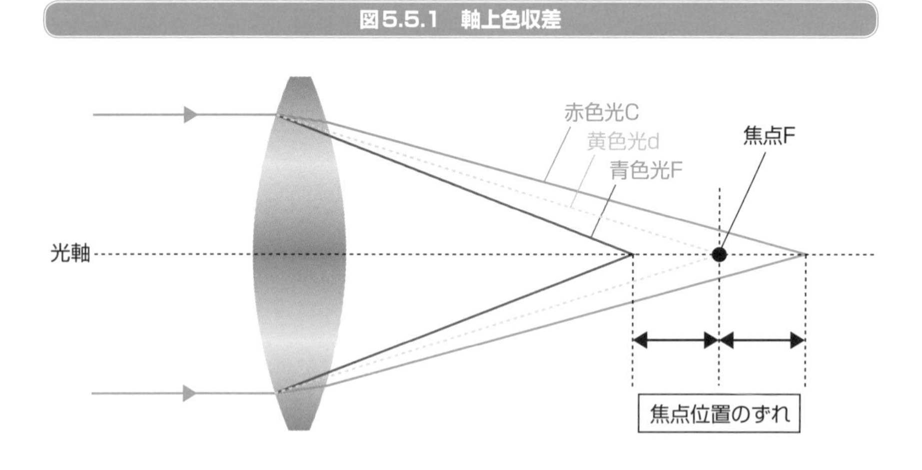

## 軸上色収差の補正

軸上色収差は、光の分散によって起こる収差ですから、レンズの材料にアッベ数*$\nu$の大きい低分散の光学ガラスなどを使うと小さくなります。しかし、普通の光学材料には必ず、ある大きさの分散がありますので、1枚のレンズで軸上色収差をなくすことはできません。

1733年に、イギリスの数学者**チェスター・ムーア・ホール**が、低屈折率、低分散のクラウンガラスでできた凸レンズと、高屈折率、高分散のフリントガラスでできた凹レンズを組み合わせることによって、軸上色収差を解消することができる**色消しレンズ**を発明しました。色消しレンズの凸レンズは青い光を強く収束し、凹レンズは青い光を強く発散させます。このように質の異なる凸レンズと凹レンズを組み合わせることによって、赤色光と青色光の軸上色収差を減少させることができます。この2色補正を**アクロマート**といいます。また、軸上色収差は、レンズの有効径を小さくすることである程度は軽減することができます。

## 倍率色収差とは

軸上色収差は、光の波長による結像点のずれですが、軸上色収差の他に、光の波長によって像の倍率が異なる色収差があります。この色収差を**倍率色収差**といいます。

図5.5.2　倍率色収差

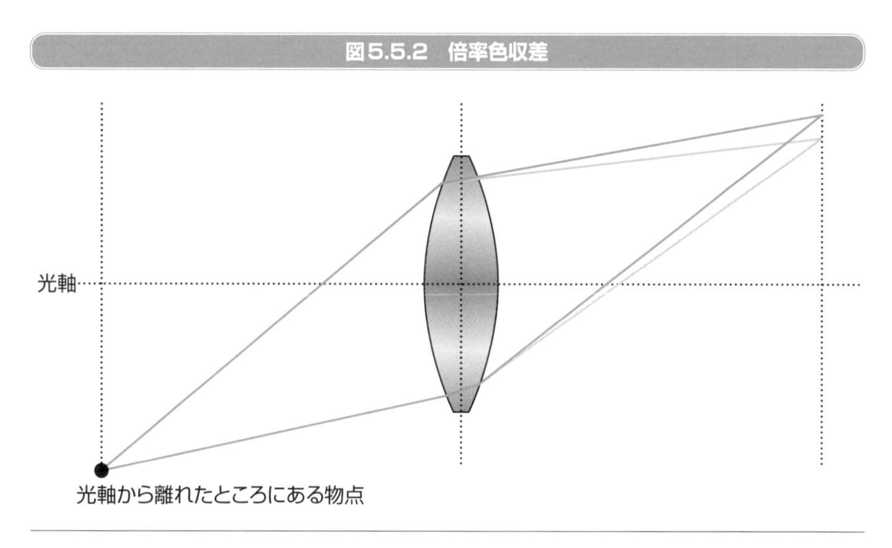


* **アッペ数**　4-6節参照。

図5.5.2は、倍率色収差を示したものです。倍率色収差のあるレンズでは、光軸から離れたところ物体の1点からやってくる光は、光の波長よって点像のできる位置が異なります。これは、像面にできる像の高さが変わることを意味しています。すなわち、光の波長によって倍率が変わるということです。

倍率色収差のあるレンズで像をつくると、画像の中心部では鮮明な像ができますが、像面周辺部では色ずれが起こり、像に色の縁どりがついたように見えます。倍率色収差も、光の波長によって光学材料の屈折率が異なるために起こる現象です。

## 倍率色収差の補正

倍率色収差も、光の分散によって起こる収差ですから、やはり1枚のレンズだけでなくすことはできません。性質の異なる光学材料でつくられたレンズを組み合わせることによって解決します。倍率色収差はレンズの有効径を小さくしても解決することはできませんが、絞りの位置を調整することで軽減することができます。

## 異常分散ガラスによる色収差の補正

レンズに使われる光学ガラスには様々な種類がありますが、普通の光学ガラスだけで色収差を解決するのには限界があります。例えば、アクロマートでは、赤色光と青色光の中間の色の光では色収差が残ります。

そこで**異常分散ガラス**という光学ガラスが使われます。普通の光学ガラスは、屈折率が高くなると分散も大きくなりますが、異常分散ガラスには、低屈折率でありながら長波長側で高分散のもの、高屈折率でありながら短波長側で低分散のものがあります。異常分散ガラスを組み合わせると、赤色、青色、中間色の3色補正で色収差を消すことができます。この補正を**アポクロマート**と呼びます。低屈折低分散の素材として昔から知られているものに、4-8節で紹介した蛍石があります。同節で紹介したEDガラスも、アポクロマートを実現するために開発された光学ガラスです。

# 5-6

# Fナンバー

収差についての説明が終わったところで、ここからはレンズの性能を示す数値について説明していきます。カメラのレンズには、「F2.8」とか「F5.6」という数字が書いてあります。この数値は、絞り値やFナンバーといわれるものですが、どのような意味をもつのでしょうか。

## 像の大きさと明るさ

3-5節で、物体が有限距離にある場合の像のできかたを説明しました。この場合、像の大きさは、図5.6.1(A)のように、

$$y' = my$$ （y'：像の大きさ、 m：倍率(=b/a)、 y：物体の大きさ）

で決まります。一方、同図(B)のように物体が無限遠にある場合は、無限遠のある1点からやってくる光は、傾きをもつ平行光としてレンズに入ります。このとき、レンズの写像公式のaが無限大となり、倍率m(=b/a)が定義できなくなるため、上式では像の大きさを求めることができません。そこで、次の式で計算します。

$$y' = f \cdot \tan\theta$$ （y'：像の大きさ、 f：焦点距離、 θ：半画角）

ここで、**画角**というのは、像の両端からレンズの主点へ結んだ光線の角度で、像面に映る物体の範囲を角度で表したものです。その半分の大きさを**半画角**といいます。カメラ用語にも画角*という言葉があります。画角はカメラのレンズで写すことができる範囲、すなわちファインダーをのぞいたときに見える範囲の角度のことをいいます。レンズにとっての視野角といってもよいでしょう。

像の明るさは、レンズに入る光の量で決まるので、レンズの有効径が大きいほど、そして絞りが開いているほど、像が明るくなります。直径Dの円の面積は$\frac{\pi}{4}D^2$ですから、レンズの有効径が2倍になると、レンズの面積は4倍になります。すなわち、像の明るさはレンズの有効径の2乗に比例します。

*…にも画角　詳しくは6-10節で説明する。厳密にはフィルムに写る範囲の角度。

図5.6.1 像の大きさ

(A) 物体が有限距離にあるとき

像の大きさと物体の大きさの関係

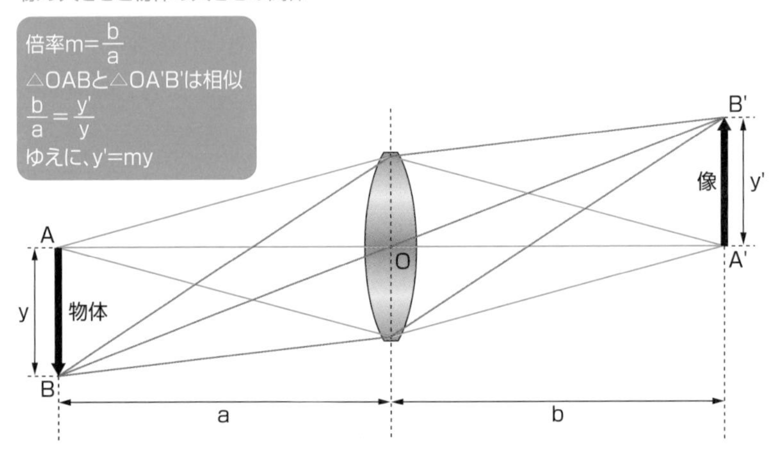


(B) 物体が無限遠にあるとき

像の大きさ(像の半径)

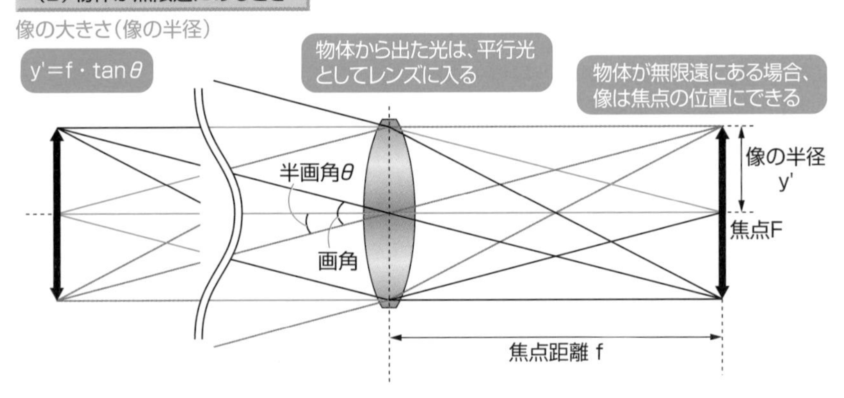


像の明るさは、像の大きさにも関係します。例えば、同じ口径の望遠鏡を用いて、倍率を上げていくと、像が拡大されるにつれて視界は狭くなり、同時に像が暗くなっていきます。倍率を上げて像を大きくするということは、像をつくる1点1点の点像が広がるということです。したがって、レンズに入る光の量が同じでも、像面の単位面積あたりの明るさは下がることになります。例えば、像の大きさが2倍になると、明るさは4分の1になります。

無限遠の光は焦平面と像面が一致するので、同図(B)の通り、像の大きさは焦点距離fに比例します。このことから、像の明るさは焦点距離fの２乗に反比例することがわかります。

像の明るさ：レンズの有効径Dの２乗に比例し、焦点距離fの２乗に反比例する

## Fナンバー

**Fナンバー**は、像の明るさを示す数値です。１枚のレンズでは、図5.6.2のように焦点距離fを、レンズの有効径Dで割った値f/Dとなります。同じ焦点距離のレンズでは、レンズ有効径Dが大きくてFナンバーの小さいレンズほど、明るいレンズになります。

図5.6.2　像の明るさ

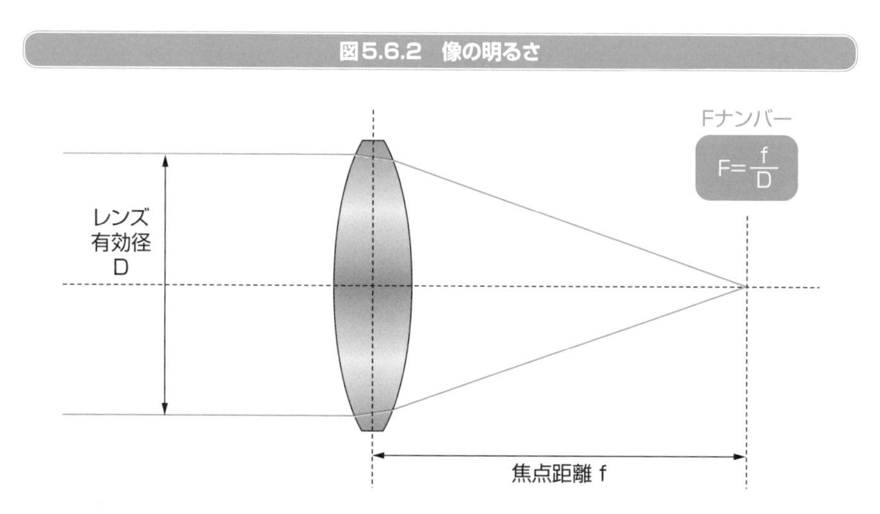


先に像の明るさはレンズの有効径Dの２乗に比例し、焦点距離fの２乗に反比例すると説明しました。Fナンバーはレンズの有効径Dに反比例し、焦点距離fに比例しますので、像の明るさはFナンバーの２乗に反比例します。

したがって、焦点距離が同じレンズでは、レンズの有効径が $1/\sqrt{2}$ になるとレンズの明るさが1/2になるので、レンズの明るさはFナンバーが $\sqrt{2}$ 倍大きくなるごとに1/2、1/4、1/8、1/16……と低下します。これが、カメラのFナンバーが1.4の倍数になっている理由です。

Fナンバーはレンズの素材の透過率を考慮していないので、同じFナンバーでも明るさが異なる場合があります。そのため、Fナンバーと透過率tを考慮した**Tナンバー**を使う場合もあります。なお、透過率tは光の波長によって変わりますので、Tナンバーも光の波長によって変わります。

$$\text{Fナンバー} = \frac{f}{D}$$

$$\text{Tナンバー} = \frac{F}{\sqrt{t}} \times 10$$

## 実効Fナンバー

Fナンバーは、物体が無限遠にある場合に使います。物体が有限距離にある場合は、焦点と結像点が一致せず、像は後側焦点よりレンズから遠いところにでき、その距離分だけ像が暗くなります。物体が有限距離にある場合のFナンバーを**実効Fナンバー**といい、記号Feで表します。3-7節で説明した「後側焦点から結像点までの距離b' = fm」を考慮すると、Feは次のように求めることができます。

$$Fe = \frac{f + b'}{D}$$

$D = \frac{f}{F}$、b' = fmを代入すると、

$$Fe = (f + b') \times \frac{F}{f} = (1 + \frac{b'}{f})F = (1 + \frac{fm}{f})F$$

ゆえに、

$$Fe = (1 + m)F \quad (m：倍率\frac{y'}{y})$$

なお、物体が無限遠にある場合は、b' = 0ですから、FeとFの値が一致することがわかります。つまり、Feの式はレンズと物体の距離にかかわらず使用できるということです。

# 5-7

# 開口数NA

顕微鏡の対物レンズなどのカタログを見ていると、よくNA値（開口数）という数値が掲載されています。NAとは、どのような意味をもつ数値なのでしょうか。

## 開口数NAとは

**開口数NA**は、Numerical Apertureの略で、エヌエーと読みます。NAはレンズの明るさや解像力を表す数値です。

図5.7.1のように、屈折率nの媒質中で、光軸上の物体から出た光が有効径Dのレンズに**開口角**2θで入射するとき、物体側の開口数NAと像側の開口数NA'は次の式で定義されます。開口角とは、物体側の光軸上の1点からレンズの有効径を見こむ角度です。開口角に対応する像側の2θ'を**集光角**といいます。

物体側　$NA = n \cdot \sin\theta$

像　側　$NA' = n \cdot \sin\theta'$

**図5.7.1　開口数NA**

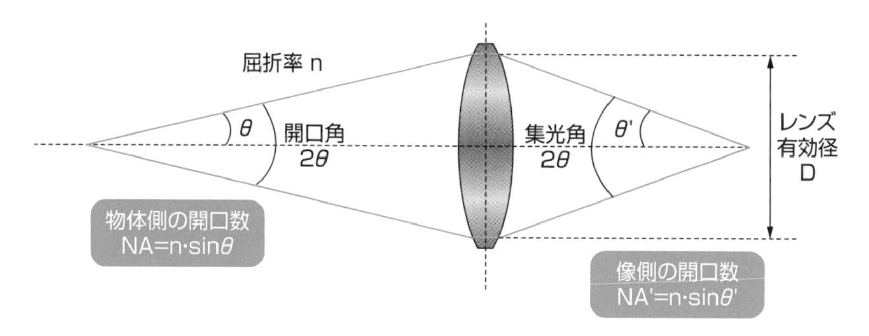


通常は、物体も像も空気中にあるので、nは空気の屈折率（n＝1）です。特殊な例として、顕微鏡の対物レンズには屈折率の大きい油を満たしたものもあります。この場合、nは油の屈折率となり、1より大きな値になります。油を入れることによってNAを1より大きくし、像の明るさと解像力を向上しているわけです。

## 回折限界とエアリーディスク

2-6節で説明したように、光には回折という波の性質があり、光の波長の大きさほどの領域には光を精密に集めることができません。そのため、収差のない理想的なレンズを使うことができたとしても、物体の1点から出た光を像面で1点に集めることはできず、点像はかならずある大きさで円盤状に広がります。この現象を**回折限界**といい、その円盤を**エアリーディスク**といいます。

図7.5.2は、点光源の像の強度分布を示したものです。エアリーディスクは、中心が明るい円盤のまわりに同心円があるような形に見えます。

エアリーディスクの半径rは、収差のないレンズでは次の式で計算できます。この値をレンズの**分解能**といいます。

$$r = 1.22\lambda F = \frac{0.61\lambda}{NA}$$　（F：Fナンバー、λ：光の波長）

図7.5.2　点光源の光をレンズで集めてできる像の強度分布

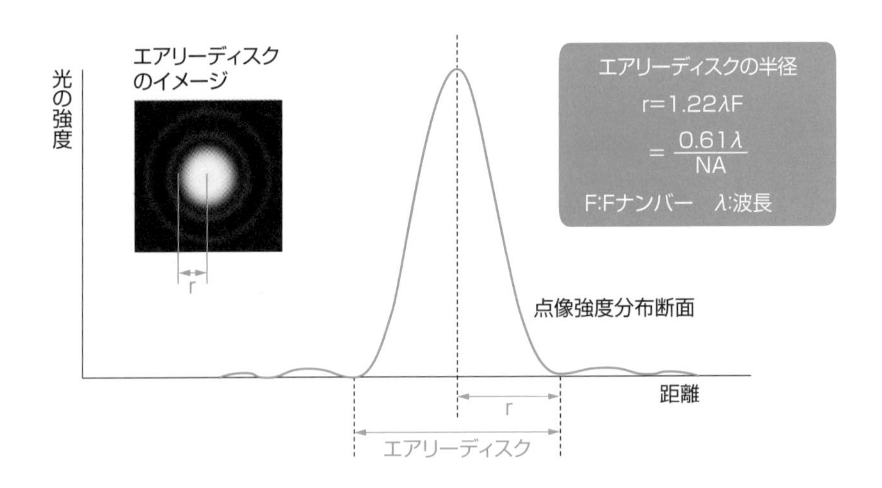

例えば、Fナンバーが5.6で波長0.5 μmの光では、rは約3.4 μmとなります。

この条件では点像の半径を3.4 μmより小さくできません。つまり、像面で3.4 μm以下の大きさは見分けられないことになります。

また、この式からわかるとおり、NAが大きいほど、レンズの分解能が小さくなります。これは、NAが大きいほど、エアリーディスクが小さくなり、像がシャープになることを意味します。エアリーディスクが小さくなるということは、点像の広がりが小さいということですから、像が明るくなることも意味します。

エアリーディスクの大きさは、光の波長によって変わります。波長が長い光ほど1点に集めにくく、波長が短い光ほど、像が鮮明になります。また、実際のレンズには収差があるので、分解能は計算値より悪くなります。

このように、高分解能を要求する光学系では、光を幾何光学だけでなく、波動光学の側面からも考えなければなりません。

## NA'と実効Fナンバー

像側のNA'と実効FナンバーFeの間には、次の関係があります。

$$NA' = \frac{1}{2Fe}$$

この式を使えば、実効FナンバーFeからNA'と集光角を求めることができます。例えば、実効Fナンバーが2のとき、NA'は0.25になります。NA'はn・sinθ'ですから、nを1とすると、集光角2θ'は29°になります。また、実効Fナンバーが2.8のとき、NA'は0.18、2θ'は20.6°となります。

# 5-8
# 絞りと瞳

カメラでFナンバーを変えることを、「絞りを開く」「絞りを絞る」といいます。絞りとはどのようなもので、どのような働きをするのでしょうか。

## 開口絞りとは何か

**開口絞り**は、簡単にいえば、レンズに入る光の量を調整する穴のことです。カメラのレンズをのぞくと、図5.8.1のように複数の羽根がついていて、穴の大きさを連続的に調整できるようになっています。物体から出てレンズに向かう光のうち、実際にレンズに入るのは絞りの内側にある光線だけです。外側の光は絞りによって遮られるため、レンズに入りません。つまり、開口絞りを通過する光だけが結像に関与する光です。

図5.8.1　絞りの働き

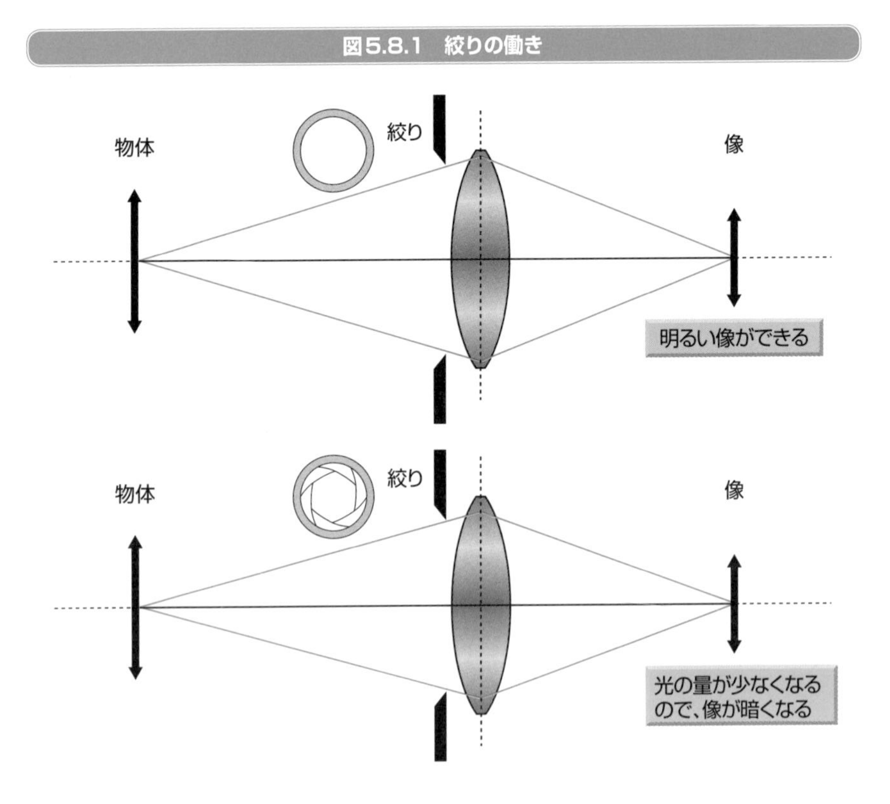

5-1節でレンズの有効径について説明しましたが、レンズの有効径は絞りによって変わります。同じ焦点距離のレンズでは、絞りを絞ると、Fナンバー（f/D）が大きくなり、レンズに入る光の量が少なくなります。ルーペのようなレンズは、カメラのような絞りがついていませんが、レンズの枠でレンズの有効径が決まります。そういう意味では、ルーペの枠も絞りの働きをしているのです。複数のレンズを組み合わせたカメラのレンズなどでは、厳密にはレンズの枚数だけ絞りがあることになります。

## 入射瞳と射出瞳

光学系の外側から見た絞りの像を**瞳**といいます。瞳は絞りによってできますが、光が入射する側にできる**入射瞳**と光が射出する側にできる**射出瞳**があります。

入射瞳は、物体側からレンズをのぞいたときに見える絞りの像のことです。カメラの場合、絞りはレンズの中にあるので、入射瞳はレンズによってできた絞りの虚像です。この場合、入射瞳の位置は絞りの位置と一致しません。一方、絞りの前にレンズがない場合は、絞りでできた穴そのものが入射瞳になります。図5.8.2のように絞りを開放すると入射瞳は大きく見え、絞りを絞ると小さく見えます。

絞りはヒトの眼にも存在します。ヒトの眼で絞りの働きをしているのは**虹彩***です。虹彩の内側に見える黒目の部分を**瞳孔**といいますが、瞳孔が入射瞳になります。

図5.8.2　カメラレンズの入射瞳の見えかた

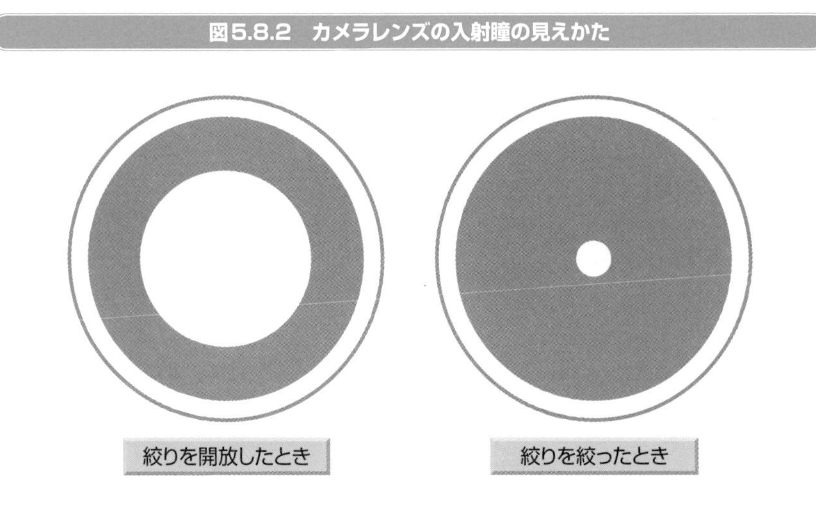


* **虹彩**　2-8節参照。

ヒトの眼は、暗いところでは光をたくさんとり込むように瞳孔が開き、明るいところでは瞳孔が閉じて光の量を適切に調節します。この瞳孔を開いたり、閉じたりする絞りの働きをしているのが虹彩です。

眼鏡をかけていない人は、眼をのぞいたときに見える瞳孔が入射瞳となります。瞳孔は、角膜の屈折作用によって実際よりも少しだけ大きく見えています。眼鏡をかけると、さらにその手前にレンズが来ることになりますので、入射瞳は角膜と眼鏡のレンズによってできる瞳孔の像ということになります。近視の人は、眼鏡の凹レンズの働きで、実際の大きさよりも小さく見えます。

次に、射出瞳について考えましょう。射出瞳は、像側からレンズをのぞいたときに見える絞りの像のことです。望遠鏡の接眼レンズから少し眼を離してのぞき込むと、黒い円の内側に明るい円が見えます。この明るい円が射出瞳です。黒い円は対物レンズを押さえている枠ですが、この枠が絞りになります。

図5.8.3は、2枚の平凸レンズと1枚の凹レンズを使った**トリプレットタイプ***のレンズの入射瞳と射出瞳の位置を示したものです。絞りは真ん中のレンズの後方にあります。レンズに入る光は同図のように屈折していますから、入射瞳も射出瞳も、レンズを通る光線の延長線上にあるように見えます。

入射瞳と射出瞳は絞りと相似形のため、それらの位置や大きさがわかると、複雑なレンズ光学系でもレンズを通る光線を作図することができます。瞳はレンズに入射する光の量や像の解像度、そして収差を考えるうえで、重要な役割をはたします。

図5.8.3　入射瞳と射出瞳

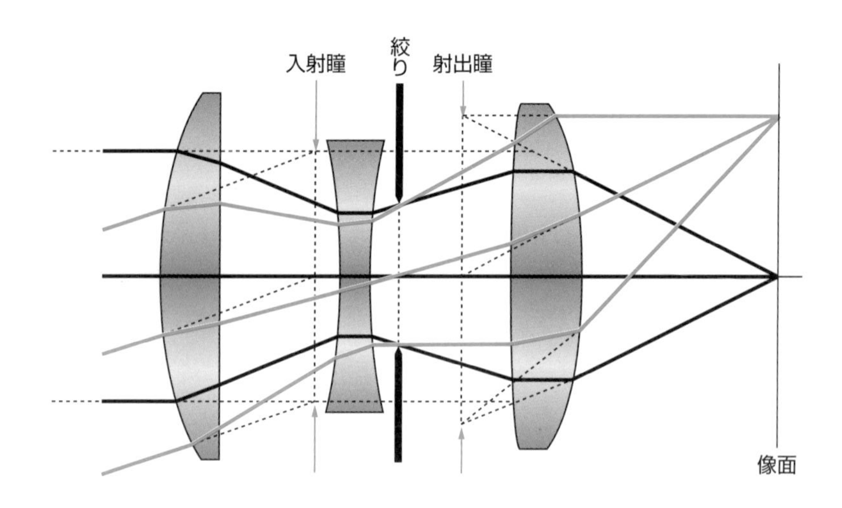

# 5-9

# 絞りの位置とテレセントリック

絞りの位置を変えると、レンズに入射する光や、レンズから射出する光をコントロールすることができます。ここではテレセントリック光学系について説明します。

## 物体側テレセントリック

図5.9.1は、凸レンズの後側に絞りを置いたときに、光がどのように進むかを示したものです。同図(A)では、レンズのすぐ後ろに絞りを配置してあります。光軸から離れた物体の1点から出た光の主光線*は、レンズの中心から少し下の部分を通ることになります。同じ点から出てレンズの周辺部を通る光は、絞りに遮られるた

図5.9.1　物体側テレセントリック

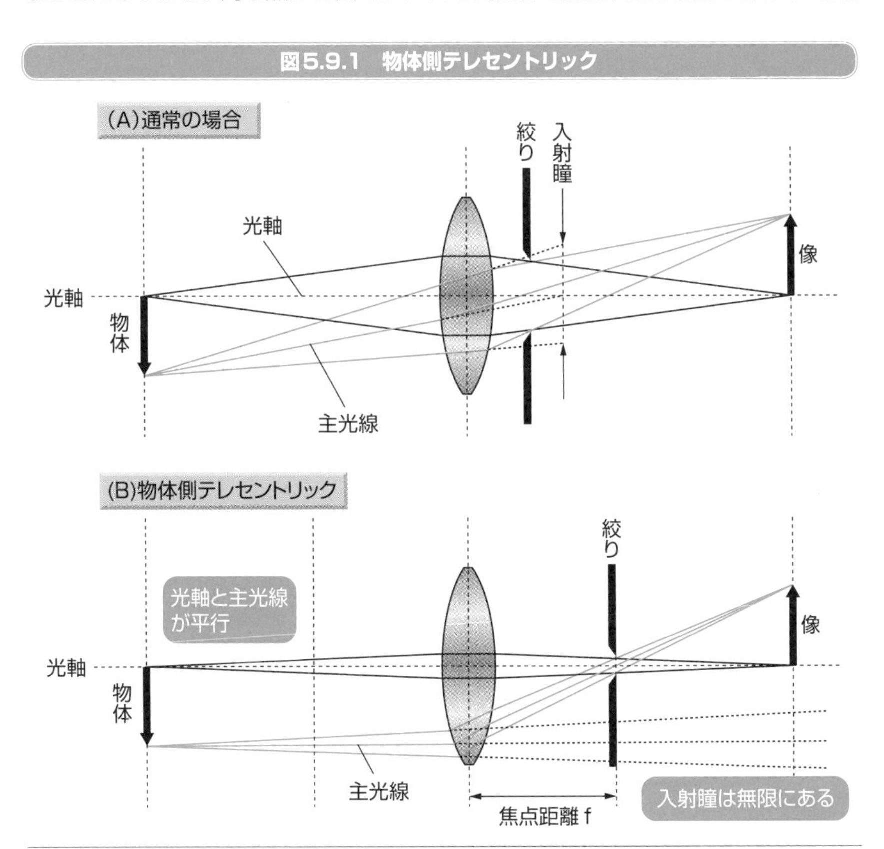


* **トリプレットタイプ**　構造は簡単であるが全ての収差を低減できる対称型レンズ。

* **主光線**　絞りの中心を通る光線。5-3節参照。

め、結像に関与しません。この例では、入射瞳は入射光の延長線上にできます。

同図（B）は、絞りをレンズの後側焦点の位置に配置してあります。後側焦点を通る光は、光軸に平行な光だけですから、その他の光は絞りによって遮られ、像面に届きません。ですから、光軸から離れた物体の1点から出て結像に関与するのは光軸に平行な主光線となります。このとき、入射瞳の位置は、物体側から無限遠の位置となります。このように、主光線が光軸と平行となることを**テレセントリック**といいます。同図(B)の場合は、物体側で主光線と光軸が平行になっているので、**物体側テレセントリック**といいます。

ここで、テレセントリックの面白い特徴を説明します。3-5節で、物体とレンズの距離を変えると、像の大きさを変化させることができると説明しました。物体側テレセントリックでは、図5.9.2のように、絞りを通過できるのは光軸に平行な主光線だけですから、物体を前後に動かしても、像の大きさは変わりません。テレセントリックを使うと、物体を置く位置がずれても、像の大きさは変わらないのです。

図5.9.2　物体の位置と像の大きさ

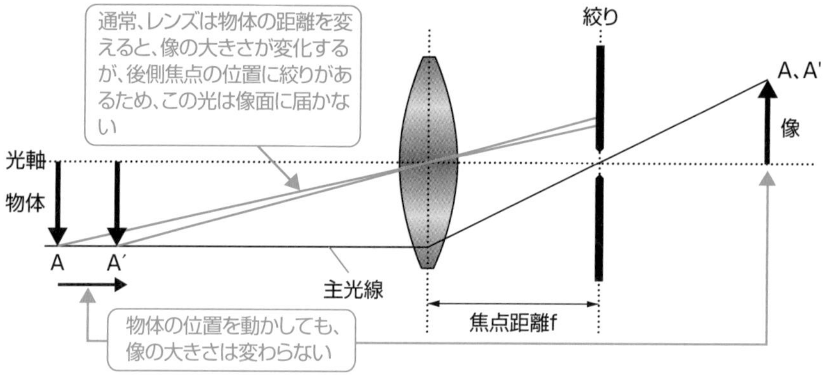

## 像側テレセントリックと両側テレセントリック

物体側でテレセントリックを実現できるように、像側でもテレセントリックを実現することができます。これを**像側テレセントリック**といいます。像側テレセントリックでは、図5.9.3（A）のようにレンズの前側焦点に絞りを配置します。レンズの前側焦点を通った光はレンズを出たあと、平行に進みますから、像側で主光線と光軸が平行となります。レンズから射出してくるのは光軸に平行な光線だけですから、像面が前後しても、像の大きさは変わりません。

さらに同図(B)のように、2枚のレンズの間で、それぞれのレンズの焦点距離のところに絞りを置くと、絞りと2枚のレンズの働きで、物体側と像側でテレセントリックを実現できます。これを**両側テレセントリック**といいます。

テレセントリックは、このような特徴から、物体の寸法の測定や、像の大きさの誤差を抑えたい光学系などに使われます。例えば半導体の製造では、シリコンウェハという基板に感光剤を塗って、非常に細かい回路のパターンを光で露光していきます*。こういった装置は倍率の誤差を極力抑えなければいけないので、テレセントリックが使われます。



図5.93.　像側テレセントリックと両側テレセントリック

(A) 像側テレセントリック

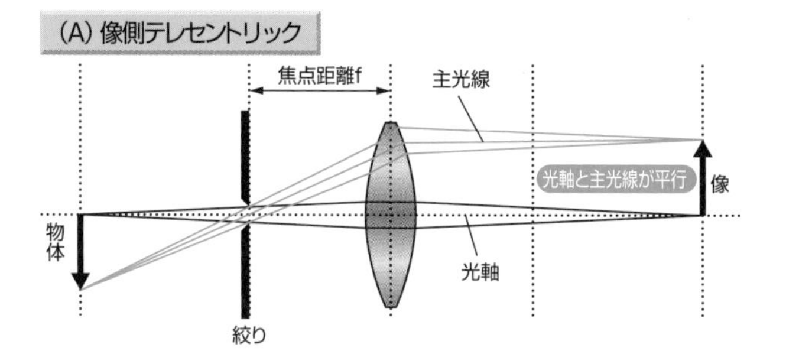


(B) 両側テレセントリック

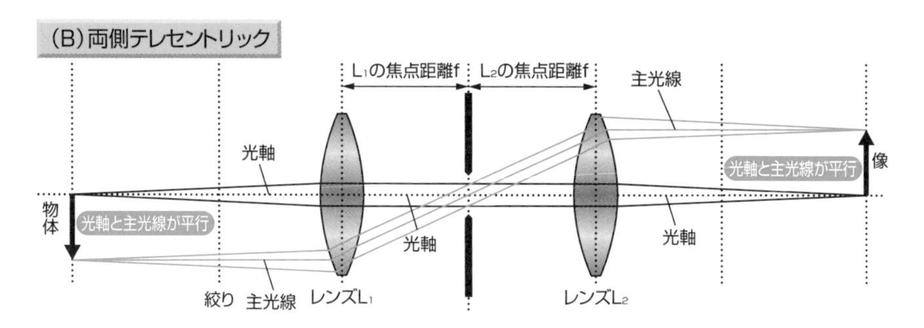


*…**露光していきます**　6-14節参照。

# 5-10

# 焦点深度と被写界深度

レンズでスクリーンに物体の像を映しているとき、レンズと物体の距離やレンズとスクリーンの距離を変えると、ピントがずれて、像がぼやけます。ところが、実際には少し距離を変えたぐらいでは像はぼやけません。このとき、ピントがずれるかどうかは、レンズの焦点深度と被写界深度によって決まります。

## 焦点深度

レンズには収差があり、光には回折限界があるので、厳密にはレンズは点像を結像することができず、ある大きさの円形の像をつくります。この円のことを**錯乱円**といいます。しかし、実際には、像面上でボケがある大きさになるまではピントがあっているように見えます。像のボケが許容される大きさの錯乱円を、**許容錯乱円**といいます。

レンズでスクリーンに物体の像を映すとき、レンズとスクリーンの距離を多少ずらしても、像がぼけない範囲があります。この範囲を**焦点深度**といいます。焦点深度

**図5.10.1　焦点深度**

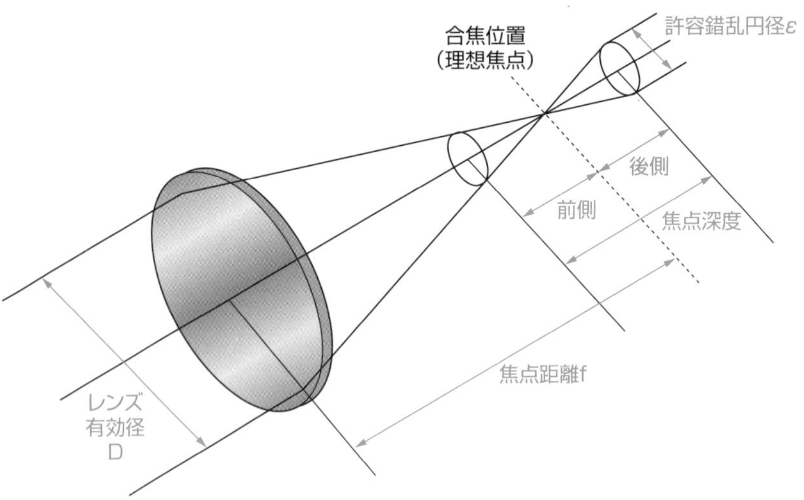

は、図5.10.1のように、錯乱円の大きさが許容錯乱円よりも小さくなる範囲です。

レンズのF値は、焦点距離fとレンズ有効径Dの比f/Dで定義されますが、円錐の相似の関係から、次式のように焦点深度と許容錯乱円の直径εで表すことができます。

$$F=\frac{f}{D}=\frac{\text{焦点深度の}\frac{1}{2}}{\text{許容錯乱円の直径}\varepsilon} \text{ より　焦点深度}=\pm\varepsilon F=2\varepsilon F$$

この式からわかるように、焦点深度はFナンバーに比例します。例えば一般的なカメラのレンズでは、許容錯乱円は約0.03 mmなので、F2.8では焦点深度が約0.17 mmとなります。F16にまで絞ると、約0.96 mmとなります。

なお、顕微鏡のように非常に微細な空間を観察する場合には、錯乱円の大きさをエアリーディスクにできるだけ近づけて、レンズの分解能*を小さくする必要があります。



## 被写界深度

レンズでスクリーンに物体の像を映すとき、レンズと物体の距離を多少変えても像がぼやけない範囲があります。この範囲を**被写界深度**といいます。

図5.10.2は、被写界深度と焦点深度の関係を示したものです。物体が被写界深度の範囲にあるとき、像面上のボケの大きさは許容錯乱円以下に収まります。つま

図5.10.2　被写界深度と焦点深度

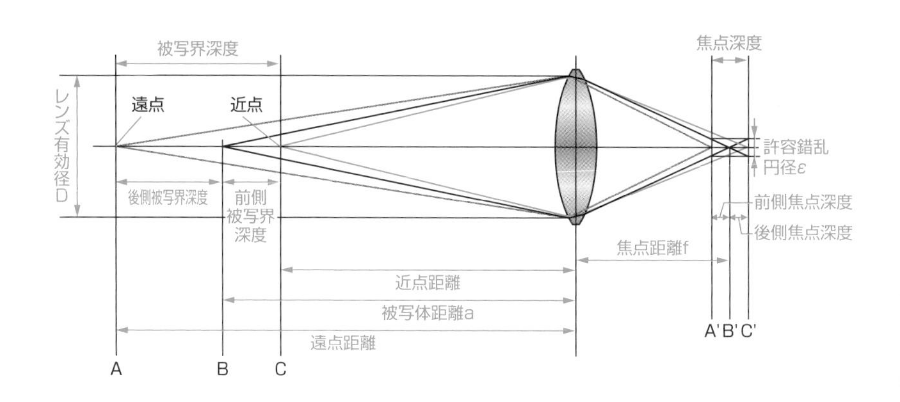


＊分解能　5-7節参照。

り、被写界深度の範囲にある物体の像は、焦点深度の範囲にできるということです。逆に、焦点深度に対応する物体側の範囲が被写界深度ということもできます。

前側被写界深度と後側被写界深度は次の式で表すことができ、被写体の位置から前側が浅く（短く）、後側が深く（長く）なります。また、被写界深度と焦点距離、絞り、被写体距離の関係は、図5.10.3の表のようになります。

$$前側被写界深度 = \frac{a^2 \cdot \varepsilon \cdot F}{f^2 + a \cdot \varepsilon \cdot F}$$

$$後側被写界深度 = \frac{a^2 \cdot \varepsilon \cdot F}{f^2 - a \cdot \varepsilon \cdot F}$$

f：焦点距離、　F：Fナンバー

ε：最小錯乱円の直径、　a：被写体距離

**図5.10.3　被写界深度と焦点距離、絞り、被写体距離の関係**

| 被写界深度 | 浅い | 深い |
| --- | --- | --- |
| 焦点距離 | 長い | 短い |
| 絞り | 開く | 絞る |
| 被写体距離 | 近い | 遠い |

遠くの物体にピントを合わせていくと、物体の後側被写界深度の端が無限遠になります。このように、無限遠の位置が被写界深度に入る最短の撮影距離を、**過焦点距離**といいます。カメラのピントを過焦点距離に合わせると、そこから手前1/2までピントが合います。このようにして写真を撮影することを**パンフォーカス**といいます。過焦点距離は次の式で求めることができます。

$$過焦点距離 = \frac{f^2}{\varepsilon \cdot F}$$

# 5-11
# レンズの解像力と伝達関数MTF

物体の表面を拡大するとき、どこまで拡大して見ることができるでしょうか。物体の表面の形は様々ですが、どんどん拡大して見ていくと、明暗模様の集まりになります。その明暗模様をどこまで細かく像として再現できるかを表したものが、分解能、解像力、MTFです。

## レンズの分解能と解像力

5-7節で、レンズの分解能は次の式で与えられると説明しました。

$$r = 1.22\lambda F = \frac{0.61\lambda}{NA} \quad (\lambda：光の波長)$$

例えば、F値が5.6で波長0.5 μmの光では、分解能rは約3.4 μmとなりますが、この条件では像面で3.4 μm以下は見分けられないということです。同じ波長0.5 μmの光で分解能1 μmを得たい場合は、F値を1.6にする必要があります。

$$F = \frac{r}{1.22\lambda} = \frac{1}{1.22 \times 0.5} \fallingdotseq 1.6$$

一方、レンズの**解像力**は、一般的に1 mmあたりの**限界解像本数**$R_0$で示され、その値は分解能の逆数になります。

$$R_0 = \frac{1}{r} = \frac{1}{1.22\lambda F} = \frac{NA}{0.61\lambda} \ (本数/mm)$$

例えば、分解能10 μmでは、$R_0$の値は1 mm/0.01 mmで100本となります。すなわち、1 mmあたり100本まで解像力があるということになります。ただし、実際のレンズには収差があるので、分解能や解像力はこの値より悪くなります。

## 伝達関数MTFとは

レンズの性能は、分解能と解像力によって示すことができますが、これらの数値は解像の限度を示すものです。それよりも粗いパターンをもつ物体の表面がどのような像になるのかについては、この数値だけではわかりません。それを表すのに使われるのが**伝達関数MTF**（Modulated Transfer Function）です。

MTFは、もともとは電気工学で使われるもので、ある周波数の信号を回路に入れたときに出力がどうなるかを調べるのに使います。例えばオーディオのアンプに信号を入れたとき、原音をどれぐらい忠実に増幅できるかを調べるのに使います。

光学でのMTFは、物体表面の濃淡の繰り返しが、像でどのように再現されるかを空間周波数で表したものです。空間周波数は、1 mmの幅に濃淡の繰り返しが何本入っているかを意味します。この空間周波数を表すサインカーブのパターンが、像面でどのように変わるかを示すのがMTFです。簡単にいえば、MTFはレンズの結

**図5.11.1　伝達関数MTFとは**

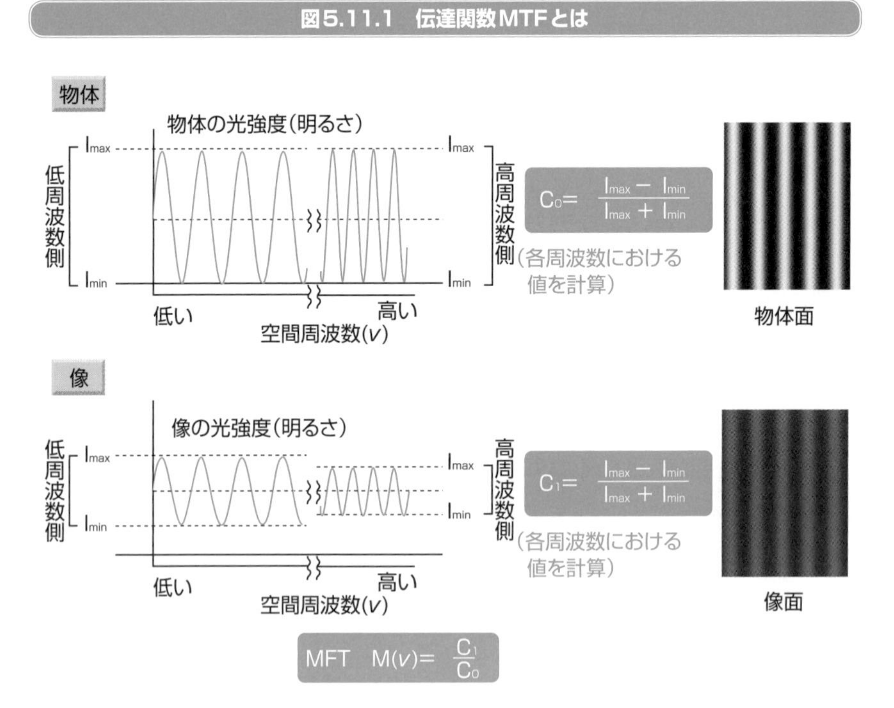

像性能を表し、物体のコントラストをどれくらい忠実に像で再現できるかを表したものです。

図5.11.1は、物体と像の空間周波数の変化を示したグラフです。グラフの横軸が空間周波数、縦軸が物体と像の明るさです。サインカーブの山の部分が明るいところ、谷の部分が暗いところになります。物体面と像面のある空間周波数におけるコントラストは、それぞれ$C_0$、$C_1$で求めることができます。そしてある空間周波数におけるMTFの値は$C_1$と$C_0$の比によって与えられ、0～1の範囲となります。

図5.11.2は、2つのレンズのMTFを低周波から高周波数まで計算したものです。縞模様のパターンが粗い低い周波数領域では、物体のコントラストが忠実に再現されるのでMTFは1に近い値になりますが、縞模様のパターンが細かい高周波領域では、コントラストが不明瞭になります。限界解像力の周波数を超えると、コントラストがなくなり、MTFの値は0に近い値となり像は灰色に塗りつぶされたようになります。実際には、レンズには収差があるため、限界解像力に達する前にコントラスト

**図5.11.2　MTFのグラフ**

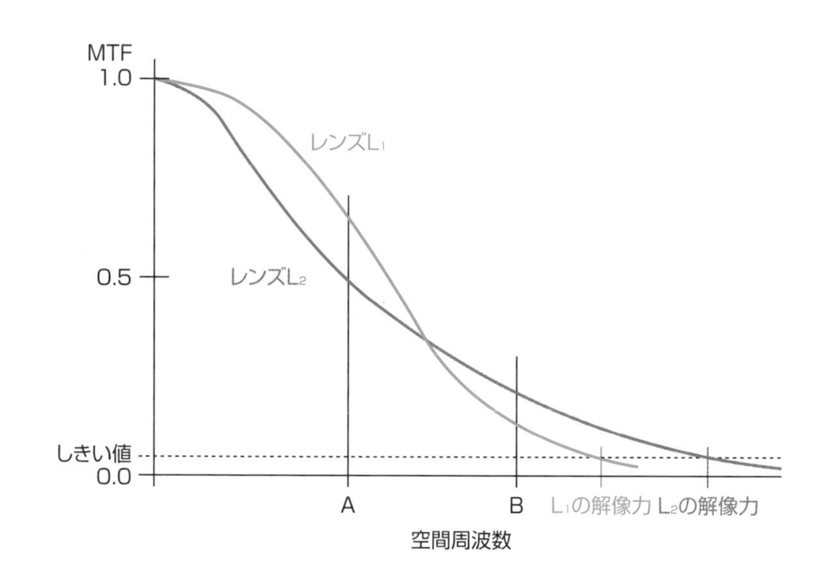


出典：『レンズ設計』（高橋友刀著、東海大学出版会）

が失われます。一般にそのしきい値は約0.1となることが知られています。

同図において、レンズ$L_1$とレンズ$L_2$のMTFのグラフは交差しており、限界の解像力は$L_2$の方が高周波数側にあります。このグラフから、低周波領域（例えばA付近）では$L_1$の方が性能がよいが、高周波領域では$L_2$の方がよい、しかし、レンズの基本性能としては$L_2$の方が限界解像力が高い、ということがわかります。

このように、MTFのグラフを見るとレンズの性能がわかります。理論計算値と実測値を簡単に比較できるという便利さもあります。

MTFは空間周波数だけでなく、光の波長や、**デフォーカス***によって変化します。デフォーカスによる像のコントラストの変化を調べたものを、デフォーカスMTFといいます。

## COLUMN　偏心収差　レンズ製造やとりつけで生じる収差

レンズの収差には、この章で説明したザイデルの５収差と色収差のほかに、レンズの中心が光軸からずれたときに生じる偏心収差があります。理想的なレンズにおいては、レンズの中心線が光軸と一致しますが、実際のレンズでは第４章で説明した芯とりや、レンズを固定する枠の機械的な誤差などにより、偏心が生じます。偏心には図のように（A）チルトと（B）シフトがあります。偏心による収差には、偏心コマ収差、偏心非点収差、偏心歪曲収差がありますが、偏心している方向に顕著に表れます。

▼レンズの偏心

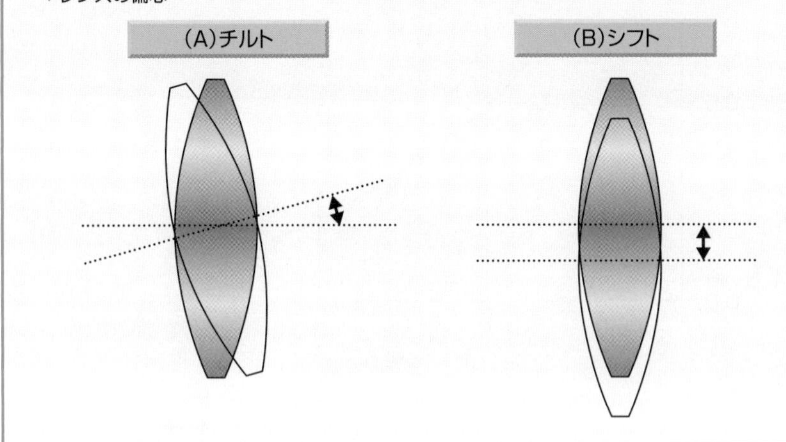


＊**デフォーカス**　像面を光軸方向にずらすこと。ピントをずらすこと。

# 5-12
# アッベの不変量とラグランジュの不変量

凸レンズで太陽の光を集めると、光のエネルギーを集めて紙を燃やすことができます。しかし、例えば電灯の光をいくら集めても、紙を燃やすことはできません。ここでは、レンズで集めることができる光のエネルギーについて考えてみましょう。

## 近軸領域による結像

図5.12.1(A)は三角関数を示したものです。$\theta$が十分に小さいとき、$\tan\theta=\theta$となるため、$\theta=b/a$で近似することができます。

レンズを通る光を考えたとき、物体や像の大きさが限りなく小さく、光線が光軸の近くを通るときには、同様の方法で$\theta$を求めることができます。この近似が成立する条件では、収差が発生しません。この条件が成立する領域を**近軸領域**といいます。

同図（B）は曲率半径r、円弧の長さhの球面レンズに近軸領域で入射する光を示したものです。$\theta_1$が小さくなると、hは$\theta_1$でつくる直角三角形の対辺h'と考えることができます。同様に、a＝a'、r＝r'とできるので、$\theta_1$=h/a、$\theta_2$＝h/rとなります。近軸領域におけるこのような近似を近軸近似といいます。

図5.12.1　近軸領域における近軸近似

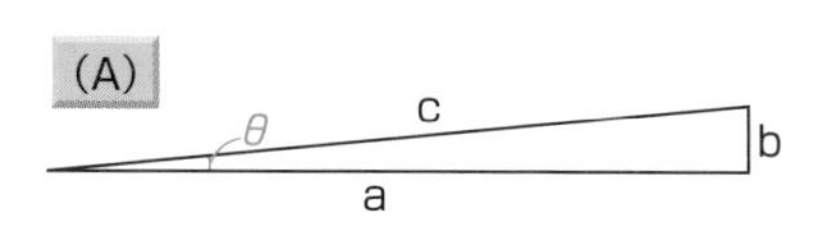


$\sin\theta=\dfrac{b}{c}\quad\cos\theta=\dfrac{a}{c}\quad\tan\theta=\dfrac{b}{a}$

多項式展開

$$\sin(X)=X-\frac{X^3}{3!}+\frac{X^5}{5!}-\frac{X^7}{7!}\cdots\cdot$$

$$\cos(X)=1-\frac{X^2}{2!}+\frac{X^4}{4!}+\frac{X^6}{6!}\cdots\cdot$$

$$\tan(X)=\frac{\sin(X)}{\cos(X)}$$

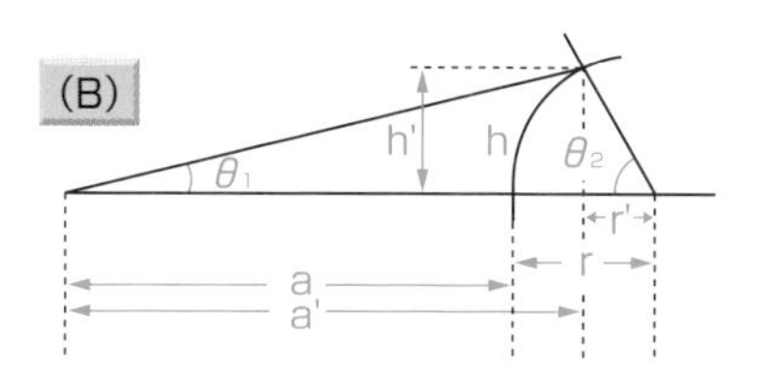


$\theta$が十分に小さいとき、

$\sin\theta=\theta\qquad\cos\theta=1\qquad\tan\theta=\theta$

hとh'、aとa'、rとr'は、同じとみなせる

$$\theta_1=\frac{h}{a}\qquad\theta_2=\frac{h}{r}$$

## アッベの不変量とラグランジュの不変量

図5.12.2は、近軸領域での結像を示したものです。近軸領域ではスネルの法則を❶式のように近似することができます。したがって、❶式から、❷式と❸式を導くことができ、それぞれ**アッベの不変量**、**ラグランジュの不変量**（**ラグランジュ－ヘルムホルツの不変量**）といいます。なお、❶式は**ケプラーの近似式**と呼ばれます。

**図5.12.2　アッベの不変量とラグランジュ－ヘルムホルツの不変量**

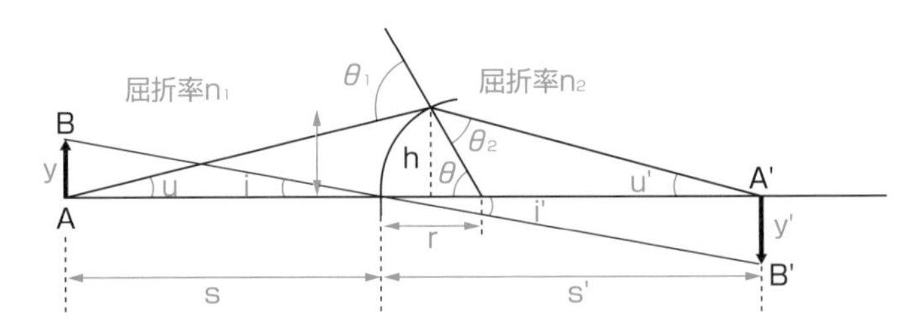


スネルの屈折の法則　$n_1\sin(\theta_1)=n_2\sin(\theta_2)$ → $n_1\theta_1=n_2\theta_2$ …❶

$\theta=u+\theta_1=u'+\theta_2$　$\theta_1=\theta-u$　$\theta_2=\theta-u'$

$\theta=\frac{h}{r}$、$u=\frac{h}{s}$、$u'=\frac{h}{s'}$　と①式から*

$$n_1\left(\frac{1}{r}-\frac{1}{s}\right)=n_2\left(\frac{1}{r}-\frac{1}{s'}\right)=Q$$ …アッベの不変量 ❷

同様に$i=\frac{y}{s}$、$i'=\frac{y'}{s'}$と、$u=\frac{h}{s}$、$u'=\frac{h}{s'}$であり、

iに関する屈折の法則 $n_1 i=n_2 i'$ を適用すると、

$$n_1\cdot y\cdot u=n_2\cdot y'\cdot u'$$ …ラグランジュの不変量 ❸
（ラグランジュ・ヘルムホルツの不変量）

アッベの不変量は、物体の光軸上のAからA'に至る光線をもとに求めたものです。❷式を見ると、左辺と右辺の式の形、すなわち屈折の前と後の式の形が同じになっていることがわかります。この式は、どんなに光が屈折する面が続いても、連続した等式で結ぶことができ、その値Qが不変の一定値となることを意味しています。屈折面での光のロスを考えなければ、光のエネルギーは保存されることを意味して

*…①式から　角度や距離の符号を考慮する必要がある。屈折面から右向きの距離を正、左向きの距離を負とする。角度は光軸から時計まわりが正、反時計まわりを負とする。

います。

一方、ラグランジュの不変量は、物体の光軸から離れたBからB'に至る光線をもとに求めたものです。❸式も、左辺と右辺が同じ式になっていて、こちらも屈折面が続いても、連続した等式で結ぶことができ、その値は不変の一定値になります。つまり、こちらも光のエネルギーが保存されることを意味しています。

❸式において物体側と像側の媒質の屈折率が同じであれば、

$$y \cdot u = y'u' = 一定$$

が成り立ちます。この式は、「物体の大きさyと物体側の光のとり込み角度uの積」と、「像の大きさy'と像側の光の集光角度u'の積」は等しいことを意味しています。

像を明るくするためには、光源からとり込む光の量を増やし、像を小さくし、像面の単位面積あたりの光の量を増やす必要があります。像面の光の強度を高めようとして小さな像をつくろうとすると、y'を小さくする分、uを小さくせざるを得ません。しかし、uが小さくなると、レンズにとり込む物体からやってくる光の量が少なくなります。逆に、光源からの光をレンズたくさんとり込もうとしてuを大きくすると、像y'が大きくなり、像面に光を集中できなくなります。

太陽光は光のエネルギーが高く、凸レンズで像をつくることによってたくさんの光のエネルギーを集め、紙を燃やすことができます。しかし、蛍光灯などの電灯では、いくら小さな像をつくっても、紙を燃やすほどの光のエネルギーを集めることはできません。

アッベの不変量やラグランジュの不変量は、エネルギーの保存則であり、もともと光源のもっている光のエネルギーはレンズを使っても変えられないことを意味しています。例えば、倍率を上げたまま光の強度を上げるというようなことはできないのです。

なお、アッベの不変量とラグランジュの不変量は収差論でとり扱われます。どちらも近似計算ではありますが、レンズの性能を理論的に理解し、適切なレンズ設計をするうえで重要な指標です。

## COLUMN レンズの設計

レンズの設計は、焦点距離、Fナンバー、MTFなどの仕様を決める作業から始まります。レンズの仕様は、レンズが使われる製品によって変わりますので、目的に合致するように決めなければなりません。例えば、小型の製品ではサイズの小さいレンズを使わなければなりませんが、レンズが小さくなると、レンズでとり込む光の量が少なくなります。そような制約の中で求められる仕様を実現できるかどうかについても検討しなければなりません。既存の技術で実現できない場合、新しい技術の開発に挑戦をすることもあります。

レンズの仕様が決まったら、過去の技術資料、文献、特許、光学機器メーカーのカタログなどを調べて、実際にどのようなタイプのレンズを作るかを決めます。レンズのタイプを決めたら、近軸領域における光線追跡などを理論的に求め、レンズを作成するための基本データを揃えます。

基本データが揃ったら、収差の影響を含めた詳細な光線追跡をおこない、レンズの表面の形状、レンズの厚さ、光学材料の屈折率や分散などを変化させ、求められるレンズの仕様に近づけていきます。この作業は膨大な計算を伴い、コンピュータでおこなわれます。そして、試行錯誤を繰り返しながらレンズの仕様をつくり上げていきます。レンズ設計の中で非常に重要な地位を占めています。

詳細な設計が終わったら、MTFなどレンズの仕様を詳細に評価します。仕様に満たない場合は、必要に応じて、基本データの作成や、収差補正などの詳細な設計をやり直します。目的の仕様を満足したら、レンズの製造や検査のための準備を行い、レンズの試作に入ります。

レンズの設計は一般に上述のように進められますが、様々な知識や経験に基づいた工夫が施されているのが実情ですので、メーカーあるは技術者によって手法が変わります。それが、レンズの性能を決めるノウハウにもなっています。

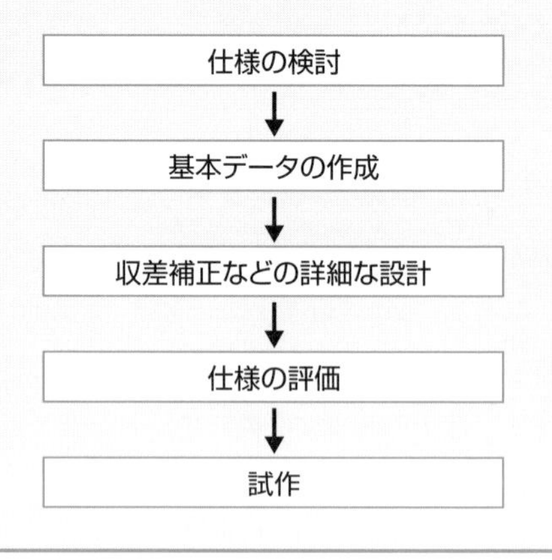

第6章

# レンズを使った製品と技術

私たちの身の回りには、レンズを使った製品がたくさんあります。この章では、レンズを使った製品や技術の仕組みをとり上げ、レンズがどのように応用されているかについて説明します。

# 6-1 光学系とは何か

レンズを使った製品を光学機器、光学器械といい、その仕組みを光学系といいます。この章のはじめに、光学系とは何かを説明しましょう。

## 光学素子と光学系

1枚のレンズのことを**単レンズ**といい、単レンズ、プリズム、鏡、回折格子など、光学的な装置に使われる部品を**光学素子**といいます。

図6.1.1 いろいろな光学素子

光学素子を使った簡単な構造のものを、光学素子のとりつけ部分を含めて**光学器具**といいます。例えば、ルーペは単レンズとレンズをとりつける部品からなる光学器具です。一方、カメラ、望遠鏡、顕微鏡など複数の光学素子を組み合わせてつくったものを**光学器械**または**光学機器**と呼びます。

光学器具や光学器械のシステム全体のことを一般に**光学系**といいます。例えば一眼レフカメラは、絞り、複数のレンズ、プリズム、シャッターその他の部品からなる光学系です。

また、光学系という言葉は、単に光学器具や光学器械の構造だけでなく、その機能や、光の道筋（光路）がどのようになっているかなどの光学理論を含んでいます。例えば「この光学器械は凸レンズと凹レンズを組み合わせた光学系になっています」とか、「この装置の光学系はテレセントリック光学系です」というように使われたりします。

## 光学設計とは

多くの光学機器は、複数の光学素子を使った複雑な構造をしています。こうした光学機器を設計するときには、使用目的や性能に応じてどのような光学素子を使うか検討したり、光路をどのようにするかなどを考えながら光学素子の配置を検討したりしなければいけません。こうした作業を**光学設計**と呼びます。

現在においては、レンズの光学設計には専用のソフトウェアが使われています。複数のレンズや鏡を使った複雑な光学系の光線追跡や、Fナンバー・NA・MTF・収差・スポットダイアグラムなどの性能評価を行うことが可能です。自由曲面のレンズを設計することができるようになり、高性能なレンズの開発も昔に比べれば、ずいぶん簡単にできるようになりました。

光学設計には、光の性質や、光学素子の性質などに関する知識が必要です。また、光学機器をつくり上げるためには、機械や電気の知識が必要になります。使用目的に応じた光学機器をつくるためには、化学、生物、天文などの知識も必要になってくるでしょう。このように、光学機器はいろいろな専門分野の知識をもとにつくり上げられるのです。

**図6.1.12　光学機器の例**

▼光分析機器*（レーザラマン分光光度計）

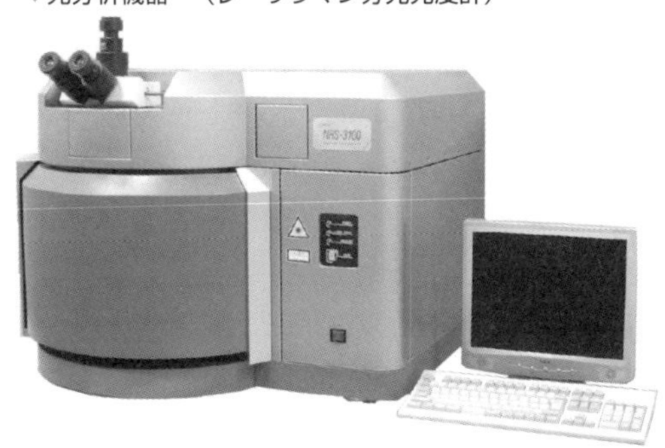

写真提供：日本分光株式会社

＊**光分析機器**　物質が発光したり吸収する光のスペクトルを調べ、「その物質は何か」「どのような化学構造か」「どれぐらいの量が含まれているか」などを分析する装置。

# 6-2

# 眼の働き

私たちにとってレンズを備えたもっとも身近なものは、眼です。この章ではレンズを使った製品や技術を説明しますが、最初に、眼の構造や働きについて確認しておきましょう。

## 眼の構造と働き

図6.2.1は人間の眼の構造を示したものです。眼球は強膜に囲まれた構造をしていて、屈折率約1.34の硝子体*で満たされています。眼球の前方には透明な角膜と水晶体があります。角膜の直径は約12 mmで、屈折率は約1.38です。角膜と水晶体の間の眼房は、屈折率が約1.34の眼房水*で満たされています。水晶体は直径が約8 mm、屈折率が約1.4で、凸レンズの形をしています。

眼に届いた光は、まず角膜で大きく屈折し、眼の中に入ります。このとき、虹彩は明るさによって瞳孔の大きさを変え、眼に入る光の量を調整します。続いて、光は眼

図6.2.1　眼の構造

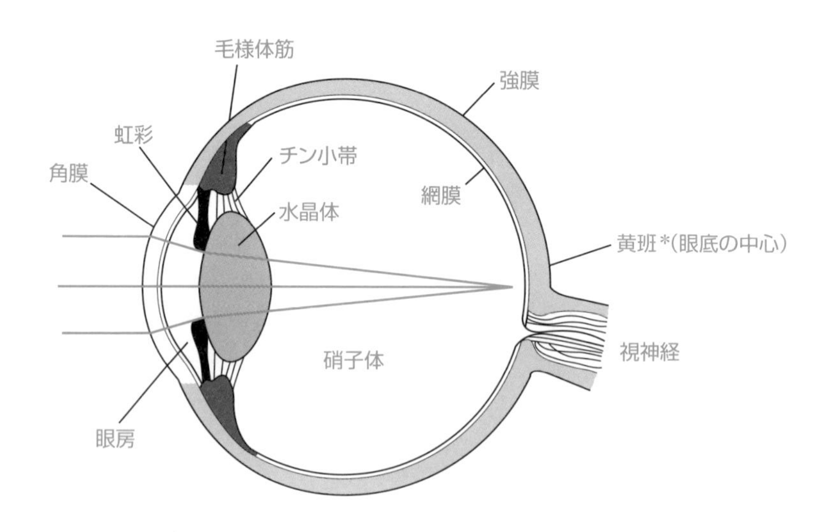


*硝子体　ゼリー状の組織で眼球の形と弾性を維持する働きをする。
*眼房水　角膜や水晶体に栄養を与える働きをする。
*黄斑　黄斑の中心を中心窩という。

房を通って水晶体に入ります。水晶体で屈折した光は、硝子体を通り、網膜上で結像します。このように眼は精巧にできた光学系です。

図6.2.2は、遠方の鳥を見たときの眼に入る光の進み方と、網膜にできる像の様子を示したものです。網膜でとらえた光の刺激の信号は、視神経を通って脳に送られます。網膜上の像は凸レンズでできる実像と同じで倒立していますが、脳がこれを補正します。

**図6.2.2　網膜にできる像**

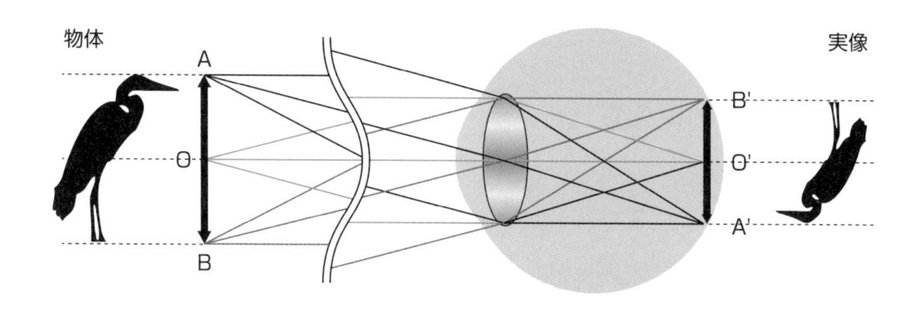


人間の眼は、遠くのもや近くのものを見るときには、毛様体を弛緩、収縮することによって水晶体の厚みを変え、網膜に像ができるようにピントを合わせます。水晶体の厚さは遠くのものを見ているときが一番薄い状態で、近くのものを見るときに厚くなります。この働きによって、私たちは近くのものや、遠くのものを、はっきりと見ることができるのです。

図6.2.3は、ダチョウの水晶体です。左側の写真を見ると、水晶体が両凸レンズの形をしていることがわかります。右側の写真は、水晶体で文字を拡大した様子を示したものです。写真を見てわかるように、水晶体の屈折率は高いのですが、眼全体での光の屈折を考えると、光を大きく屈折しているのは角膜です。角膜が眼全体の屈折の3分の2も寄与しています。これは角膜が空気との境目にあるからです。水中に入るとものがぼやけて見えますが、これは角膜と水の屈折率がほぼ同じなため、網膜に結像できなくなるからです*。

---

*…**結像できなくなるからです**　水中で生きる魚類の水晶体は球体である。球状の水晶体は光を大きく屈折するが、厚みを変えることはできない。そのため、普通の魚類は水晶体を前後に動かすことによってピントを合わせる。

図6.2.3　ダチョウの水晶体

## 物体の大きさの見え方

景色を眺めているとき、近いところにあるものは大きく見え、遠いところにあるものは小さく見えます。図6.2.4は遠くの物体と近くの物体を見たときの様子を示したものです。物体$O_1$Aと物体$O_2$Bの大きさは同じですが、眼からの距離が異なるため、眼に入ってくる光の角度が変わり、網膜にできる像の大きさが変わります。その結果、$O_1$Aが$O_1$ Bより小さく見えるのです。また、線分B'Bを遠方に延長した線上にある物体$O_3$Cは、実際には物体$O_2$Bより大きいのですが、CとBからでて眼に入る光の角度が同じになるため$O_2$Bと同じ大きさに見えます。このように、遠くの物体より、近くの物体の方が大きく見えるのは、人間の眼が物体の大きさを光がやってくる角度でとらえるためです。

図6.2.4　物体の見え方

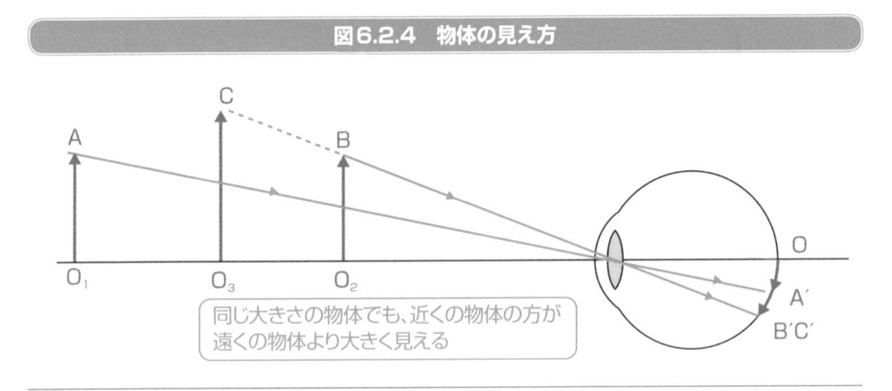

# 6-3

# 眼鏡と眼の屈折異常①　…近視

近視になると遠くのものがよく見えなくなり、近視用眼鏡やコンタクトレンズによる矯正が必要になります。正常な眼と近視の眼には、どのような違いがあるのでしょうか。

## 正視と屈折異常

図6.3.1のように、眼でピントを合わせることができるもっとも近いところを**近点**、もっとも遠いところを**遠点**といいます。近点と遠点の間がものがよく見える範囲で、これを**明視域**といいます。近点は20代で約10 cmですが、加齢とともに長くなります。一方、正常な眼の遠点は無限遠にあります。

眼は近点より近いところにピントを合わせることができません。成人の正常な眼でものがよく見える範囲は、個人差はありますが、眼から25 cm以上離れたところです。この25 cmを**明視の距離**といいます。眼鏡、ルーペ、望遠鏡などの光学機器では、明視の距離を25 cmとして作図や計算を行います。

図6.3.1　近点と遠点

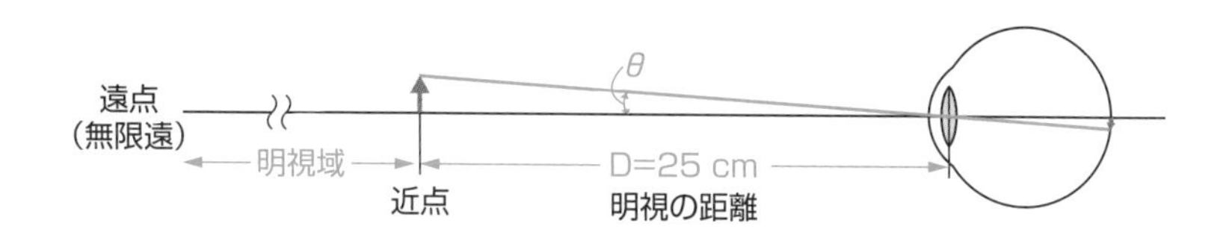


眼が遠くのものを見ているときは、毛様体は弛緩しており、水晶体は無調整の状態で、もっとも薄くなっています。近くのものを見るときには、毛様体が緊張し、水晶体が厚くなります。長時間読書などをしていると眼が疲れますが、ときどき遠くを見て眼の緊張をほぐすとよいといわれるのは毛様体を弛緩させるためです。

正常な眼は、図6.3.2のように水晶体の厚さがまったく調整されていない状態で、無限遠からやってくる光を網膜上に結像します。このような状態の眼を**正視**といいます。

図6.3.2 正視

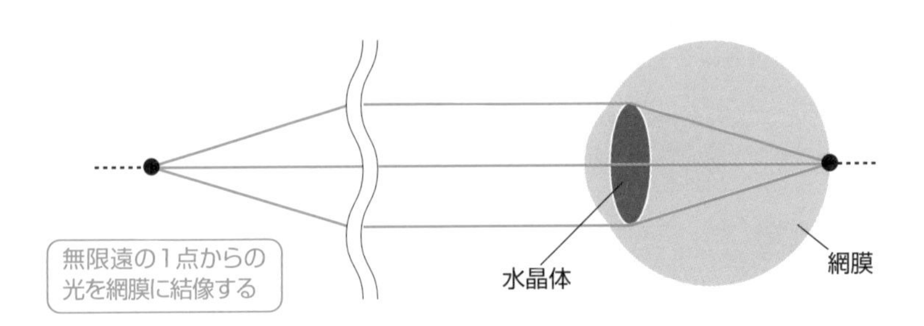


図6.3.2の正視の状態では、水晶体の厚さが調整されていません。このとき、遠くのものはよく見えますが、近くのものは、図6.3.3（A）のように、光が網膜の後側で像を結ぶようにやってくるため、ぼやけて見えます。一方、眼は近くのものを見るとき、水晶体を厚くします。水晶体が厚くなると眼の屈折力が大きくなるため、同図（B）のように結像位置が前側に移動し、像が網膜上に結ばれるのです。近視、遠視、老視の人の眼は、この調節がうまく働きません。そのため、眼鏡の力を借りて眼を正視に近い状態にする必要があるのです。像を網膜上にうまく結像できない状態を**眼の屈折異常**といいます。

図6.3.3 水晶体の働き

(A) 遠くを見ているとき

近くの物体
からの光

水晶体
（薄い）

網膜

遠くを見ているときに、近くのものがぼやけてよく見えないのは、網膜の後ろで像を結ぶように光がやってきているため

(B) 近くを見ているとき

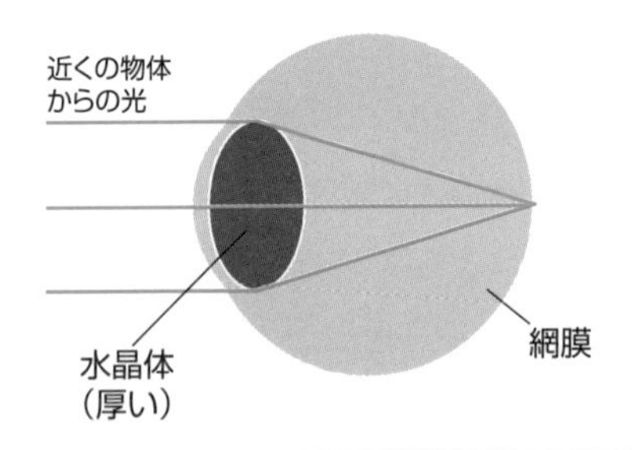


近くを見るときは水晶体が厚くなり、屈折力が大きくなるため、網膜上に結像する

現在、日本の眼鏡人口は約8000万人といわれています。日本人の約7割が眼鏡やコンタクトレンズを必要としていることになります*。眼の屈折異常には近視、遠視、老視、乱視がありますが、屈折異常の種類によって矯正に使うレンズも違ってきます。それぞれの屈折異常の必要なレンズは次の通りです。

近視：凹レンズ　　遠視：凸レンズ　　老視：凸レンズ
乱視：トロイダルレンズ（シリンドリカルレンズ）

## ディオプターとは何か

屈折異常の度合いは、その矯正に必要なレンズの度数（屈折力）を用いて表します。この度数のことを**ディオプター***（**記号D**）といい、次の式で表されます。

$$D = \frac{1}{f} \quad f：焦点距離(m)$$

この式から、レンズの度数が大きいほど焦点距離が短くなることがわかります。1Dの凸レンズは、レンズの後側１ｍの位置に焦点を結ぶレンズです。凹レンズの場合は、焦点が前側になるのでマイナスの値とします。

また、凸レンズで矯正する老視や遠視の度数はプラス、凹レンズで矯正する近視の度数はマイナスで表されます。例えば、－２Ｄの近視は0.5ｍ先が最も遠くでよく見えるところ、つまり遠点となります。－2Dの近視を矯正するには、焦点距離0.5ｍの凹レンズが必要になります。なお、正視の眼は遠点が無限遠ですから、Dは0となります。

## 近視と近視の矯正

**近視**は、近くのものはよく見えますが、遠くのものはよく見えません。これは近視の遠点が無限遠になく、もっと近い有限距離にあるからです。近視は図6.3.4（A）のように、水晶体がもっとも薄い無調整の状態で、遠点より遠くからやってくる光の像を網膜の手前で結びます。網膜上で光が広がって結像してしまうため、ものがぼやけて見えるのです。なお、近視の近点は正視の眼より近いところにあります。

近視の眼で像を網膜上に結ぶようにするためには、眼の屈折力を弱める必要があ

*ディオプター　ディオプトリともいう。
*…なります。　スマートフォンの普及、少子高齢化などにより、眼鏡を利用する人は増加傾向にある。

ります。そこで近視の矯正には、光を広げる働きのある凹レンズを使います。同図(B) のように、眼に入る光をいったん凹レンズで広げてから眼に入れると、像を網膜上に結ぶことができるのです。どれぐらいの焦点距離の凹レンズが必要になるかは、近視のディオプターDによって決まります。遠点が0.5 mの近視の場合、fを－0.5 mと与えます。すなわち－2Dの凹レンズを使うと、無限遠からくる光が網膜上で像を結ぶようになります。

**図6.3.4　近視の矯正**

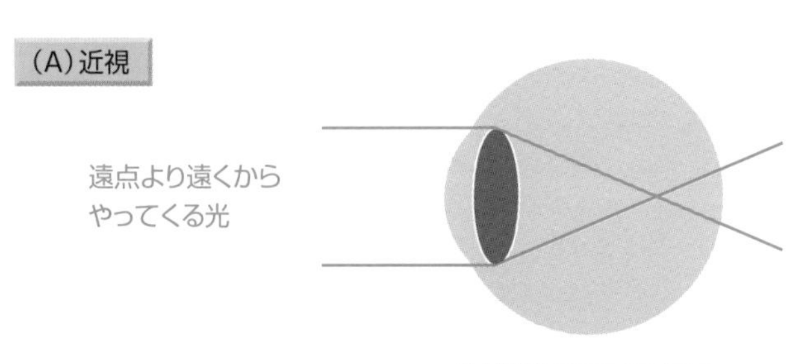


(B) 近視の矯正

遠点より遠くから
やってくる光

凹レンズで光を広げて眼に入れる

近視には角膜と水晶体の屈折力が強すぎるために起こる**屈折性近視**と、角膜と水晶体の働きは正常でも眼の奥行き (眼軸) が長すぎるために起こる**軸性近視**があります。一般的には、軸性近視は遺伝によるもので、近視の多くは、環境への適応による屈折性近視と考えられています。ふだんから近いところばかりを見ていると、毛様体が緊張した状態が続き、水晶体が厚い状態からもとの薄い状態に戻りにくくなり、やがて屈折性近視になると考えられています*。

---

***…と考えられています**　近視の原因は諸説ある。屈折性近視が進むと、網膜で像をうまく結像できるように眼軸が長くなり、軸性近視が生じ、近視が進行する。

# 6-4
# 眼鏡と眼の屈折異常②…遠視、老視、乱視

次に、遠視、老視、乱視と、その矯正方法について説明します。

## 遠視と遠視の矯正

**遠視**は、水晶体の厚さが無調整の状態で、ものがはっきりと見える遠点がありません。ですから、図6.4.1（A）のように、無限遠からやってくる光が網膜の後側で像を結ぶように進みます。

近視は遠点が近づいた状態ですから、その近づいた遠点にあるものは裸眼でもはっきりと見えます。一方、遠視は遠点が無限遠より遠ざかっている状態で、遠くを見ているときも、近くを見ているときも、眼が絶えず毛様体を緊張させて、水晶体を厚くし、ピントを調節しています。ですから、多くの遠視の人は、遠くのものははっきりと見えます*が、近くのものを見るときは、遠くを見るときよりも、さらに毛様体を緊張させて水晶体を厚くする必要があります。そのため、近くのものは見えにくくなります。すなわち、近くを見るときと同じように遠くを見ているのが遠視です。これではものがよく見えないばかりか、眼が疲れてしまいます。軽度の遠視の場合は、遠くにも近くにもピントを合わせることができますが、近点は正視の眼より遠いところにあります。強度の遠視の場合は遠くも近くも見にくくなります。

**図6.4.1　遠視の矯正**

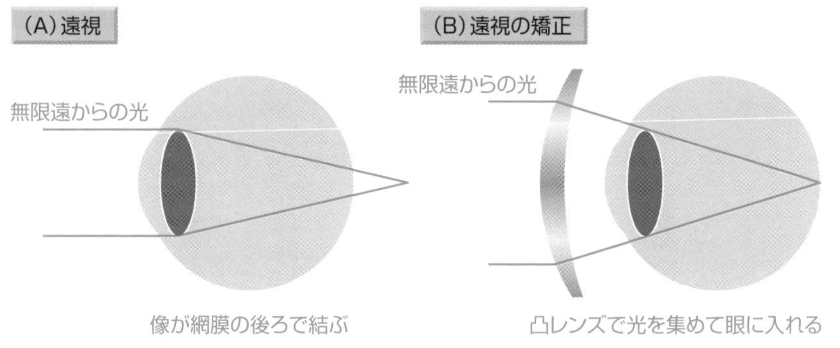

（A）遠視

無限遠からの光

像が網膜の後ろで結ぶ

（B）遠視の矯正

無限遠からの光

凸レンズで光を集めて眼に入れる

＊**はっきりと見えます**　眼の調整が働くうちは遠視であることがわかりにくいので気がつきにくい。

遠視の眼で像を網膜上に結ぶようにするためには眼の屈折力を強めてやる必要があります。そこで遠視の矯正には、光を集める働きのある凸レンズを使います。同図（B）のように、眼に入る光をいったん凸レンズで集めてから眼に入れると、像を網膜上に結ぶことができるのです。どれぐらいの焦点距離の凸レンズが必要になるかは、遠視のディオプターによって決まります。

近視と違って、遠視の大多数は眼の奥行き（眼軸）が短いために起こります。これを**軸性遠視**といいます。また、遠視は角膜や水晶体の屈折率が不足していることが原因でも起こります。これを**屈折性遠視**といいます。

## 老視と老視の矯正

年をとるとともに近くのものが見えにくくなるのが**老視**（老眼）です。老視は遠くのものが見えて近くのものが見えないため、遠視と似ていると思われがちですが、その仕組みは根本的に異なります。老視で近くのものが見にくくなるのは、老化で水晶体の調整能力が低下し、近点が遠くなるからです。このため、老視の人が老眼鏡なしに本を読むときには、正視の近点25 cmより本を離す必要があります。一方、遠点は変わることなく無限遠にありますから、遠くのものは裸眼でもよく見えます。

正常な眼で近くのものを見ると、網膜上に像を結ぶように水晶体が厚くなりますが、老視は、水晶体を十分に厚くできないため、図6.4.2（A）のように、近点からやってくる光が網膜の後側で像を結ぶように進みます。そのため、老視の矯正には同図（B）のように光を集める働きのある凸レンズを使います。

6.4.2　老視と老視の矯正

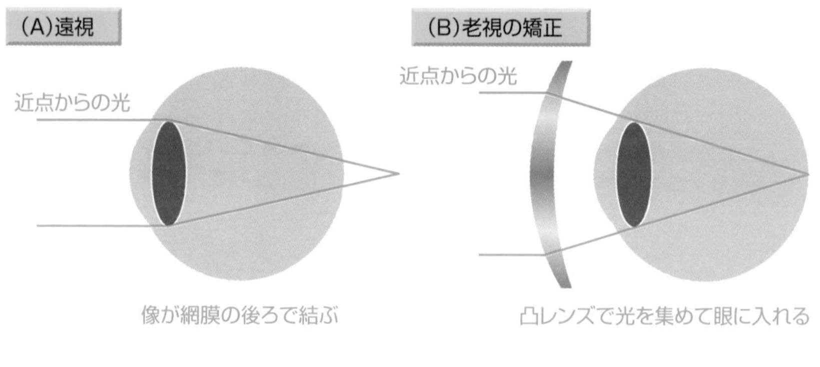

(A)遠視

近点からの光

像が網膜の後ろで結ぶ

(B)老視の矯正

近点からの光

凸レンズで光を集めて眼に入れる

どれぐらいの焦点距離の凸レンズが必要になるかは、老視の度数で決まります。同じ凸レンズを使っていても、遠視の矯正は遠点の補正、老視の矯正は近点の補正であると覚えておくとよいでしょう。

老眼鏡をかけると近点が近づきますが、同時に遠点も近づくため、遠くが見えにくくなります。そのため、普通の**単焦点レンズ**の老眼鏡は近くのものを見るときにだけ使います。遠近両用眼鏡は、レンズの上側と下側で焦点距離が違います。遠くを見るときはレンズの上側を使い、近くを見るときは視線を下げてレンズ下側を使ってものを見ます。遠近両用メガネには境目のある**二重焦点レンズ**と、境目のない**累進屈折力レンズ**があります。最近は累進屈折力レンズが主流です。

6.4.3　遠近両用眼鏡

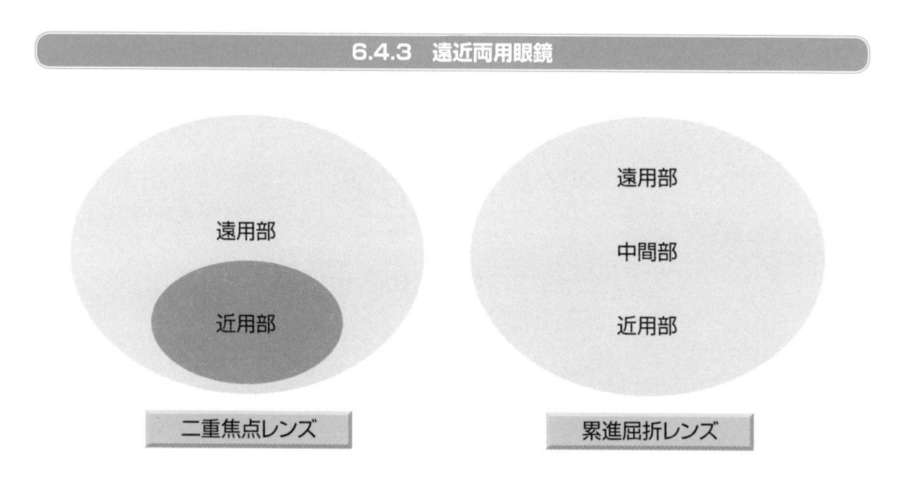


## 乱視と乱視の矯正

**乱視**はものが二重に見えたり、方向によって見え方が違ったりします。乱視は近視、遠視、老視と違って、角膜の縦方向と横方向で屈折力が違うために起こる眼の屈折異常です。これを**正乱視**といいます。

正乱視では、図6.4.4（A）のように、光が像を2か所で結ぶように進みます。そのため、乱視の人が放射状に描かれた線を見ると、ある方向の線が鮮明に見え、その線と直交する方向にある線がぼやけて見えることになります。例えば、小さな四角形（□）を見たときに、「｜｜」や「二 」のように見えたりします。なお、正乱視は、5-3節で説明した非点収差と同じ現象です。

乱視を矯正するには、角膜の縦方向と横方向の屈折力を合わせる必要があります。そのため、同図（B）のように方向によって異なる屈折力をもつトロイダルレンズを使います。トロイダルレンズを使うことによって、縦方向と横方向の像のできる位置をそろえることができるのです。

乱視には角膜表面の凸凹によって起こる**不正乱視**もあります。不整乱視は眼鏡では矯正することができないため、コンタクトレンズを使います。コンタクトレンズと角膜の間に涙が入り込んで、角膜表面の凸凹が解消されるのです。さらに、乱視には、角膜だけではなく水晶体や硝子体、網膜のひずみが原因の、非常にやっかいなものもあります。

**図6.4.4　乱視の矯正**

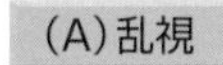


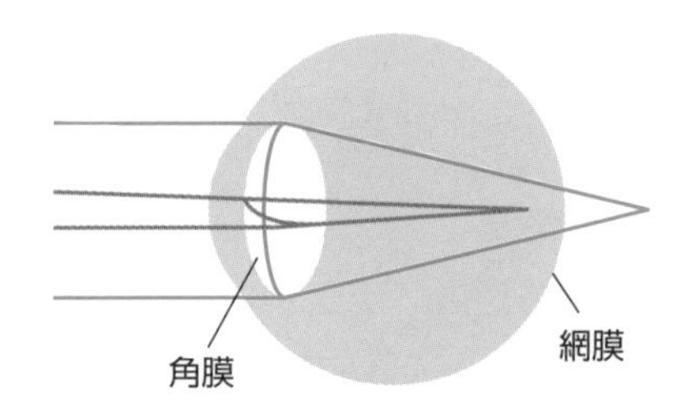


角膜の屈折力が縦と横で異なるため、
非点収差が起きる

(B)乱視の矯正

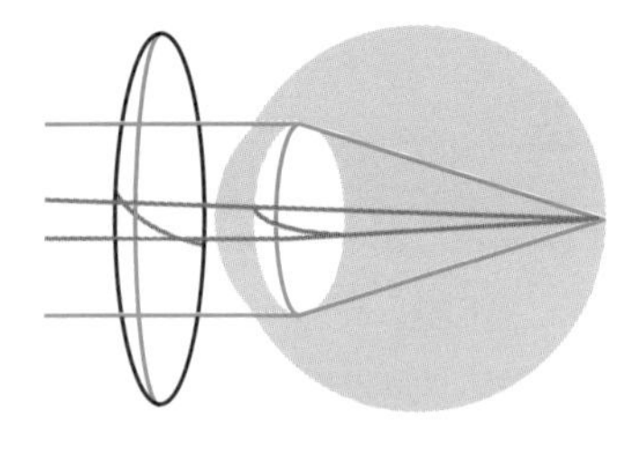

トロイダルレンズで、縦方向
と横方向の屈折力を合わせる

# 6-5 コンタクトレンズの仕組み

最近は眼鏡の代わりにコンタクトレンズを使う人が多くなってきました。ここでは、コンタクトレンズの仕組みについて説明しましょう。

## レオナルド・ダ・ヴィンチが発明者

イタリアのレオナルド・ダ・ヴィンチが1508年にまとめた眼に関する古い写本に、水が入った底が丸い透明な器に顔をつけて、器越しにものを見るとものの見え方が変わると書いてあります。このことから、コンタクトレンズの原理を考えたのはレオナルド・ダ・ヴィンチとされています。しかし、当時ダ・ヴィンチの興味は眼の仕組みそのものに注がれていたようで、この方法を視力矯正に応用することまでは考えなかったようです。

現在使われている眼に装着するタイプのコンタクトレンズのアイデアは1820年代にイギリスの**ジョン・ハーシェル**によって*考案されました。このコンタクトレンズは眼を保護する目的で作られました。1887年、スイスの**オーゲン・フィック**が視力矯正を目的としたガラス製のコンタクトレンズを世界で初めてつくりました。

## コンタクトレンズの種類

現在、使われているコンタクトレンズはプラスチックでできています。PMMA*でつくられた初期のプラスチック製のコンタクトレンズを、**ハードコンタクトレンズ**といいます。このコンタクトレンズは、酸素透過性がほとんどなく、眼に与える負担が大きいため、長時間装着することができませんでした。そこで、PMMAの構造の中にケイ素原子やフッ素原子を導入して、酸素透過性を高めたプラスチックが使われるようになりました。現在、一般にハードコンタクトレンズといえば、**酸素透過性ハードコンタクトレンズ**のことで、PMMAは使われていません。ハードコンタクトレンズは、レンズがかたくて上下に動きやすいため、異物感があったり、ホコリを巻き込んだりしやすいなどの欠点がありますが、これは眼に異常があったときに、すぐに気がつきやすいという長所にもなっています。

**ソフトコンタクトレンズ**は、PMMAに親水基である水酸基を導入した**PHEMA**

---

*ジョン・ハーシェル　赤外線や天王星を発見したウィリアム・ハーシェルの息子。
*PMMA　4-8節参照。

（**ポリヒドロキシエチルメタクリラート**）というプラスチックでつくられています。PHEMA自身は酸素透過性がほとんどありませんが、大量の水を吸うので、涙を介して酸素を透過させることができます。PHEMAは乾燥すると硬化し、破損しやすくなります。そのためソフトコンタクトレンズは、専用の保存液に浸しておく必要があるのです。ソフトコンタクトレンズはつけ心地がよいのですが、ホコリを巻き込んでも気がつきにくいという欠点があります。また、汚れやすいので、洗浄をしっかり行う必要もあります。そのため、最近では、定期的に交換するタイプや使い捨てタイプのものが主流になっています。なお、屈折異常の矯正力はハードコンタクトレンズより劣ります。

## 角膜とコンタクトレンズの形状

　コンタクトレンズは角膜に密着させるようにしてとりつけますが、人間の眼の角膜の表面は球面ではなく、中央部が急で周辺部にいくほど緩やかとなり、上下左右が非対称な形をしています。最近のコンタクトレンズは角膜の形状に合わせたタイプが多くなってきました。レンズと角膜の形状を合わせることにより、局所的な角膜の圧迫を抑えたり、異物感を軽減したりできます。また、レンズと角膜の間に隙間をつくり、酸素の供給に重要となる涙をとり込みやすい構造になっています。

図6.5.1　角膜の形状とコンタクトレンズ

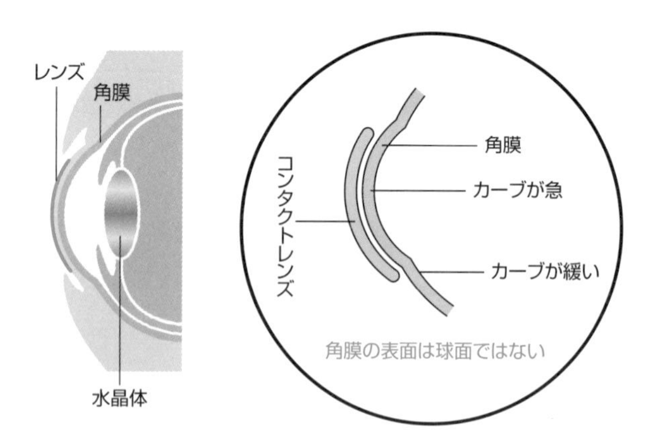

## 遠近両用コンタクトレンズ

老眼鏡に遠近両用眼鏡があるように、コンタクトレンズにも遠近両用のものがあります。遠近両用コンタクトレンズは、大きく分けると**交代視型（視軸移動型）**と**同時視型**があります。

交代視型は、遠くを見る遠用部と近くを見る近用部があり、視線を移動することによって遠近を使い分けます。同時視型は、遠用部と近用部から入った光が同時に網膜上に結像します。この場合、遠くの物体にも、近くの物体にも網膜状にピントが合った像ができますが、脳が見ている方の像を選択します。交代視型のように視線を移動することなく、違和感なく見ることができます。また、遠用部を通る近くの物体からの光、近用部を通る遠くの物体からの光は、それぞれ網膜状にピントが合わないため、厳密にはその分だけ暗い像ができることになります。

図6.5.2（A）は、同心円状に遠近部分が配置された交代視型のものです。遠くのものはレンズの中央部で、近くのものは視線をずらしてレンズの周辺部で見ます。同図（B）は、遠用部と近用部が交互に配置された同時視型のものです。明るさによって瞳の大きさが変わっても、像が網膜上に鮮明にできます。

図6.5.2　遠近両用コンタクトレンズ

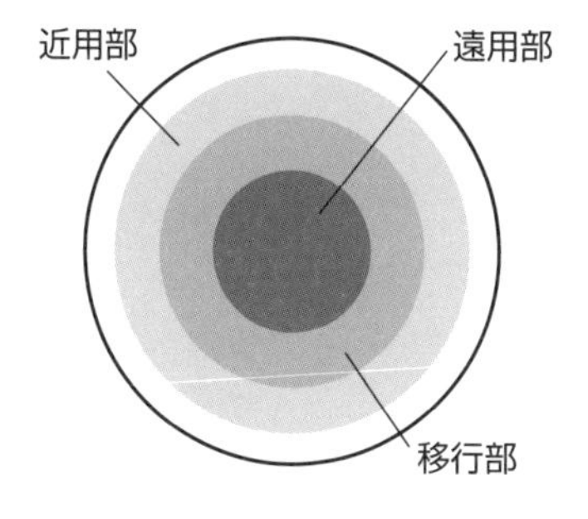


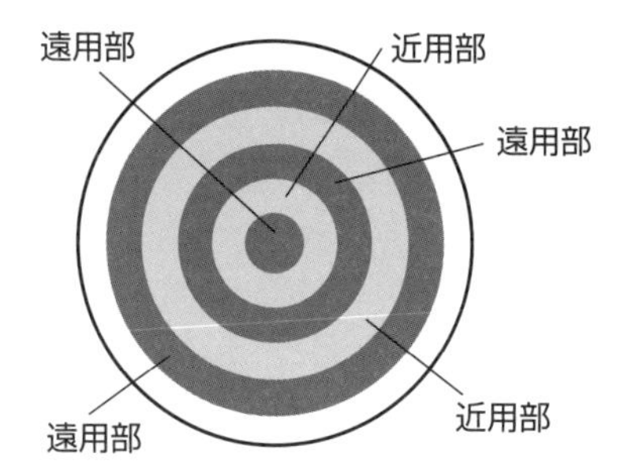

# 6-6 白内障と眼内レンズ

誰もが加齢に伴って眼の不調を感じることが多くなります。眼の不調の原因のひとつに、近くのものが見えにくくなる老眼があります。その他にも、いろいろな原因がありますが、その中で多いのが白内障という眼の疾患です。

## 白内障とは

眼のレンズの働きをしている水晶体はクリスタリンという透明なタンパク質でできていて、光をよく通します。私たちの身体は、新陳代謝により、古い細胞が新しい細胞に入れ替わりますが、水晶体の細胞は新陳代謝が起こりません。そのため、クリスタリンは生涯にわたって使用されます。加齢やその他の原因で、クリスタリンが変性すると、水晶体が白濁します。そうなると、水晶体で光が散乱するようになり、網膜に鮮明に結像することができなくなります。これが**白内障**です。

図6.6.1　白内障の眼の結像の様子

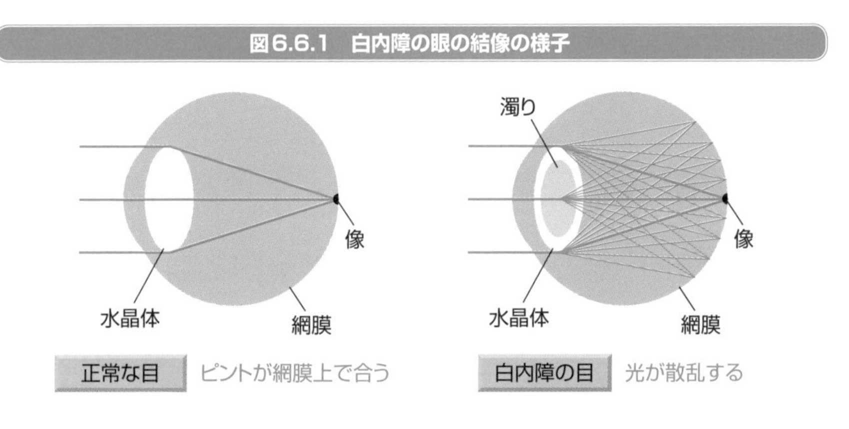


白内障になると、日差しの強いところで景色が白くかすんで見えたり、逆光で看板が見えづらくなったり、夜間に対向車のヘッドライトがまぶしく感じたりします。また、乱視ではないのに*、月や遠くの電灯が二重三重に見えたりします。

ところで、光学機器において、光学系で想定外に生じてくる光のことを**迷光**といいます。迷光は光学機器の性能を低下させることがあり、高性能な光学機器を作る場合には、いかに迷光を抑えるかが重要になります。迷光は、レンズや鏡の表面での

*乱視ではないのに　乱視を矯正している場合も同じ。

反射など、光学素子に起因するものや、光学系内部での光の反射や散乱*に起因するものがあります。白内障では、水晶体の濁りで光が散乱し、結像と関係ない想定外の光が生じていますので、これも眼の光学系の迷光です。

## 白内障の治療

水晶体はいったん白濁してしまうと、元の透明な状態に戻りません。水晶体を透明に戻す有効な治療薬もありません。白内障の程度が日常生活に支障がなければ、クリスタリンの変成を抑える点眼薬により、白内障の進行を遅らせることができます。しかし、これはあくまで白内障の悪化を抑えるためのもので、症状が改善したり、視力が回復したりすることはありません。白内障の程度が日常生活に支障がある場合は、手術を行います。自動車を運転する人は、両眼の視力が0.7未満になると、自動車の免許の更新ができなくなりますので、視力が0.7未満になったら手術をした方が良いでしょう

## 白内障の手術

白内障の手術は、水晶体をアクリル製の人工の眼内レンズに置き換えます。水晶体は図6.6.2の(A)のように、嚢に包まれています。嚢の前面を前嚢、後面を後嚢と言います。嚢の内部はクリスタリンと水分でできており、皮質と核があります。

手術は、局所麻酔をした後、(A)のように角膜の周辺部を数ミリメートル切開します。続いて(B)のように水晶体を前嚢を取り除き、白濁した水晶体を超音波で砕いて吸引します(**超音波水晶体乳化吸引術**)。このとき、後嚢と提靭帯は残します。最後に(C)のように取り除いた水晶体の代わりに、アクリル製の眼内レンズを挿入します。

白内障の手術は20分ぐらいで終わります。手術中は光源を見ながらながら眼を動かさないようにします。痛みはなく、水晶体が破壊したときに、視界が一瞬でぼやけます。眼内レンズを挿入後に眼帯が取り付けられるので、手術直後は視力の回復は実感できまんが、眼帯を外したときには、クリアな視界が蘇り、空の青さなどに感動する人も多いようです。

---

*…**光の反射や散乱**　光の反射を少なくするため黒色塗装などの処理が施されている。

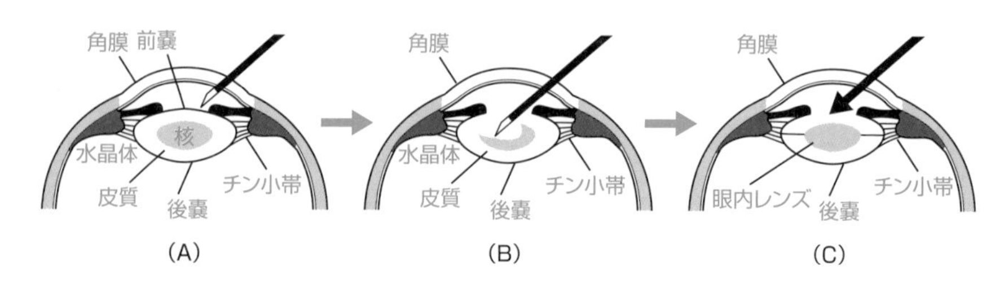


6.6.2　白内障手術

## 眼内レンズ

**眼内レンズ**は、レンズの役割をする光学部と、眼内レンズが眼の中で動かないようにチン小帯で支持するための支持部からなります。光学部は円形で直径約6 ㎜の大きさです。眼内レンズはやわらかいため、角膜に数ミリメートルの大きさで切開した部分から折り畳んで挿入することができます。

眼内レンズは、安定なプラスチックでできており、数十年はもつとされており、実績もあがってきています。眼内レンズには、いくつかの種類がありますが、大きく分けると、ピントが1つの距離にしか合わない単焦点レンズと、ピントが遠近に合う多焦点レンズがあります。また、乱視の矯正も可能です。乱視は角膜で生じますが、眼内レンズで矯正することが可能です。乱視を矯正する眼内レンズをトーリック眼内レンズと言います。

最近では、眼に入る光の量を減ずるために、薄黄色に着色された眼内レンズもありあます。水晶体は子どものころは透明ですが、加齢とともに黄色を帯びてきます。薄黄色の眼内レンズは、より自然な見え方に近い状態になります。

ヒトの眼は、水晶体の厚さを調節することにより、様々な距離にピントを合わせることができます。眼内レンズには水晶体と同じような機能はありません。ピントの合う距離が固定の眼内レンズを**単焦点眼内レンズ**、遠・中・近など複数の距離でピントの合う眼内レンズを**多焦点眼内レンズ**と言います。

図6.6.3 眼内レンズ

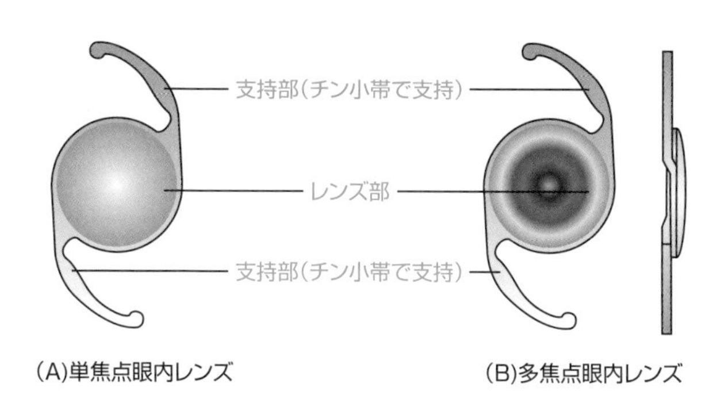


遠いところが見えるように調整した単焦点眼内レンズを使うと、近いところにピントを合わせることができなくなるため老眼の状態となります。近いところを見るためには老眼鏡が必要になります。一方、多焦点レンズは、前節で説明した同時視型のコンタクトレンズと同様に、複数の距離にピントの合った像が網膜にでき、脳が注目している距離の方の像を選択します。現在、良く使われている多焦眼内レンズは焦点が遠近2つのレンズです。図6.6.4のように、眼内レンズの遠用部と近用部により、遠近でピントが合います。中間の距離や、極端に遠いところ、近いところにはピントが合わないため、眼鏡が必要になります。

図6.6.4　多焦点眼内レンズ

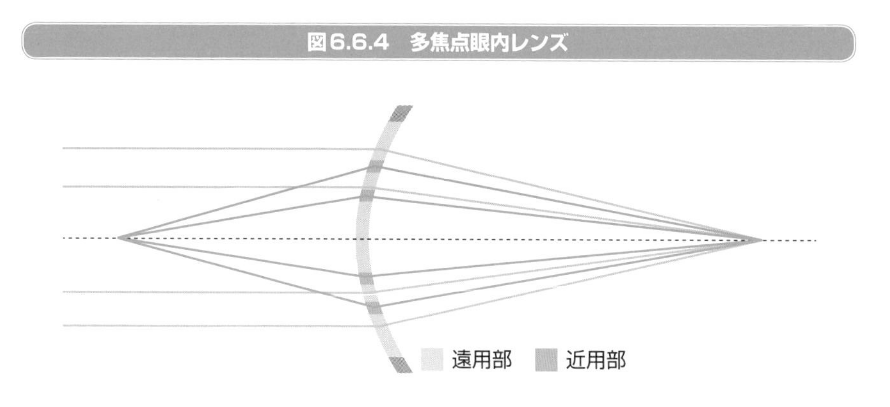

最近では、焦点が遠・中・近の3つある眼内レンズも使用されるようになってきました。眼鏡も、コンタクトレンズも、眼内レンズも多焦点のものは便利ですが、視力が落ちてきたときに、気が付きにくい面もあります。

通常の眼内レンズの場合、レンズ中央部を通る光と、レンズの周縁部を通る光では、ピントの合う位置が少しずれ、収差が生じ、網膜にできる像がぼやけます。非球面眼内レンズを使うと、収差を抑えることができます。

最近、**眼内コンタクトレンズ**（**ICL、インプランタブルコンタクトレンズ**）を使った視力の矯正が行われる事例が増え絵きました。白内障の治療のための眼内レンズは水晶体の代わりになるものですが、眼内コンタクトレンズは、水晶体はそのままで、角膜と水晶体の間にレンズを手術で挿入するものです。

眼内コンタクトレンズは、角膜の上に装着する普通のコンタクトレンズとは異なり、レンズを取り替える必要はありません。また、眼内コンタクトレンズによる去勢はレーシックによる去勢とは異なり角膜を削りませんので、眼病が発生したときに治療に制限が出ることはほとんどありません。

ところで、白内障に良く似た名称の**緑内障**という眼の病気があります。白内障は水晶体が白濁する眼の病気ですが、緑内障は視神経の障害により、視野が狭くなる病気です。2-8節で説明した通り、私たちがものを見ることができるのは、網膜で感た光の色や明るさなどの刺激が視神経を通って脳へ伝わり、脳がその刺激の情報をもとに物体の色や形を認識するからです。正常は眼の視神経は、約100万本の神経線維が集まってできていますが、何らかの障害により神経線維が徐々に減っていく病気が緑内障です。現在のところ、喪失した神経線維は回復することが困難なため、放置しておくと病気が進行し、失明の原因になります。白内障は人工の眼内レンズで治療することができますが、緑内障の治療は緑内障がそれ以上進まないようにすることが目的です。早期に発見して治療を始めることが重要です。

## COLUMN　昆虫の複眼の仕組み

昆虫の眼は、**個眼**という小さな眼がたくさん集まった**複眼**と、**単眼**の２種類があります。複眼を構成する個眼の数は、昆虫の種類によって異なりますが、おおざっぱにアリで約100個～1000個、ショウジョバエで約1000個、ミツバチで数千個、チョウやトンボでは１万個以上にもなります。多くの昆虫は複眼の間にいくつかの単眼をもっていますが、単眼をもたないものもいます。複眼はものを見るための眼ですが、単眼は光の明るさを感じる働きをします。

次の写真は、アリの顔を電子顕微鏡で拡大したものと、アリの複眼の透明標本です。アリの眼は５つあり、複眼が２つ、頭頂部に３つの単眼をもっています。

写真を見ると、個眼一つひとつの形が六角形になっていることがわかります。もし個眼が丸い形だとすると、光を受けることができない隙間ができてしまうことになります。六角形だと隙間なく個眼が並ぶことになります。

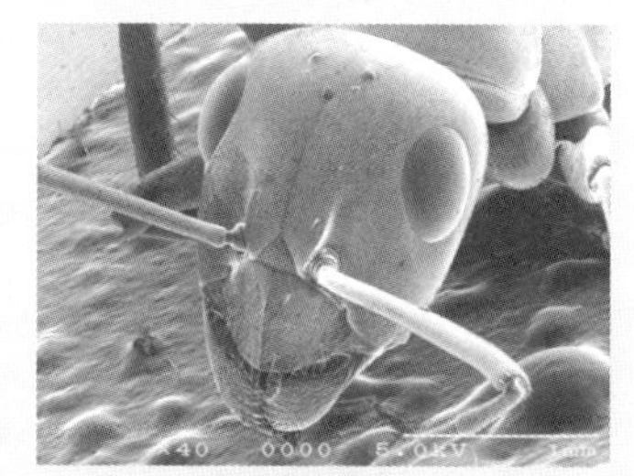

▲アリの電子顕微鏡写真

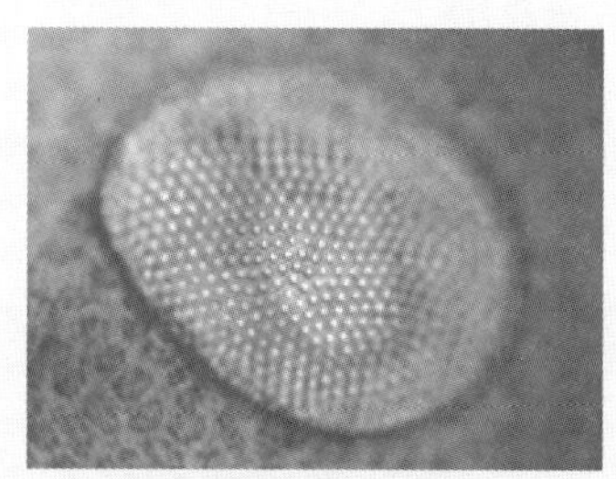

▲アリの複眼の透明標本写真

昆虫は複眼でどのようにものを見えているのでしょうか。よく複眼の見え方の例として、一つひとつの個眼に物体の像を一つずつ描いた図を見ることがあります。しかし、実際には、一つひとつの個眼で物体を見ているのではなく、複眼全体で１つの物体全体をとらえています。つまり、個眼一つひとつには、物体の各部分の倒立した像ができていることになります。あるいはもっと単純に、まるでデジタルカメラのCCDセンサーのように、個眼一つひとつで物体の各部からやってくる光をとらえているといった方がわかりやすいかもしれません。昆虫の複眼は視細胞の一つひとつにレンズがついたものと考えることができます。

右の図は、昆虫がハエを見たときにどのように見えるかを想像して描いたものです。昆虫の複眼はものをはっきりと見ることはできませんが、複眼の大きさや、個眼の配置を考えると視野がかなり広いはずです。また、動くものへの反応が高いと考えられます。

# 6-7

# ルーペの仕組み

ルーペは、単レンズでつくられた、もっとも簡単な光学器具です。ここでは、ルーペによるものの見え方について考えてみましょう。

## ルーペによるものの見え方と倍率

私たちは物体をよく見ようとするとき、手にとって眼に近づけます。このとき注意しなければならないのは、物体と眼の距離を近点より離さなければいけないということです。もし、物体を近点より近くにもってくると、物体がぼやけてよく見えなくなります。ですから、物体を近点、すなわち明視の距離に置いたときが、物体が一番大きくはっきりと見えることになります。

図6.6.1は、正視の明視の距離（250 mm）に物体を置き、裸眼で見たときの様子を示したものですが、このとき物体yの大きさは、物体が見える角度$\theta$を用いて250tan$\theta$で表すことができます。

図6.7.1　拡大鏡を用いないで近点にある物体を見たとき

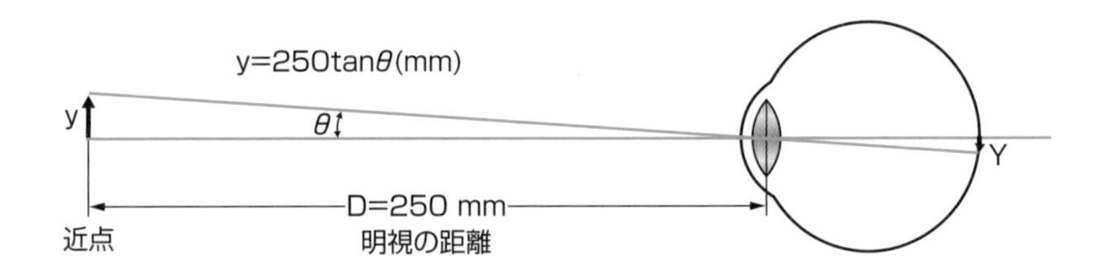


私たちは、肉眼ではよく見えない小さなものを見るとき、**ルーペ**を使います。ルーペで物体を拡大して見るとき、私たちはルーペをのぞきながら、物体とルーペと眼の位置を調整し、拡大された物体がよく見えるところを探します。

実はこの作業は、上で述べた、眼で直接見たときの物体の見かたと変わりません。つまり、凸レンズで拡大された物体の虚像が、明視の距離の位置にくるようにしています。図6.7.2は、ルーペを十分に眼に近づけて、明視の距離の位置にできた虚像を見たときの様子を示したものです。

図6.7.2　明視の距離にできた虚像を見る場合

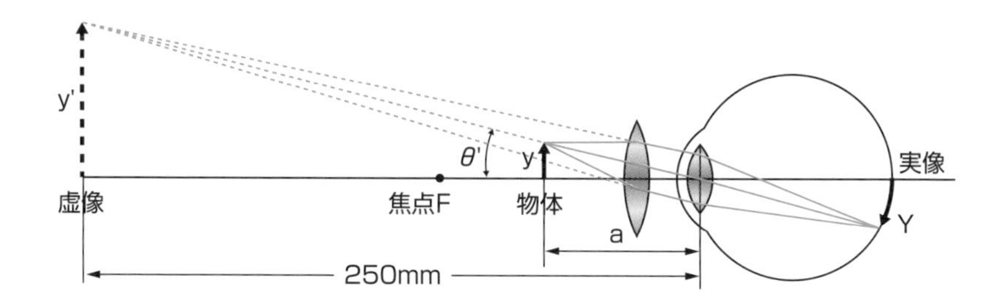


この場合、ルーペと眼が十分に近いので、凸レンズの中心と水晶体の中心が一致していると考えることができます。すると、物体の大きさy、虚像の大きさy'、およびレンズの倍率mは、次のようになります。

$$y = a \cdot \tan\theta' \qquad y' = 250\tan\theta' \qquad m = \frac{y'}{y} = \frac{250}{a}$$

ここでレンズの写像公式を考えてみましょう。虚像の場合はbをマイナスにするという約束がありました。この場合、ルーペが眼の直前にあるので、b＝－250mmとなり、aはルーペと物体の距離と考えることができます。

$$\frac{1}{a} + \frac{1}{b} = \frac{1}{f} \Rightarrow \frac{1}{a} + \frac{1}{-250} = \frac{1}{f} \text{から}$$

$$a = \frac{250f}{250 + f}$$

$$\text{ゆえに、} m = \frac{y'}{y} = \frac{250}{a} = \frac{250}{f} + 1 = \frac{250+f}{f} \fallingdotseq \frac{250}{f}^{*}$$

となり、ルーペの倍率をレンズの焦点距離で表すことができます。

＊**250／f**　倍率の大きなレンズは焦点距離fが明視の距離に比べて小さいので250+fは250と近似できる。

## ルーペの倍率の定義

ルーペの倍率は前述の式で求めることができます。しかし、ルーペの倍率は物体とルーペと眼の配置によって変わりますから、一義的に定義することができません。そこで市販のルーペでは、図6.7.3のように、物体をレンズの前側焦点の位置に置いたときの倍率で定義する方法がよく使われます。

物体を凸レンズの前側焦点に置くと、物体の1点から出て凸レンズに入る光は、凸レンズを出たあとに平行光となります。つまり、眼は無限遠の位置の虚像を見ることになります。この方法ではレンズと眼の間の距離が変わっても、レンズの倍率は変化しません。物体を置く位置も焦点距離に固定され、ルーペの倍率を一義的に定義することができます。

図6.7.3　無限遠の虚像を見る場合

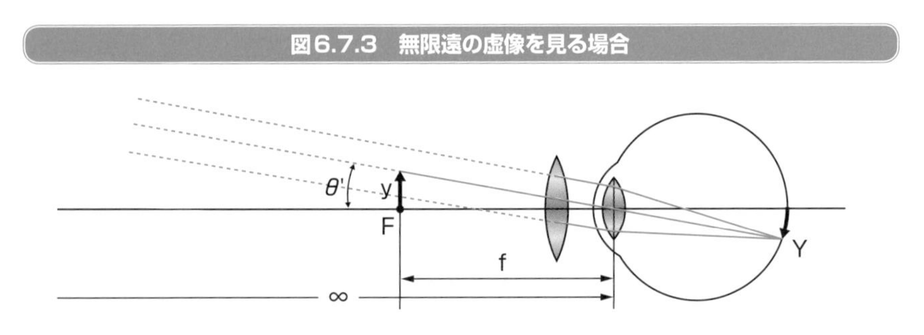


この場合、ルーペの倍率mは凸レンズの前側焦点に置いた物体をレンズを通して見たときの角度θ'と、明視の距離に置いた物体を裸眼で見たときの角度θの比で表します。図6.7.3において、虚像が見える角度θ'はy=f・tanθ'から求めることができます。一方、物体が見える角度θは図6.7.1のy=250・tanθから求めることができます。すると、ルーペの倍率は、次の式で表すことができます。この式は、ルーペでできる虚像の大きさが、明視の距離250 mmに物体を置き、眼で直接見たときの大きさに対して250/f倍になることを意味します。

$$m=\frac{\tan\theta'}{\tan\theta}=\frac{y/f}{y/250}=\frac{250}{f}$$

ルーペを眼から離すと、レンズを通して見る範囲が狭くなります。実際にルーペで物体を観察するときには、ルーペはなるべく眼に近づけて広い視野で見るとよいでしょう。

1-4節で説明した直径数ミリメートルのガラス玉レンズ１個でできたレーウェンフックの顕微鏡の焦点距離と倍率を考えて見ましょう。球形のレンズの焦点距離は、3-3節で説明したレンズメーカーの式で求めることができます。

図6.7.4　球形レンズの焦点距離

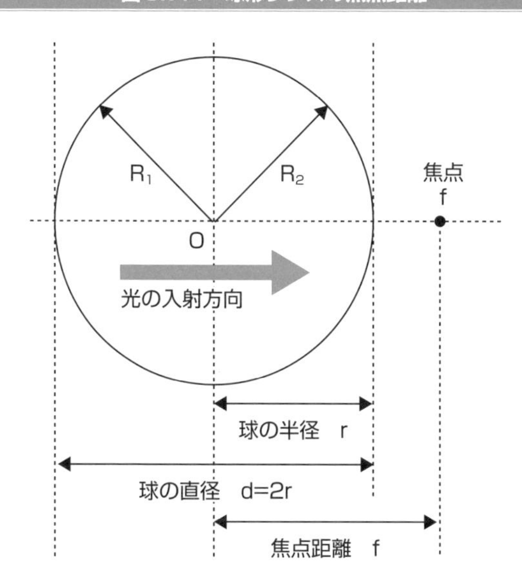


$$\frac{1}{f}=(n-1)\left(\frac{1}{R_1}-\frac{1}{R_2}\right)+\frac{d(n-1)^2}{nR_1R_2}$$

レンズメーカーの式では、薄肉レンズの場合、$R_1$と$R_2$はdより十分に大きいので右辺第２項を無視することができますが、球体の場合はdは$R_1$と$R_2$の和に過ぎませんから、第２項を無視することはできません。そこで、この式に$d=2r$、$R_1=r$、$R_2=-r$を代入し、fについて解くと、次のようになります。

$$\frac{1}{f}=\quad (n-1)\left(\frac{1}{r}+\frac{1}{r}\right)+\frac{2r(n-1)^2}{nr^2}$$

$$\frac{1}{f}=\frac{2(n-1)}{r}-\frac{2(n-1)^2}{nr}$$

$$\frac{1}{f}=\frac{2n(n-1)-2(n-1)^2}{nr}$$

$$\frac{1}{f}=\frac{2n(n-1)}{nr}$$

$$f=\frac{nr}{2n(n-1)}$$

球体の材質の屈折率を1.5とすると、この式は $f=1.5r$ となります。この式を見るとわかる通り、球体の直径が小さければ小さいほど、球体の表面から焦点までの距離が小さくなります。つまり、球体レンズの焦点は球体表面のすぐそばにあることになります。

ビー玉などを手にとり覗いてみると、物体が上下左右が逆転した実像が見えます。ビー玉をルーペのように扱うためには、物体を焦点か、その内側に置いて虚像を見るようにしなければなりません。

ルーペの倍率は、明視の距離250 mmをレンズの焦点距離 f で割った値で定義されますから、直径10 mmのガラス玉レンズの焦点距離 f と倍率mは

$f=1.5\times 5=7.5$ mm

$m=250/7.5=33.3$ 倍

となります。直径1 mmのガラス玉の焦点距離は0.75 mmで、その倍率は333倍にもなります。

# 6-8

# 顕微鏡の仕組み

顕微鏡は、物体の微細構造を簡単に拡大して見ることができる光学機器で、生物、医学をはじめとする様々な分野で使われています。ここでは、顕微鏡の基本的な仕組みについて説明します。

## 顕微鏡の基本的な構造

**顕微鏡**は、2枚の凸レンズを使って物体を拡大します。その倍率はルーペを大幅にしのぎ、物体を数十倍から約2千倍までに拡大して観察することができます*。顕微鏡は、図6.8.1のように、対物レンズで物体の実像Aをつくり、その実像Aを接眼レンズで拡大してできる虚像Bを観察します。

図6.8.1　光学顕微鏡の仕組み

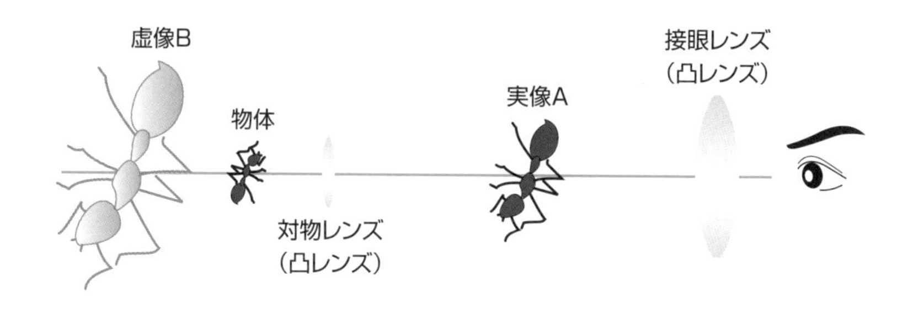


顕微鏡は小さい焦点距離をもつ**対物レンズ**と、大きい焦点距離をもつ**接眼レンズ**を組み合わせた構造をしています。実際の顕微鏡では、対物レンズと接眼レンズは、収差をなくすために複数のレンズからなりますが、顕微鏡の動作の基本的な仕組みは図6.7.2と変わりません。このタイプの顕微鏡の光学系を、**有限遠補正光学系**といいます*。顕微鏡で物体を拡大するときには、対物レンズの下に物体を置き、接眼レンズをのぞきます。物体は対物レンズによって拡大され、物体の実像が同図Aの位置にできます。Aの位置は接眼レンズの前側焦点の内側ですから、この実像を接眼レンズでのぞくと、同図Bの位置に拡大された虚像が見えることになります。

*…**観察することができます**　2000倍は限界に近い。一般的な顕微鏡の倍率は数十倍から数百倍である。
*…**といいます**　最近では、無限遠補正光学系のものが多くなってきている。

接眼レンズの働きはAの位置にできた実像を物体としたルーペと同じです。ピントは対物レンズと物体の距離を調整することによって合わせます。最近の顕微鏡では、接眼レンズの代わりにデジタルカメラやビデオカメラをとりつけて観察できるようになっているものもあります。

図6.8.2　有限系の光学顕微鏡の仕組み

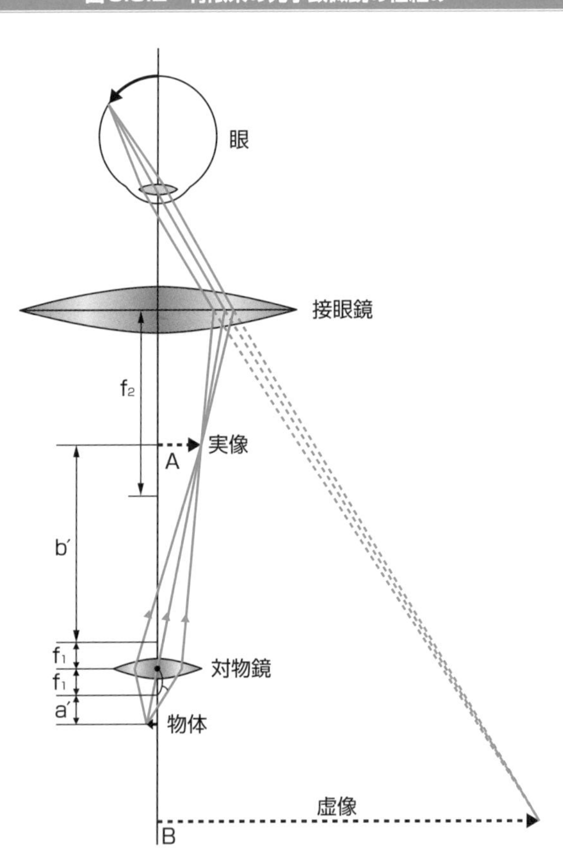

## 顕微鏡の倍率

顕微鏡の倍率は、対物レンズの倍率と接眼レンズの倍率の積となります。一般によく使われている接眼レンズの倍率は10倍程度です。対物レンズは、数倍から100倍程度のものがあります。例えば、10倍の接眼レンズと50倍の対物レンズを使ったとき、その顕微鏡の倍率は500倍となります。

対物レンズの倍率は、3-7節で説明した、焦点距離と倍率で表すレンズの結像式で考えることができます。前ページの図6.8.2において、対物レンズの倍率を$m_1$、焦点距離を$f_1$、対物レンズの前側焦点から物体までの距離をa'、対物レンズの後側焦点から実像Aまでの距離をb'とすると、次の関係があります。

$$a' = \frac{f_1}{m} \qquad m_1 = \frac{f_1}{a'} \quad \cdots ① \qquad\qquad b' = f_1 m_1 \quad m_1 = \frac{b'}{f_1} \quad \cdots ②$$

顕微鏡は、対物レンズと接眼レンズを鏡筒の両端にとりつけた構造になっていますので、必然的にb'の長さが制限されることになります。②式からわかる通り、この制限の中で倍率mを大きくするためには、$f_1$を小さくする必要があります。また、①式からわかるとおり、$m_1$を大きくして、$f_1$を小さくすると、a'が小さくなければなりません。すなわち、物体を対物レンズの前側焦点近くに置く必要があります。

一方、接眼レンズの拡大率$m_2$はルーペの拡大率と同じで、接眼レンズの焦点距離を$f_2$とすると、次のようになります。

$$m_2 = \frac{250}{f_2} \quad \cdots ③$$

顕微鏡の倍率mは、①式から③式を考慮すると、次の式で表すことができます。この式から、対物レンズと接眼レンズの焦点距離を短くして、物体を接眼レンズの間近に置き、鏡筒を長くするほど、倍率が高くなることがわかります。

$$m = m_1 \times m_2 = \frac{f_1}{a'} \times \frac{250}{f_2} = \frac{b'}{f_1} \times \frac{250}{f_2}$$

## 顕微鏡の分解能

顕微鏡は、物体の微細な構造を見るために使われるので、特に分解能が重要です。いくら倍率を上げて像を拡大できても、分解能が低ければ微細な構造を観察できません。顕微鏡の分解能は、5-7節で説明したエアリーディスクの半径で表されます。このとき、NAは、対物レンズの物体側のNA値を使います。

$$r=\frac{0.61\lambda}{NA}$$　（λ：光の波長）

$NA=n\cdot\sin\theta$（θ：開口角の1/2）

この式からわかるとおり、顕微鏡の分解能を上げるためには、NAを大きくする必要があります。NAを大きくするためには、物体のまわりの媒質の屈折率nを高くする必要があります。そのため、対物レンズと物体の間に油を満たした**油浸対物レンズ**があります。

**図6.8.3　顕微鏡の分解能とrとNAの関係**

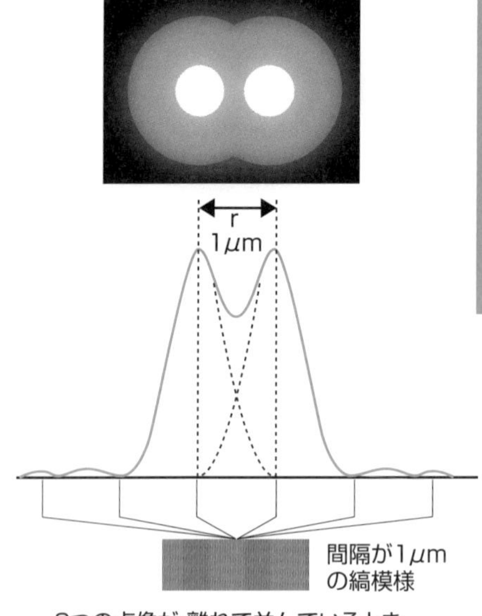


2つの点像がr離れて並んでいるとき、rが分解能。2つの点が並んだとき、2つの点として見える限界。

間隔1μmの縞模様を顕微鏡で見分ける必要があるとき、光(D線)の波長を590 nmとすると、より

$$r=\frac{0.61\lambda}{NA}$$ より

$$NA=\frac{0.61\times0.59[\mu m]}{1[\mu m]}=0.36$$

となり、0.36以上のNAが必要となる

空気中のrとNAの関係

| r (μm) | NA |
|---|---|
| 3.6 | 0.1 |
| 0.7 | 0.5 |
| 0.36 | 1.0 |

開口角とNAの関係
開口角2θ=100度のとき、屈折率1の空気中でのNAは0.77、屈折率1.5の油中でのNAは1.15となる。

油の屈折率が空気の屈折率より大きいため、NAを大きくすることができ、その分、エアリーディスクの半径を小さくすることができます。図6.7.3に顕微鏡の分解能とrとNAの関係を示します*。

## 無限遠補正光学系の顕微鏡の仕組み

無限系の顕微鏡の場合、物体から出た光は、図6.8.4のように対物レンズを通ったあと、平行光となります。この平行光を結像レンズで収束させて実像をつくり、その実像を接眼レンズで虚像として拡大して見ます。このため、無限系の顕微鏡は、光線が平行となっている対物レンズと結像レンズの間の長さの制限がありません。そのため、この部分に鏡などを挿入することができます。光学設計の自由度が高いため、最近では無限遠補正光学系を採用している顕微鏡が多くなっています。

**図6.8.4 無限遠補正光学系の顕微鏡の仕組み**

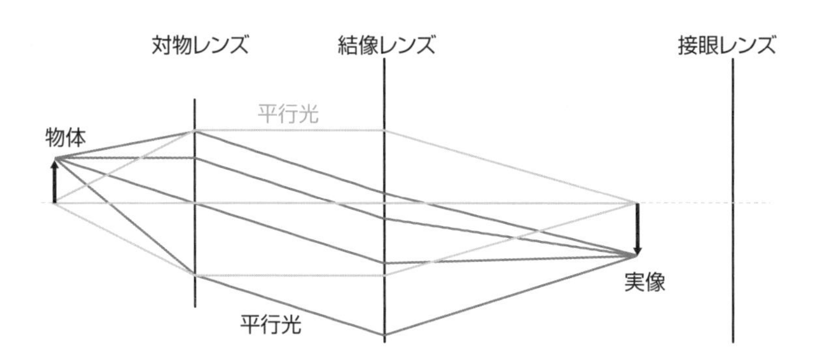


倍率の計算方法

$$m_1 = \frac{\text{結像レンズの焦点距離}}{\text{対物レンズの焦点距離}}$$

$$m_2 = \frac{250}{\text{接眼レンズの焦点距離}}$$

$$m = m_1 \times m_2$$

*…**示します**　顕微鏡に限らず適用できる。

# 6-9

# 望遠鏡の仕組み

望遠鏡は遠くのものを拡大して近くに見るための光学機器です。望遠鏡には凸レンズと凹レンズを使ったオランダ式望遠鏡（ガリレオ式望遠鏡）と、2枚の凸レンズを使ったケプラー式望遠鏡があります。

## 望遠鏡の基本的な構造

**オランダ式望遠鏡**（**ガリレオ式望遠鏡**）は、図6.9.1のように、凸レンズA（対物レンズ）で収束する光線を、凹レンズB（接眼レンズ）の虚像として見ます。拡大されたものを正立像として見ることができ、構造も簡単なため、現在でも簡易な望遠鏡やオペラグラスとして利用されています。しかし、倍率を上げると視野が非常に狭くなる欠点があり、広い視野で対象を探さなければいけない天体観測や野鳥観察などには向いていません。

図6.9.1 オランダ式望遠鏡の仕組み

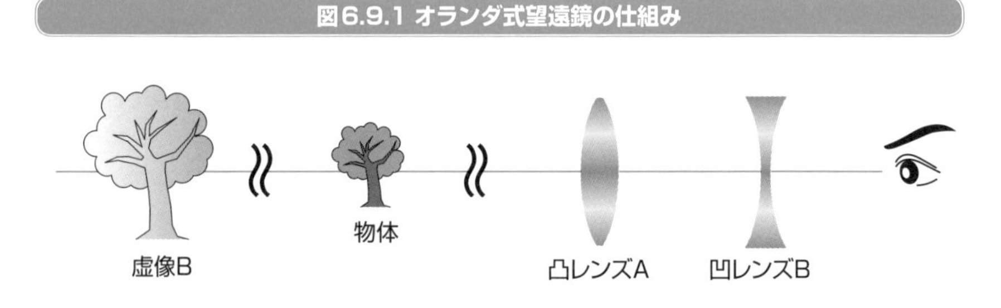


**ケプラー式望遠鏡は**、図6.9.2のように、凸レンズA（対物レンズ）で結像した実像を凸レンズB(接眼レンズ)の虚像として見ます。拡大されたものを倒立像として見ますが、視野が広く倍率を上げることができます。また、天体観測では倒立像でも問題ないため、天体望遠鏡として広く使われています。地上用の望遠鏡では、内部にプリズムを入れて正立像を得られるものもあります。現在、使われている望遠鏡の多くは、ケプラー式望遠鏡の原理を利用したものです。

図6.9.2　ケプラー式望遠鏡の仕組み

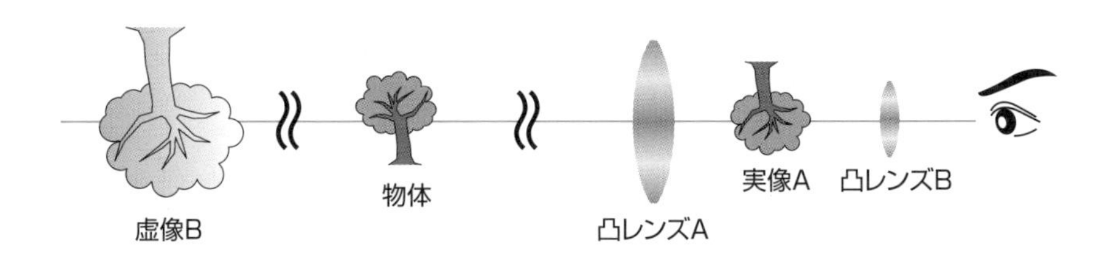


オランダ式望遠鏡もケプラー式望遠鏡も、対物レンズと接眼レンズはそれぞれのレンズの焦点距離の和だけ離して配置されます。したがって、対物レンズ$L_1$と接眼レンズ$L_2$の距離をdとし、それぞれの焦点距離を$f_1$、$f_2$とすると、ケプラー式望遠鏡の場合、dと$f_1$、$f_2$には図6.9.3のような関係があります。望遠鏡の光学系は、$L_1$に平行に入射した光が$L_2$から平行に射出するように、レンズが配置されています。そのため、接眼レンズをのぞいたときに見える物体の虚像は、無限遠にできることになります。このような光学系を、**アフォーカル光学系**（**無焦点光学系**）といいます。

図6.9.3　アフォーカル光学系（ケプラー式望遠鏡の場合）

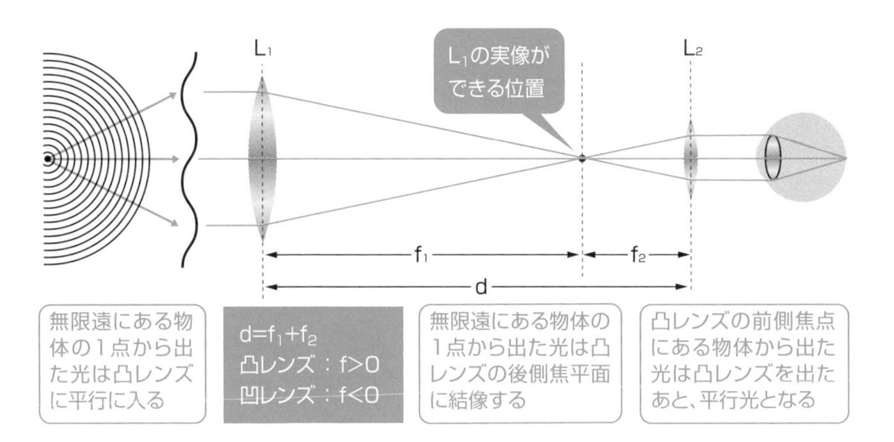


## オランダ式望遠鏡の仕組み

図6.9.4は、オランダ式望遠鏡の対物レンズ$L_1$と接眼レンズ$L_2$の配置を示したものです。凹レンズの焦点距離は負の値として扱うため、オランダ式望遠鏡は、$L_1$

の後側焦点と$L_2$の前側焦点が一致するように配置されます。対物レンズ$L_1$に入射する光線は、$L_1$の後側焦点に倒立した実像を結ぶように進みますが、実際には接眼レンズ$L_2$で広げられるため、実像はできません。$L_2$を出た光は平行光となり、これをのぞくと拡大された正立の虚像を見ることができます。

図6.9.4 オランダ式望遠鏡の光学系

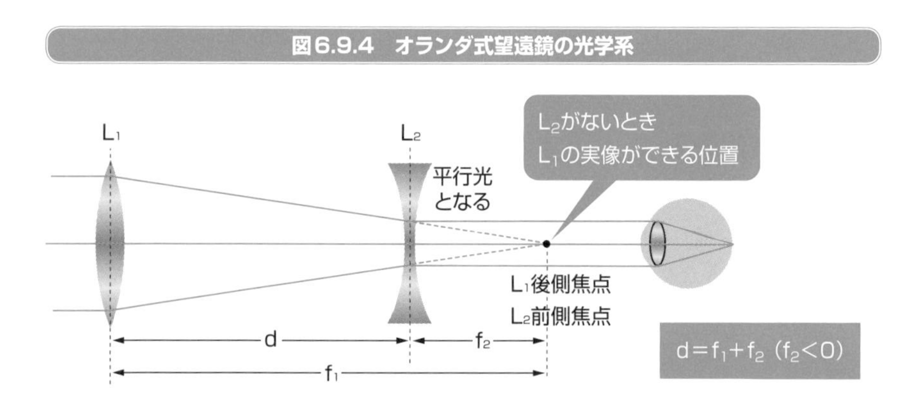


図6.9.5はオランダ式望遠鏡の光の進み方を示したものです*。図を見やすくするためため、$L_1$と$L_2$は主平面のみ描いています。$L_2$から出た平行光が眼に入り、網膜に像を結びます。眼は無限遠の虚像を見ることになりますが、見える虚像は正立像となります。

図6.9.5 オランダ式望遠鏡の光の進み方

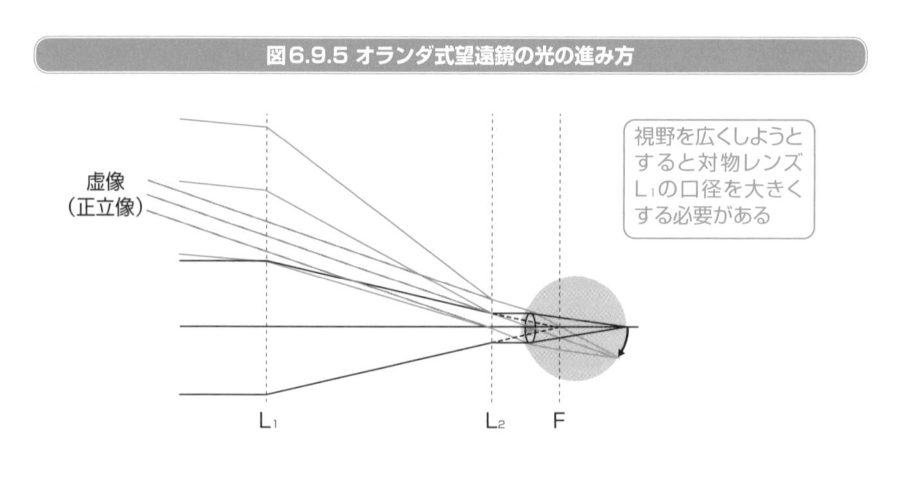


*…したものです　3-9節「レンズの簡易な作図方法」で作図できる。

## ケプラー式望遠鏡の仕組み

図6.9.6は、ケプラー式望遠鏡の対物レンズ$L_1$と接眼レンズ$L_2$の配置を示したものです。ケプラー式望遠鏡は、$L_1$の後側焦点と$L_2$の前側焦点が一致するように配置されます。

図6.9.6 ケプラー式望遠鏡のレンズの配置

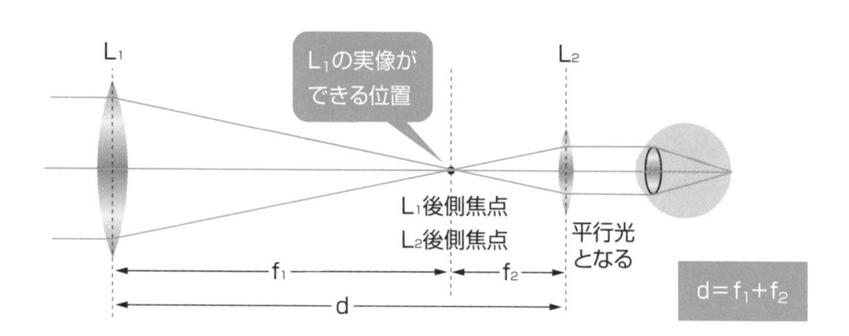


無限遠にある物体は、凸レンズの後側焦点（焦平面）に実像をつくりますから、この場合は、$L_1$の後側焦点（焦平面）に倒立実像ができます。この倒立した実像を$L_2$で拡大して虚像として見るのが、ケプラー式望遠鏡です。このとき、$L_1$の実像は$L_2$の前側焦点（焦平面）にあるため、$L_1$の実像から出る光は$L_2$を出た後は平行に進みます。

図6.9.7 ケプラー式望遠鏡の光の進み方

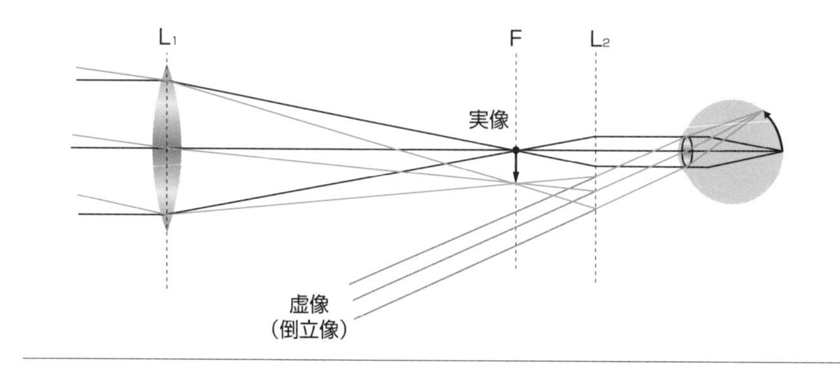

図6.9.7はケプラー望遠鏡の光の進み方を示したものです*。図を見やすくするためため、$L_1$と$L_2$は主平面のみ描いています。$L_2$から出た平行光が眼に入り、網膜に像を結びます。眼は無限遠の虚像を見ることになりますが、見える虚像はオランダ式望遠鏡とは異なり、倒立像となります。

## 望遠鏡の倍率

眼は物体の大きさを角度でとらえますが、これは望遠鏡で物体を見たときも変わりません。図6.9.8のように肉眼で物体が見える範囲を**実視界**(**実視野角**)といい、望遠鏡を使ったときに物体が見える範囲を**見掛視界**(**見掛視野角**)といいます。望遠鏡の倍率は、見掛視界角と実視界角の正接(タンジェント)の比として定義されます。例えば実視界$\theta_1 = 1°$、見掛視界$\theta_2 = 10°$のとき、望遠鏡の倍率は約10倍となります。この倍率を**角倍率**といいます。

図6.9.8 顕微鏡の倍率

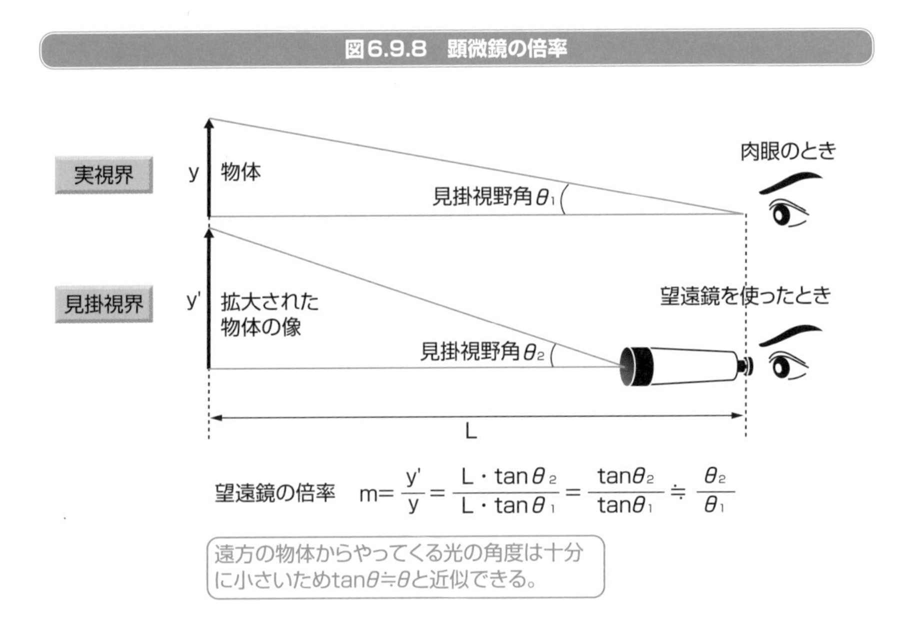


望遠鏡の倍率はケプラー式かオランダ式かにかかわらず、対物レンズと接眼レンズの焦点距離の比で定義することができます。これを図6.9.9に示すケプラー式望遠鏡で考えてみましょう。

*…したものです 3-9節「レンズの簡易な作図方法」で作図できる。

図6.9.9 ケプラー式望遠鏡の倍率

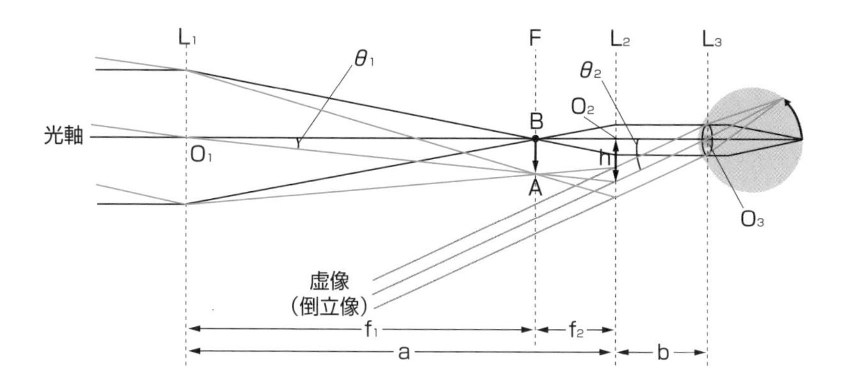


物体の光軸上から離れた1点から出て、対物レンズ$L_1$に角度$\theta_1$で入る光は、A点に集光されます。実像ABは接眼レンズ$L_2$の働きで虚像として拡大されるので、虚像から眼にやってくる光の角度は$\theta_2$になります。対物レンズでできる実像ABの大きさは$f_1 \cdot \tan\theta_1$で与えられるので、対物レンズの焦点距離$f_1$に比例することがわかります。$\theta_1$の大きさ（実視野角）が決まると、実像ABの大きさが決まり、$\theta_2$（見掛視野角）の大きさが決まります。ここで$L_1$の中心$O_1$を通る光を延長し、$L_2$の主平面との交点をhとすると、①式のようになります。①式から、$\tan\theta_2$と$\tan\theta_1$の比がaとbの比に等しくなっていることがわかります。$\theta$が十分に小さいとき、$\tan\theta$は$\theta$と近似できますから、②式が得られます。

$$h = a \cdot \tan\theta_1 = b \cdot \tan\theta_2 \quad \cdots ①$$

$$\frac{\tan\theta_2}{\tan\theta_1} \fallingdotseq \frac{\theta_2}{\theta_1} \fallingdotseq \frac{a}{b} \quad \cdots\cdots\cdots ②$$

次に$L_2$に関するレンズの写像公式を考えてみましょう。光軸上にある$L_1$の中心$O_1$を出た光は、$L_2$を出た後、$L_2$からbだけ離れた水晶体の中心$O_3$でふたたび光軸上に戻ります。これは、$L_2$の働きで$O_1$にある物点の点像が$O_3$にできるのと同じと考えることができます。

レンズの写像公式

$$\frac{1}{a}+\frac{1}{b}=\frac{1}{f_2} \quad \text{から、} \frac{1}{b}=\frac{a-f_2}{a\cdot f_2} \quad \cdots ③$$

$a=f_1+f_2$であることを考慮し、aとbを②式に代入すると

$$\frac{\theta_2}{\theta_1}=\frac{f_1}{f_2}$$

結果として、望遠鏡の倍率は下記のように定義されます。

$$\text{倍率}=\frac{\text{対物レンズの焦点距離}f_1}{\text{接眼レンズの焦点距離}f_2}$$

さて、実際に望遠鏡を使ったことがある人はわかると思いますが、望遠鏡は鏡筒をスライドさせてピントを合わせられるようになっています。望遠鏡はアフォーカル光学系と説明しましたが、実際には眼のディオプターを考慮する必要があります。近視や遠視の人は経験していると思いますが、望遠鏡をのぞくとき、眼鏡をかけた状態とかけていない状態では、見え方が異なります。また、正視の人も望遠鏡をのぞくときには、有限距離で虚像を見るように接眼筒を動かしてピントを合わせる人が多いのです。これを**器械近視**といいます。眼もレンズをもつ光学系ですから、$L_1$と$L_2$の位置が固定された望遠鏡ではピントを合わせられないのです。そのため、普通の望遠鏡は、接眼筒をスライドさせてピントを合わせることができるようになっています。また、このような構造にしておくことで、接眼レンズを交換できたり、カメラを装着できたりするメリットもあります。

## 望遠鏡の分解能

望遠鏡は遠くの物体を拡大して見るものですから、倍率が重要と思うかもしれません。望遠鏡の倍率はレンズの組み合わせによっていくらでも大きくすることができますが、顕微鏡と同じように、分解能が重要です。分解能が低ければ、いくら倍率を上げても、遠くの物体がぼやけて大きく見えるだけで、細かい部分を見ることができません。例えば、月の表面のクレータの様子を細かい部分まで見ようとすると、単に倍率が高いだけではなく、分解能の高い望遠鏡が必要になります。

COLUMN

## 双眼鏡の仕組み

双眼鏡やフィールドスコープは、ケプラー式の地上望遠鏡です。ですから、凸レンズを２枚使っていますが、像が倒立することはありません。

実はケプラー式の地上望遠鏡には、倒立してみえる景色を正立して見えるようにするための**像反転系**が使われています。像反転系は、図のように**ポロプリズム系**と**ダハプリズム系**があります。ポロプリズム系には直角プリズムが2つ使われており、ダハプリズム系はダハプリズムと補助プリズムとからなります。ダハプリズムのダハとは、ドイツ語で屋根型という意味です。ポロプリズム系も、ダハプリズム系もプリズム内での光の全反射を利用して、像を反転させます。

下の図は、ポロプリズム系とダハプリズム系を使った双眼鏡の仕組みを示したものです。

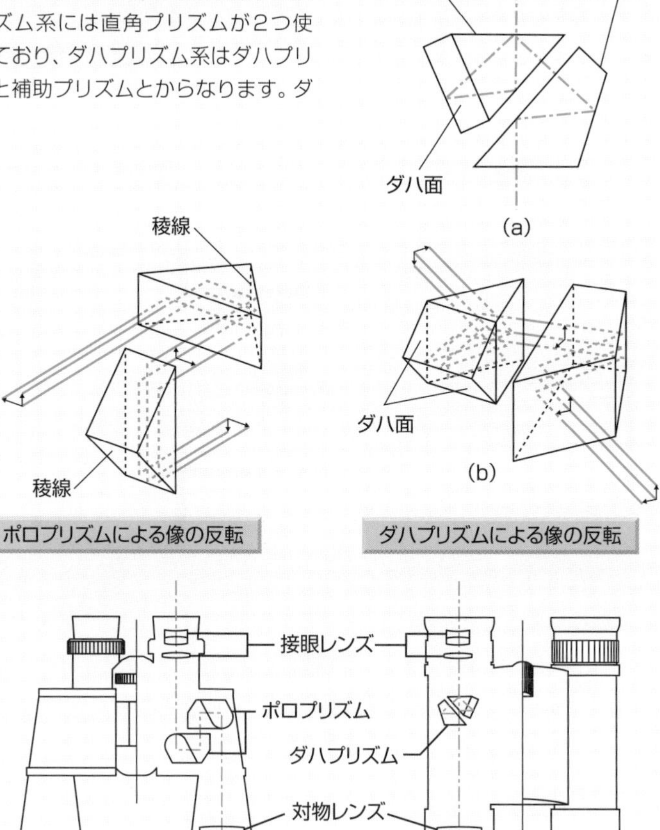


出典：『光学のすすめ』
（光学のすすめ編集委員会編、オプトロニクス社）

# 6-10

# カメラの仕組み

カメラは身近な光学機器で、いろいろな種類がありますが、その基本的な仕組みはどれも同じです。カメラの仕組みについて考えてみましょう。

## カメラの基本的な仕組み

もっとも簡単なカメラは、3-1節で説明したピンホールカメラですが、ここではレンズを使ったカメラについて説明します。図6.10.1は、カメラの基本的な構造を示したものです。実際のカメラは、凸レンズ1枚ではなく、複数のレンズを組み合わせることによって、収差などの問題を低減するよう工夫されていますが、原理としては1枚の薄い凸レンズがついていると考えることができます。

図6.10.1　カメラの基本的な構造

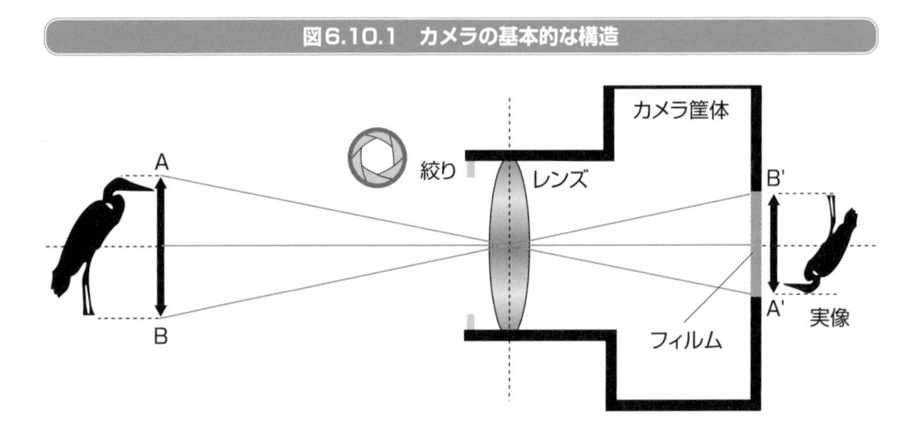


カメラは物体からやってきた光をレンズで集光し、フィルム上に像をつくります。このとき、絞りによってカメラに入る光の量が調整されます。絞りは**Fナンバー**で決まります。また、フィルムを感光させる時間は**シャッタースピード**で決まります。フィルムにある一定量の光をあてることを**露出**といい、フィルムにあたる光の量は次の式で決まります。

光の量（露出量）＝光をとり込む量（絞り）×露出時間（シャッタースピード）

像の明るさはFナンバーの2乗に反比例し、Fナンバーが小さいほど光をとり込む量が増えます（5-6節）。ですから、例えば暗いところで写真を撮影するときには、Fナンバーを小さくして、シャッタースピードを長くします。しかし、シャッタースピードを長くすると、手ぶれが起きたり、物体が動いているときには像がぶれたりします。そのため、暗いところでは**ストロボ**を使って撮影します。被写体が明るくなるとシャッタースピードを短くすることができるので、ぶれが生じにくくなります。

凸レンズで物体の実像をつくるとき、物体とレンズの位置によって、像ができる位置が変わります。ところが、カメラではフィルム面を動かすことができないため、常にフィルム面に鮮明な像を結ぶようにしなければいけません。そこで、カメラのピント合わせは、レンズの位置を前後に動かす*ことによって行います。フィルムの位置が焦点深度の範囲に入るように、レンズの位置が調整されます。絞りを閉じてFナンバーを大きくすると、被写界深度が大きくなります*。

## 画角と焦点距離

最近ではデジタルカメラの普及により、銀塩カメラはあまり使われなくなりました。しかし、カメラは銀塩カメラで発展してきたので、カメラやレンズの仕様には銀塩カメラでの定義が使われることが少なくありません。そこで、まず銀塩カメラの画角と焦点距離の関係について考えてみましょう。

私たちが通常使うフィルムは次の図6.10.2（A）に示した**35ミリフィルム**と呼ばれるものです。このフィルムは24×36 mmの範囲にレンズでつくられた像が写り込みます。フィルムの両端にある孔は、1コマ分に8個あり、**パーフォレーション**と呼びます。カメラはこの孔の数を数えながらフィルムを巻き上げます。

フィルムに映る物体の像の大きさは、同図（B）のように$y = f \cdot \tan\theta$で決まります。$\theta$は5-6節で説明した半画角で、画角の半分の角度です。カメラの画角も基本的には同じで、フィルムに像を写し込める範囲をいいます。35ミリフィルムの場合、フィルムに写し込むことができる範囲はフィルムの対角線43.3 mmになり、この半分の21.65 mmがyの最大値になります。焦点距離が50 mmの標準レンズでは、画角$2\theta$は46.8°になります。この角度は人間が1点を見ているとき、はっきりと見える範囲とだいたい一致しています。同じフィルムでは、yの最大値は変わらないので、焦点距離が異なるレンズを用いた場合は$\theta$が変わることになります。

---

***レンズの位置を前後に動かす**　使い切りカメラの場合、レンズは固定で、焦点距離を変えることはできない。そのため、レンズを小さくして焦点深度を深くしている。

図6.10.2 35ミリフィルムと画角、焦点距離

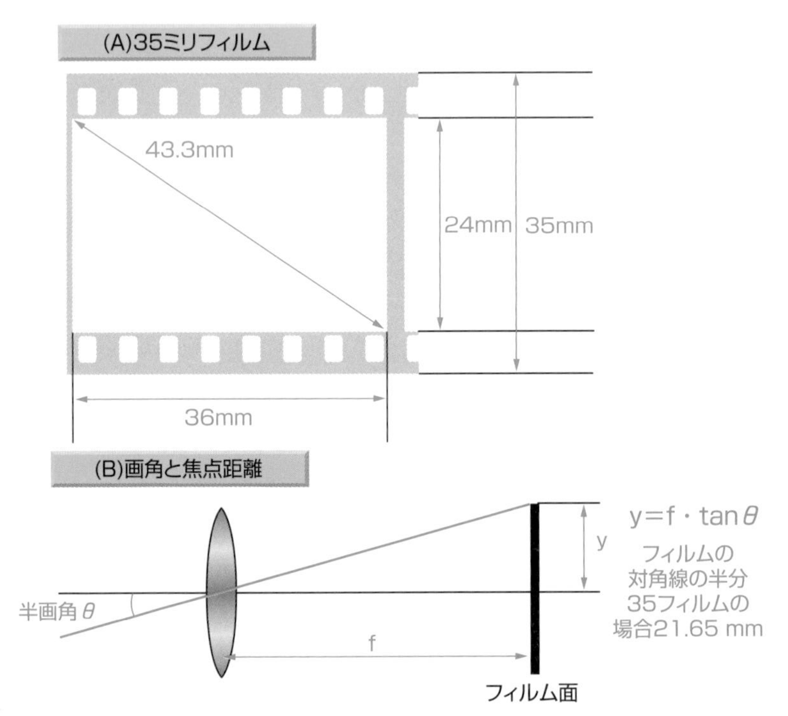


## カメラのレンズの種類

カメラのレンズには、**標準レンズ**、**広角レンズ**、**望遠レンズ**、**ズームレンズ**があります。標準レンズは焦点距離が50 mmのレンズです。標準レンズより焦点距離が短いレンズを広角レンズ、長いレンズを望遠レンズといいます。広角レンズは焦点距離が短いため、画角を大きくとることができます。そのため、広い範囲の景色や、集合写真の撮影に適しています。望遠レンズは焦点距離が長く、遠くのものを拡大して撮影する場合に使います。遠くのものを拡大できる分だけ画角が小さくなり、撮影できる範囲が狭くなります。焦点距離が固定のレンズを単焦点レンズといいますが、これに対して、焦点距離を変えられるレンズをズームレンズといいます。ズームレンズは、図6.10.3のようにレンズの位置を動かして、焦点距離を変えます*。これによりレンズ全体の働きを広角レンズから望遠レンズまで変えることができま

*大きくなります　近視の人が眼を細めると、ピントが合いやすくなるのも被写界深度が大きくなるからである。
*焦点距離を変えます　図6.10.3以外の仕組みをもつものが多数ある。

す。ズームレンズの倍率は望遠側と広角側の焦点距離の比で定義されることもありますが、同じ倍率でも望遠側の焦点距離が長いカメラほど高倍率です。

図6.10.3 3群ズームレンズの仕組み

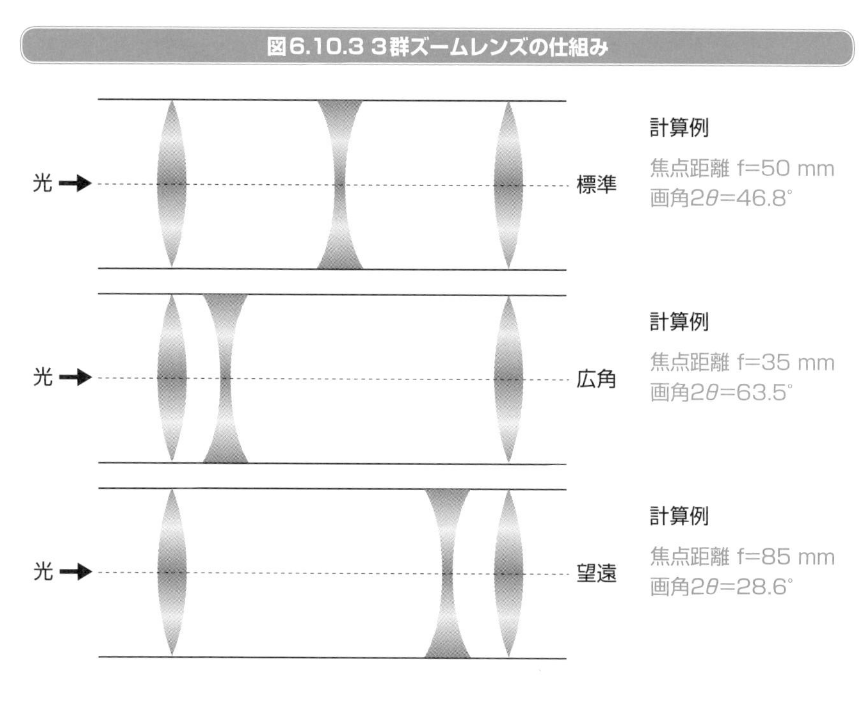


## 一眼レフカメラの仕組み

図6.10.4は、一眼レフカメラの仕組みを示したものです。一眼レフカメラは、レンズで見えている被写体を、ファインダーでのぞいて確認して撮影できるという特徴があります。

被写体からやってくる光は、レンズによって集光され、カメラのボディの中に入ります。光はカメラの中にあるミラーによって反射され、上部のプリズムに送られます。このミラーとプリズムの働きで、レンズに入ってくる光をそのままファインダーでのぞくことができるのです。シャッターを押すと、ミラーが上に跳ね上がり、フィルムの前にあるシャッターが開きます。シャッターが開くと、フィルム面に像がつくられ、フィルムが感光する仕組みです。なお、デジタルカメラにも1眼レフカメラがあります。

図6.10.4 一眼レフカメラの仕組み

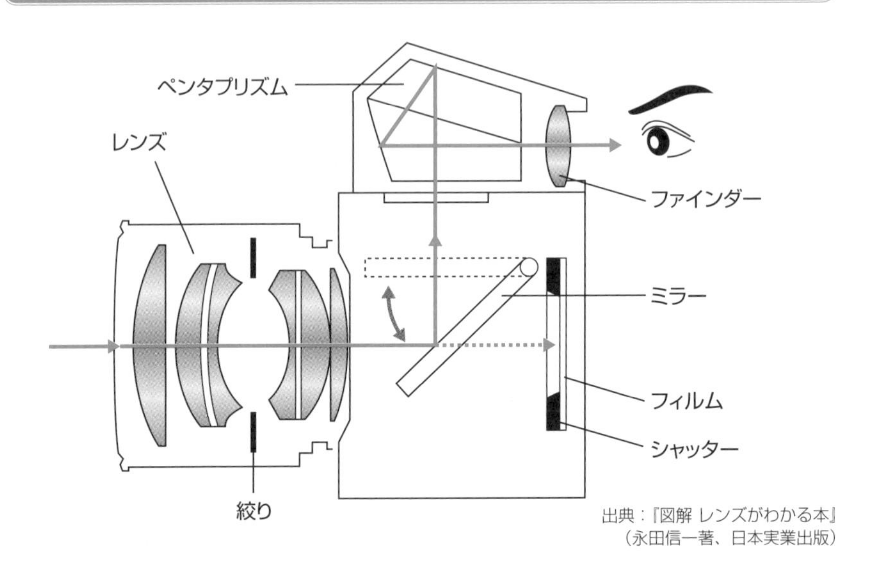


出典：『図解 レンズがわかる本』
（永田信一著、日本実業出版）

## デジタルカメラのしくみ

銀塩カメラは、像をフィルムに感光させます。フィルムを現像して、印画紙に焼きつけることによって写真ができあがります。これに対して、デジタルカメラは**CCD**＊**イメージセンサー**や**CMOSイメージセンサー**＊という半導体の**イメージセンサー**（**撮像素子**）をフィルムの代わりに使います。

CCDやCMOSイメージセンサーは2-12節で説明した光電効果の原理を使って光の強さを感じます。イメージセンサーにつくられた像は、デジタル信号として記録された写真となります。銀塩写真のような化学反応による現像や焼きつけの必要がなく、カメラのモニターで直接確認したり、パソコンなどにとり込んで見たり、プリンタに印刷したりすることができます。

デジタルカメラで撮影した写真の鮮明さを決めるのが、イメージセンサーの画素数で、イメージセンサーで光を感じるセンサーの数のことです。画素数が大きくなれば、像面の単位面積あたりでたくさんの点像を受光できることになりますから、一般に画像が高画質になります。しかし、単位面積あたりの画素数が増えると1画素あたりの光のエネルギーが低下することになりますので、画素数が大きければ大

＊ **CCD** Charged Coupled Deviceの略。電荷結合素子。
＊ **CMOS** Complementary Metal Oxide Semiconductorの略。相補型金属酸化膜半導体。

きいほどよいとは限りません。また、イメージセンサーはフィルムより小さいため、同じ画角の写真をとることを考えると、銀塩カメラのレンズより焦点距離の短いレンズが必要となります。

デジタルカメラにはレンズを交換できないタイプのものと、一眼レフのようにレンズを交換できるものがあります。最近では一眼レフのようなタイプで内部にミラーのないミラーレス一眼カメラもあります。イメージセンサーで捉えた画像を電子ファインダーに映すことにより、ミラーレスを実現しています。図6.10.5はレンズを交換できない普及型のデジタルカメラの仕組みを示したものです。

**図6.9.5 デジタルカメラの仕組み**

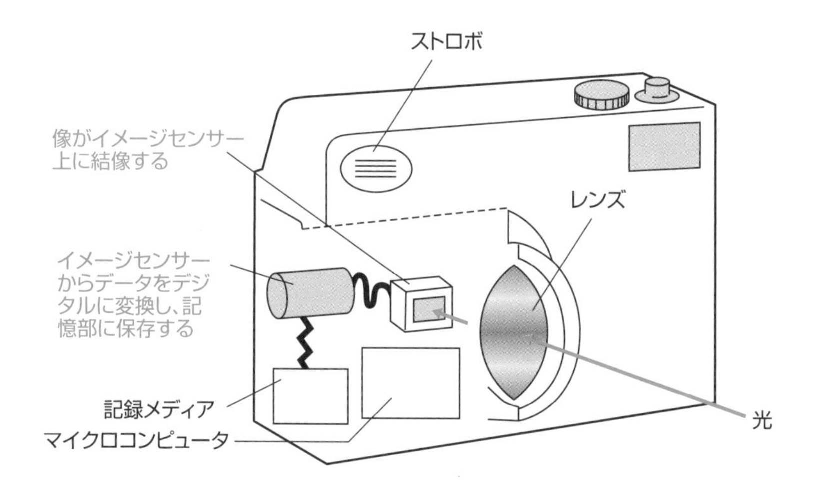


35ミリフィルムを使った銀塩カメラでは、フィルムのサイズが一定なので、画角はレンズの焦点距離によって決まります。ところが、デジタルカメラのカタログを見ると、レンズの焦点距離として**35ミリフィルム換算**＊という値が掲載されています。デジタルカメラのイメージセンサーは、35ミリフィルムのように一定の大きさではありません。撮像素子のサイズには図6.10.6に示す**APS-Cサイズ**や**フォーサーズシステム**と呼ばれる規格があります。APS-Cサイズの撮像素子の対角線は約28 mmですが、厳密に定められた規格ではないため、メーカーによって大きさが異なります。一方、フォーサーズシステムの対角線は21.6 mmと定められています。

---

＊**35ミリフィルム換算**　銀塩カメラの4×5判やブローニー判でもこの値は使われる。

35ミリフィルムの標準レンズの焦点距離は50 mmで、画角は46.8°です。APS-Cで同じ画角とするためには、レンズの焦点距離は32 mm、フォーサーズシステムでは25 mmとなります。標準、広角、望遠レンズの焦点距離を同図にまとめました。

図6.10.6 35ミリフィルム・APS-Cサイズ・フォーサーズシステムの大きさの比較

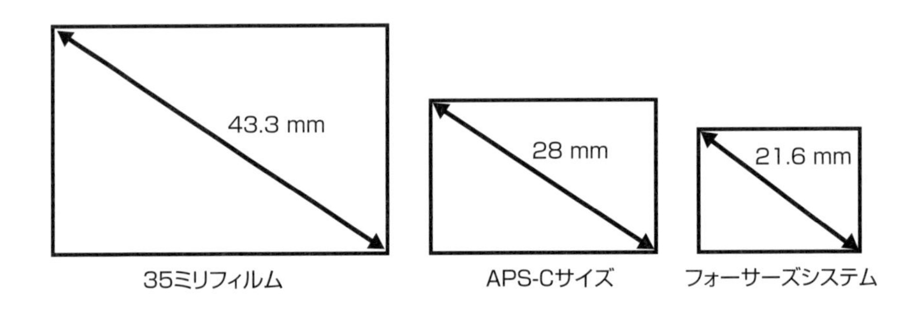


●画角と焦点距離

| 画角（2θ） | 焦点距離 | | |
|---|---|---|---|
| | 35ミリフィルム | APS-C | フォーサーズ |
| 46.8°（標準） | 50 mm | 32 mm | 25 mm |
| 63.5°（広角） | 35 mm | 23 mm | 17 mm |
| 28.6°（望遠） | 85 mm | 55 mm | 42 mm |

$y = f \cdot \tan\theta$ より、$f = y / \tan\theta$（y：対角線の1/2 f：焦点距離）
計算例：広角・APS-C f＝（28mm／2）／tan（63.5／2）＝23 mm
同じ画角の各規格での焦点距離の比は 43.3：28：21.65 ≒ 2：1.5：1

同じ画角の各規格での焦点距離の比は、対角線の比になります。例えば、APS-Cサイズの撮像素子を使っているデジタルカメラに、焦点距離32 mmのレンズを装着すると、32 mmの1.5倍、つまり焦点距離50 mmの標準レンズを35ミリフィルムの銀塩カメラに装着したときと同じ画角になります。フォーサーズシステムの場合は2倍ですから、焦点距離42 mmのレンズを装着すると、35ミリフィルム換算では85 mmの望遠レンズを装着したことになります。デジタルカメラでは撮像素子のサイズがまちまちなので、慣れ親しんでいる35ミリフィルムに換算した値で焦点距離を表します。したがって、35ミリフィルム換算の焦点距離は、レンズの焦点距離ではなく画角を示したものです。

## スマートフォンのカメラ

現在、世界中の人々に最も利用されているカメラは**スマートフォン**に搭載されているカメラです。スマートフォンのカメラは、従来型の携帯電話（フィーチャーフォン）に搭載されていたカメラより格段に性能が向上しています。多くのスマートフォンは厚さが1cm以下で、さらに薄いものが登場しています。この狭い空間の中に、レンズとイメージセンサーが配置され、イメージセンサー上に綺麗に像を結ぶことができます。カメラの性能向上の背景には、いろいろな技術の発展がありますが、様々な形状の精密な小型の非球面レンズが作ることが可能になったことがあげられます。カメラで捉えた被写体を、いかに綺麗にイメージセンサーに結像できるようするか、各社で工夫が凝らされています。

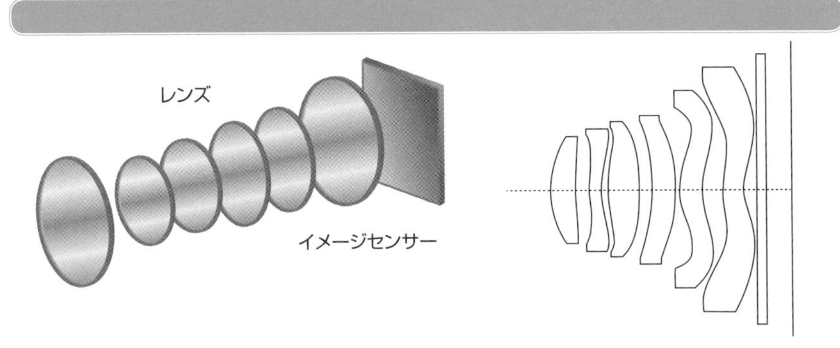


出典：アップル社特許図を基に作成

初期のスマートフォンのイメージセンサーは画素数が数百万画素でしたが、やがて1千万画素を超えるものが出始め、より鮮明な写真を撮れるようになりました。現在は2千万画素を搭載したものもあります。しかし、画素数が大きければ、大きいほど、鮮明な写真が撮れるというわけではありません。例えば、同じ大きさのイメージセンサーでは、画素数が増えると、撮像素子1個あたりのサイズは小さくなります。撮像素子と撮像素子の境目には光を受け取れない部分があります。また、各々の撮像素子には受光した信号を伝える部品が組み込まれています。ですから、画素数が増えると、そのぶん受光面積が小さくなり、画質が落ちることになります。そのため最近では、暗いところでも鮮明な写真が撮れるように、あえて画素数を抑えたカメラを搭載したスマートフォンもあります。

画素数を減らすことなく、光の量を維持するには、どうしたら良いでしょうか。最も簡単な方法はF値の小さい明るいレンズを使うことです。現在はF値が2を切る高性能カメラを搭載したスマートフォンが主流になっています。

スマートフォンのカメラは、専用のデジタルカメラとは独自の進化をとげています。スマートフォンはパーソナルコンピューターに近い処理能力を有し、様々なソフトウェア（アプリ）を動かすことができます。そのため、スマートフォンでは、専用のデジタルカメラが有していない機能を実現することができます。例えば、バーコードやQRコードをカメラで読み取ることができるアプリ、カメラに映る物体の色をRGB（2-8節、2-9節、口絵⑫⑬）に換算するアプリ、被写体までの距離や被写体の高さを測定するアプリ、動体の速度を測定するアプリ、血圧や心拍数を測定するアプリ、撮影した英文を翻訳するアプリなど、カメラを利用したアプリは枚挙に暇がありません。これらのアプリは高度な画像認識や画像処理を利用しており、本来は風景や人物を撮影する目的のカメラを、画像センサーとして活用している例と言えるでしょう。

高度な画像認識や画像処理は本来のカメラの機能にも利用されており、写真を上手に撮影するための機能や、撮影した写真を簡単に加工するための機能など多数あります。写真を上手に撮影するための機能としては、例えば、人の顔を自動認識し、写真写りが良くなるように、顔に注目してピントや露出やホワイトバランスなどを自動調整したり、**赤目現象**＊を修正したりする機能があります。また、1枚の写真を撮影するときに、露出の異なる複数の画像を連続撮影し、1回の撮影では得られないような、明るい部分も暗い部分も鮮明に写った写真を撮影する機能、カメラを振りながら自動的に連続撮影し、位置を調整して1枚の画像としてつなぎ合わせてパノラマ写真を撮影する機能、リアルタイムでフレームやスタンプなどの模様や文字を写真に加える機能、**AR**（**拡張現実**、AugmentedReality）により、現実の写真の中にバーチャルな物体を入れ込んだりする機能など、さまざまな機能があります。一方、撮影した写真を簡単に加工するための機能としては、写真に様々なデジタルフィルターをかけて、色や明るさを調整したり、背景を消したり、歪みを修正したり、ある種の効果をかけて個性的な写真に仕上げたりする機能などがあります。

---

＊**赤目現象**　フラッシュを使って撮影したときに、網膜で光が反射して、眼が赤く写る現象。

図6.9.8 画像処理の例

▼魚眼レンズ調に変換

▼線画に変換

こうした機能を、専用のデジタルカメラで実現しようとすると、カメラでできることには制限があるため、写真をパソコンに転送したうえで、専用のソフトウェアで画像処理をする必要があります。スマートフォンはパーソナルコンピューターに匹敵する性能を有しているので、様々な画像処理をアプリを使ってスマートフォンのみで行うことが可能です。また、スマートフォンの通信機能を利用して、写真をサーバーにアップし、サーバー側で高度な画像処理を行ったり、撮影した写真をSNSにアップロードすることが可能です。

最近のスマートフォンは、レンズが2つ装着されたデュアルカメラや3つ装着されたトリプルカメラが搭載されたものがあります。デュアルカメラやトリプルカメラには、異なる特徴を持つカメラが搭載されており、1枚の写真を撮影するときに、どれかのカメラを選択的に利用したり、複数のカメラで画像を撮影し、データ処理によって1枚の写真に仕上げたりすることができるようになっています。どのようなカメラが搭載されているかはスマートフォンによって異なりますが、焦点距離と画角が異なるカメラを組み合わせたものや、カラーカメラとモノクロカメラを組み合わせたものなどがあります。

図6.9.9　デュアルカメラとトリプルカメラ

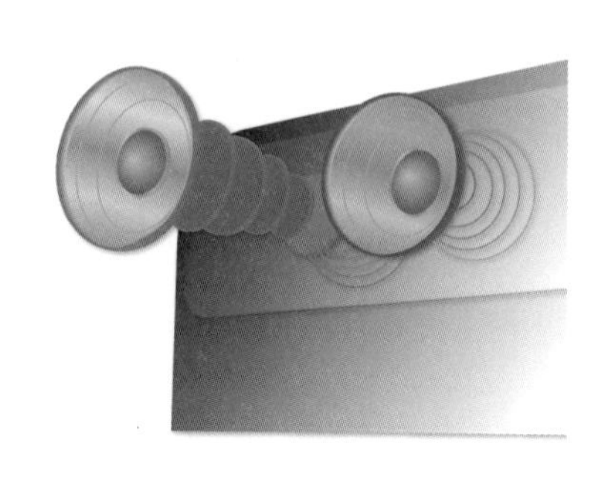

例えば、焦点距離と画角が異なるカメラの組み合わせでは、**デュアルカメラ**では標準レンズと望遠レンズを組み合わせたもの、**トリプルカメラ**では、さらに超広角レンズを加えたものがあります。焦点距離の異なるレンズを搭載すると、単に画像を拡大するデジタル式ズームと違って、光学式ズームにできるため、画質の劣化のない綺麗なズーム写真を撮影することができます。また、一眼レフでポートレート写真を撮影するとき、F値を小さくし、被写界深度を浅くすることにより、被写体のみにピントを合わせて背景をぼかした写真を撮影することができます。一方、普通のスマートフォンのカメラは被写界深度が深いため、裏技的な操作をしない限り、そのような写真を撮影することができません。デュアルカメラやトリプルカメラでは、複数のレンズでそれぞれ撮影した画像を合成することができるため、特別な撮影技術も不要で、一眼レフで撮影したような写真を撮影することが可能です。撮影後に、ボケやピントを調整することも可能です。

また、カラーカメラとモノクロカメラを組み合わせでは、カラーカメラで撮影した写真に、モノクロカメラが捉えた微細な陰影を合成することにより、表現力のある品質の高い写真を撮影することができます。モノクロのセンサーはカラーのセンサーより光の強弱をより詳細に認識できるため、このタイプのカメラは暗い場所での撮影に強く、鮮明な写真が撮ることができます。

デュアルカメラやトリプルカメラは搭載するカメラの組み合わせや、撮影した写真の合成や画像処理で、様々な写真に仕上げることができます。

このようにスマートフォンのカメラは単に写真を撮るだけではなく、カメラを使った便利な機能を利用したり、写真を自分好みに仕上げたりすることができるため、たくさん人がスマートフォンのカメラを日常生活の中で楽しく利用しています。その結果、アプリの需要も増えていき、さらに新しいアイデアが盛り込まれた新機能をもったアプリが次々と開発され、そしてカメラ自身も進化していきます。

## 全天球カメラ

**全天球カメラ**は360度全方位のパノラマ写真や動画を撮影できるカメラで、**全方位カメラ**、**VRカメラ**とも呼ばれます。360度のパノラマ写真は、360度全方位の写真を撮影し、画像処理で合成すると出来上がります。Google MapのGoogle Streetで見ることができるパノラマ写真は、図6.9.10のように全視野を撮影可能な複数台のカメラからなる全天球カメラを自動車に搭載し、道路を走りながら撮影した写真を画像処理により合成したものです。

図6.9.10 Googe Carに搭載されている全天球カメラ

By Kawasaki ichiro

最近のデジタルカメラは、カメラそのものの光学的な性能に加え、画像認識や画像処理の機能が重要な地位を占めるようになってきました。それらの機能に人工知能が搭載されるようになり、自動化や高能力化が進んでいます。

# 6-11 CD-ROMとCD-ROMドライブの仕組み

CDやDVDの光ディスクには、音楽や映像やデータが記憶されています。パソコンのCDドライブやCDプレーヤーは、いったいどのようにして光ディスクからデータを読みとっているのでしょうか。ここでも、レンズが重要な働きをしています。

## データが記憶されているのか

図6.11.1は**CD-ROM**の構造を示したものです。CD-ROMには、情報が1と0からなるデジタル信号で記憶されています。その情報はディスク裏面に幅0.5μm、深さ0.11μmの**ピット**という突起と平坦な部分の**ランド**のパターンとして記録さ

図6.11.1　CD-ROMのピット

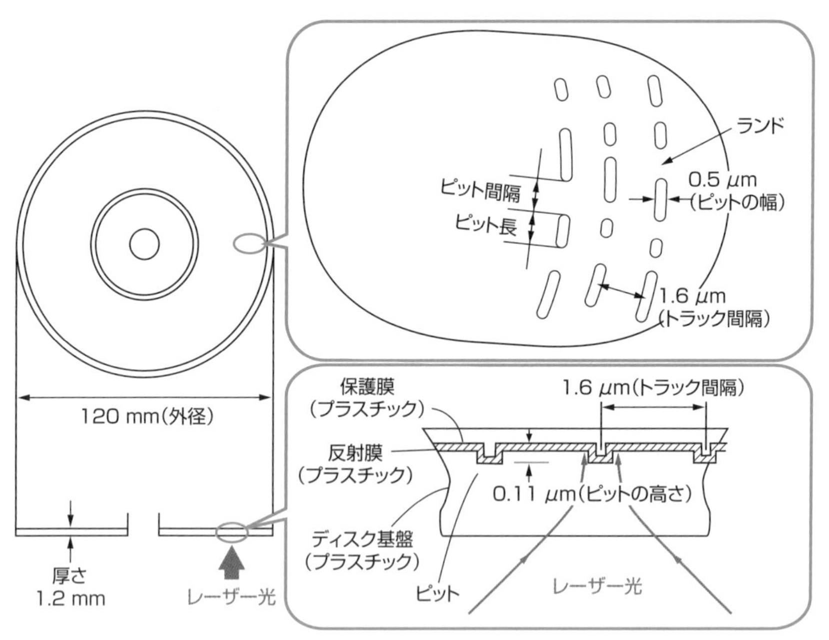


出典：『光学のすすめ』（光学のすすめ編集委員会編、オプトロニクス社）を参考に作成

れます。ピットの長さは0.3μmおきに0.83〜3.56μmまで9種類あります。ピットは1.6μm間隔の同心円に配置されています。この同心円を**トラック**といい、1mmあたりに625本も刻まれています。

## データを読みとる仕組み

CD-ROMの場合、記録された情報は、波長780nmの赤色LEDレーザー光線をディスクにあて、光の反射の有無で読み出されます。図6.11.2のように、レーザー光で高速回転するディスク上のピットとランドのパターンを読み取っていきますが、光はランドの部分で正反射し、ピットの部分で乱反射します。このときの反射光の強弱の変化を1と0とします。

**図6.11.2　CDの断面とピット**

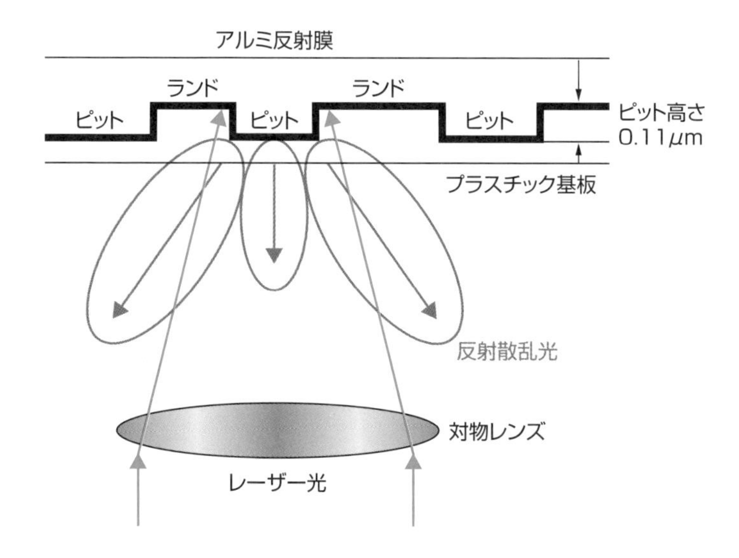


図6.11.3は、ピックアップ部の光学系の基本的な仕組みを示したものです。半導体レーザーから出た光は、回折格子で回折され、0次光と±1次光の3つの光に分けられます。これらの光はハーフミラーによってコリメーターレンズ*に送られます。光はコリメーターレンズで平行光となって、対物レンズに入ります。3つの光は

*コリメーターレンズ　平行光線をつくる操作をコリメートといい、平行光をつくる装置をコリメーターという。コリメーターレンズは平行光をつくるレンズ。

対物レンズによって直径1.6μmの光に絞り込まれ、それぞれディスク上に集光されます。このとき0次光がトラックの中心に集光され、ピットのパターンを読みとるのに使われます。±1次光は0次光からそれぞれがややずれて集光され、そこからの反射光量を読みとるのに使われます。それらの反射光は、対物レンズとコリメーターレンズを通りやってきた方向に戻っていきます。ハーフミラーを通過して、シリンドリカルレンズを通り、下部のフォトダイオードに届きます。このフォトダイオードにより3つの光の強さが検出されます。

**図6.11.3　光ピックアップ部の光学系の仕組み**

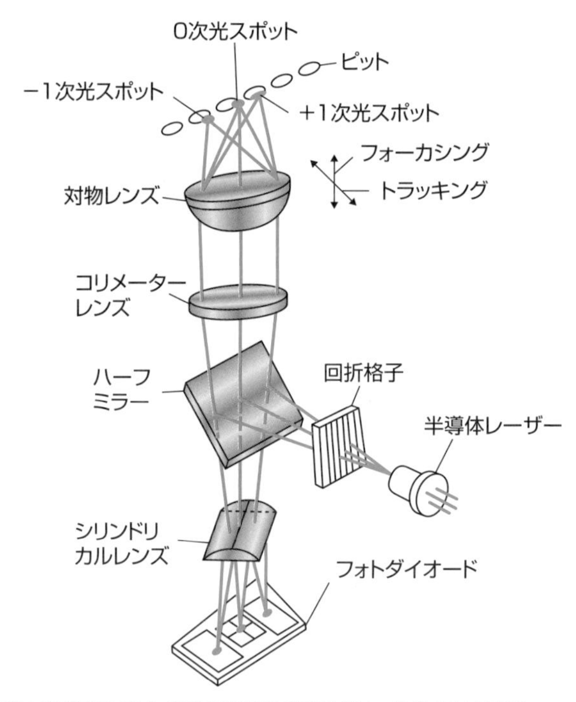


出典：『光学のすすめ』（光学のすすめ編集委員会編、オプトロニクス社）

ところで、いくらレーザー光といえども集光するとき、エアリーディスクより小さなスポットに光を集めることはできません。半導体レーザーの場合、スポットの直径は次の式で与えられることが知られています。この直径のことを、**ビームウェスト径**といいます。CDプレーヤーの場合は、$\lambda=780$ nm、NA＝0.45、k＝0.92となるので、ビームウェスト径は1.6 μmになります。

$$2\omega = k \cdot \frac{\lambda}{NA}$$

λ：半導体レーザーの波長　　NA：開口数　　k：定数

## トラッキング

CD-ROMのトラックの間隔はわずか1.6 μmですから、0次光スポットはトラック上に極めて正確に集光される必要があります。しかし、ディスクは回転していますし、再生装置自体が振動することもあります。もしトラックから光がずれると、音飛びなどが起きることになります。そのため、0次光のスポットがトラック上に正しく集光されているかどうかを検出しながら、ずれを補正しなければなりません。これを**トラッキング**といいます。トラッキングにはいくつかの方法がありますが、ここでは**3ビーム法**を紹介します。

図6.11.4（A）は、フォトダイオードで3つの光を検出している様子を示したものです。ディスクが回転中、トラック上でビームのスポット位置がずれると、±1次光のスポットから反射してくる光の強度が変わるため、フォトダイオードBとCで検知される光の強さが変わります。BとCでの光の強さに差が出ると、その差が0になるように、対物レンズの位置が調整されます。これによって、常に目的のトラックを読むことができるのです。

## オートフォーカス

レンズとピットの距離も、ずれないように補正する必要があります。この距離がずれると、トラック上での0次光のスポットの大きさが変わり、ピットのパターンをを正しく読めなくなります。

0次光を検出するフォトダイオードは**4分割フォトダイオード**といって、4か所で光の強さを検出できるようになっています。光はシリンドリカルレンズを通って、フォトダイオードの上に集光されますので、フォトダイオード上のスポットは非点収差を発生します。同図（B）のように、フォーカスがあっているときに4分割フォトダイオードの中心にスポットが円形に集まるようにし、フォーカスがずれたときに楕円のスポットになるように調整しておきます。4分割フォトダイオードa、b、c、dの部分で検出される光の強さが、(a＋c)－(b＋d)＝0になるように対物レンズを上下に動かして、0次光のスポットの大きさを合わせます。

図6.11.4　トラッキングとオートフォーカスの仕組み

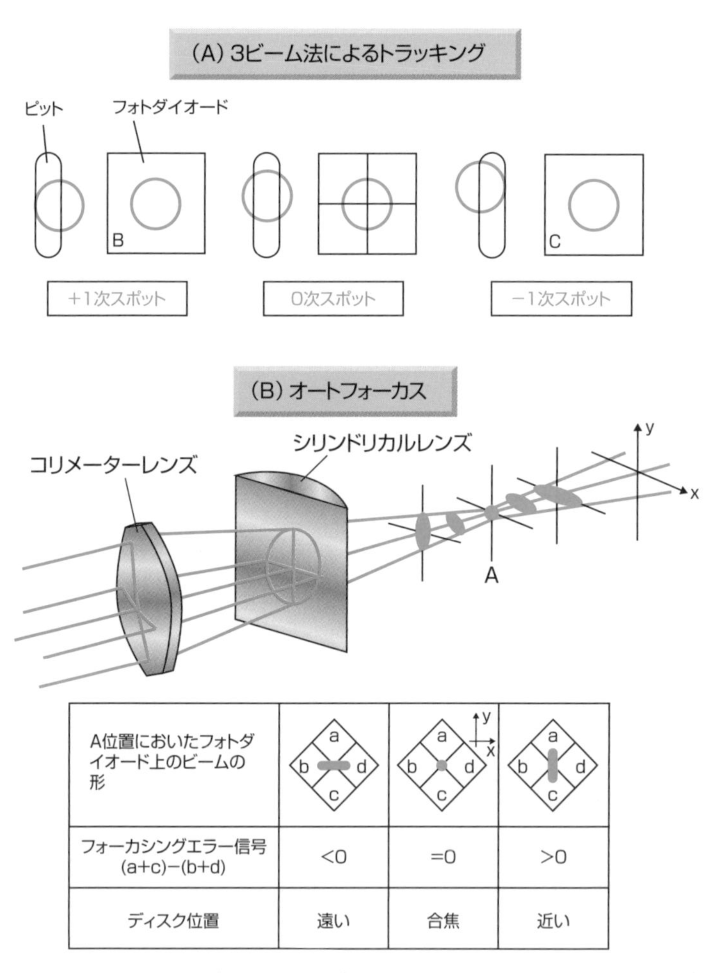


| A位置においたフォトダイオード上のビームの形 | | | |
|---|---|---|---|
| フォーカシングエラー信号<br>(a+c)−(b+d) | <0 | =0 | >0 |
| ディスク位置 | 遠い | 合焦 | 近い |

出典：『光学のすすめ』（光学のすすめ編集委員会編、オプトロニクス社）

## DVDやBD（ブルーレイディスク）はなぜ高密度か

CD-ROMの記憶容量は650MB／700MBですが、DVD-ROMは4.7GB／8.54GB（片面1層／片面2層）、BD-ROMは27GB／54GB（片面1層／片面2層）もあります。CDに比べてDVDやBDの記録密度が高いのは、DVDやBDがCDより波長の短い光を利用しているからです。光の波長が短いということは、エアリーディスクが小さくなり、より狭いトラック間隔で、より小さいピットパターンを読むことができることを意味します。また、光を十分に集光できるようにするためNAを大きくしています。それぞれの光の波長、トラック間隔、読みとりが可能な最小ピット長、NAを図6.11.5にまとめます。

**図6.11.5 CDとDVDとBDの比較**

| | CD | DVD | BD |
|---|---|---|---|
| 波長（nm） | 780 | 650 | 405 |
| トラック間隔（μm） | 1.6 | 0.74 | 0.32 |
| 最小ピッチ長さ（μm） | 0.83 | 0.4 | 0.15 |
| NA | 0.45 | 0.65 | 0.85 |

図6.11.6はDVDプレーヤーの光ピックアップ部分の写真です。真ん中の右側の小さな透明な部分がピックアップレンズです、

**図6.11.6　DVDのピックアップレンズ**

# 6-12

# レーザープリンタの仕組み

レーザープリンタは、印字速度も速く、仕上がりも綺麗です。ここでは、レーザープリンタの基本的な仕組みについて説明します。

## レーザープリンタの基本的な構造

図6.12.1は**レーザープリンタ**の基本的な仕組みを示したものです。

図6.12.1　レーザープリンタの仕組み

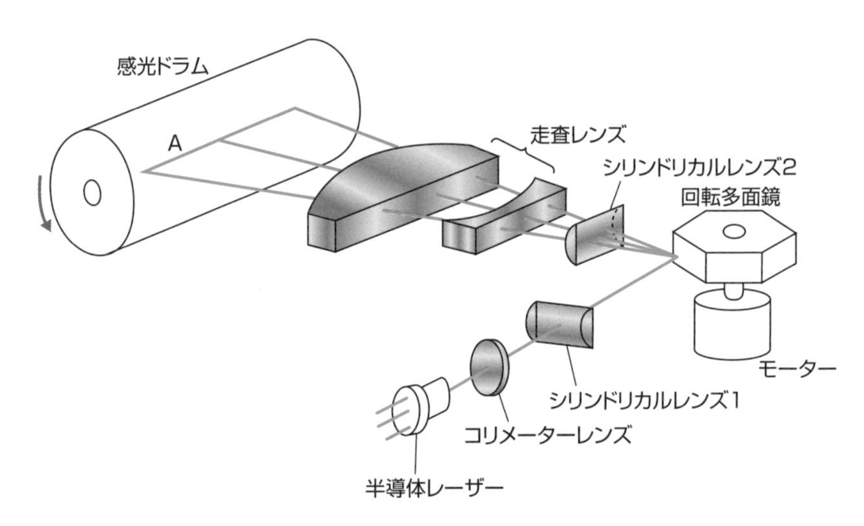


出典：『光学のすすめ』（光学のすすめ編集委員会編、オプトロニクス社）

レーザープリンタはレーザー光で感光ドラムに印刷する文字や画像の像を感光させて、それをプリンタ用紙に転写する仕組みです。このとき、印刷する文字や画像データのインクの濃さは、レーザー光の強弱で決まります。つまり、インクの濃さが光の強弱に変換されているわけです。紙面上の黒い部分がレーザー光ON、白い部分はレーザー光OFFとなります。半導体レーザーからの光は、印刷するデータにしたがってON・OFFを繰り返すことになります。

半導体レーザーから出た光は、まずコリーメーターレンズによって平行光となり、シリンドリカルレンズ1を通ったあと、**回転多面鏡（ポリゴンミラー）***で反射されます。回転多面鏡は毎分数万回の速さで回転しており、感光ドラム上に光を走査するために使われます。回転多面鏡で反射した光は、シリンドリカルレンズ2を通って走査レンズに入り、感光ドラム上に像をつくります。

回転多面鏡はミラー1面で1回走査することができるので、N面の回転多面鏡は1回転でN回走査することができます。1回の走査でプリンタの1ライン分に相当する光が感光ドラム上に走査されます。感光ドラムは1ラインを走査する時間に合わせて回転します。半導体レーザーからの光は、印刷しようとする画像データにしたがってON・OFFを繰り返し、感光ドラム上に非常に高速に元の画像データと同じ形の像をつくっていきます。

## シリンドリカルレンズによる面倒れ補正

回転多面鏡の前と後ろにシリンドリカルレンズ1、2があります。このシリンドリカルレンズはどのような働きをしているのでしょうか。

図6.12.2（A）は、シリンドリカルレンズがない場合を示したものですが、コリーメーターレンズによって平行光となった光線は、回転多面鏡の面で反射され、図中の実線に示す光路で走査レンズに入ります。回転多面鏡の各面が正確につくられていればこれで構わないのですが、各面でわずかな違いがあります。これを**面倒れ**といいます。面倒れがあると、回転多面鏡の面が切り替わったときに、反射面が点線のようにずれてしまい、光の道筋がずれます。この状態ではドラム上で結像する位置がずれてしまいます。これを**ピッチムラ**といいます。

そこで、同図（B）のようにシリンドリカルレンズを入れると、コリメーターレンズから出た平行光はシリンドリカルレンズ1によって、回転多面鏡の面上の点Pで反射することになります。Pで反射した光はシリンドリカルレンズ2で平行光に戻され、走査レンズでドラム上のP'で結像します。光が反射する点はP点だけですから、面倒れがあってピッチムラが起こりません。これをシリンドリカルレンズによる**面倒れ補正**といいます。

***回転多面鏡（ポリゴンミラー）**　4〜6面のミラーを多角形状にしたもの。

図6.12.2 シリンドリカルレンズによる面倒れ補正

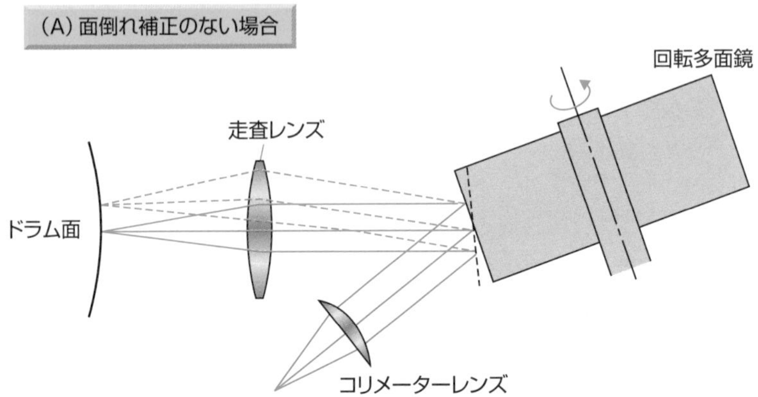

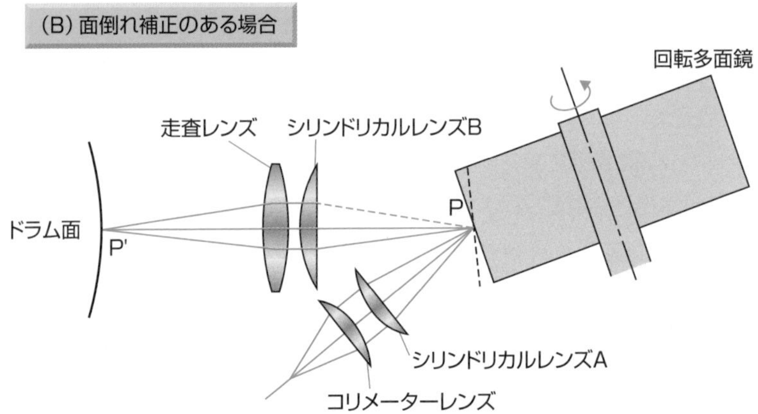

出典：『光学のすすめ』（光学のすすめ編集委員会編、オプトロニクス社）

## 走査レンズ

　レーザープリンタは非常に高速かつ高解像度で印字を行うため、ドラム上に光を正確に、かつ等間隔に結像させなければなりません。回転多面鏡は高速で等角速度で回転していますから、その回転角に合わせてドラム上に光を結像させていく必要があります。このために使われているのが**走査レンズ**です。

　通常のレンズは、レンズでできる像の大きさyはf・tan θとなります。一方、走査レンズは、**歪曲特性（f θ特性）**をもっており、像の大きさyはf θとなります。

　したがって、走査レンズの像の大きさは入射角に比例します。このようなレンズを**f θレンズ**といいます。普通のレンズを走査レンズに使うと、θが大きくなるほどyの増量が大きくなるので、光軸から離れたドラムの両端にいくほど歪曲収差がきてしまいます。

　カメラなどのレンズでは歪曲収差は嫌われますが、このように目的によって歪曲収差をわざと起こすレンズが必要になるのです。最近では、走査レンズには1枚のトロイダルレンズが使われるようになってきました。

図6.12.3　f θレンズとは

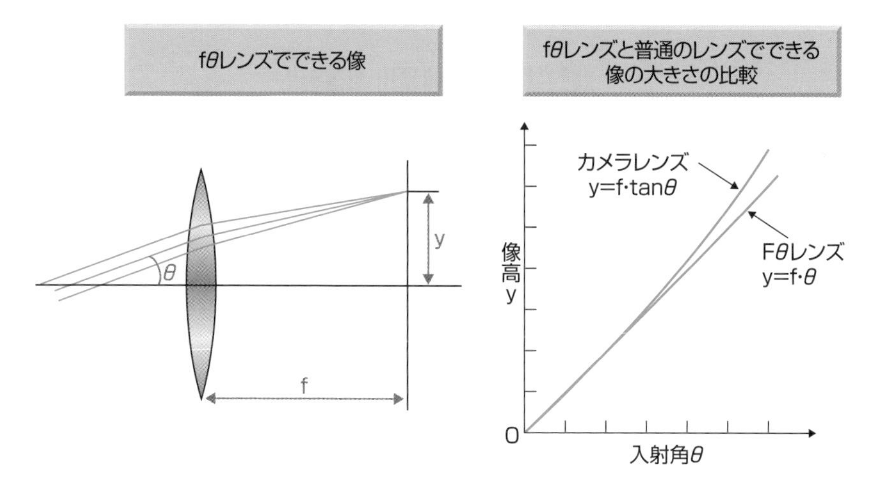


出典：『光学のすすめ』（光学のすすめ編集委員会編、オプトロニクス社）

# 6-13
# バーコードリーダーの仕組み

スーパーマーケットやコンビニのレジでは、商品についているバーコードから商品の種類、名前、価格などが瞬時に読みとられます。どのようにして情報を読みとっているのでしょうか。

## バーコードとは

**バーコード**は、図6.13.1のように白黒の縞模様でいろいろな情報を表しています。バーコードの縞模様もデジタル情報で、一般的には黒い部分（バー）が1、白い部分（スペース）が0を表しています。この縞模様が0と1で表されるデジタルデータになっており、それらは数字、記号、アルファベットを意味しています。

バーコードには目に見えないものもあります。例えば、郵便局は郵便番号をバーコードにして郵便物に印刷しています。このバーコードは特殊なインクで印刷されているため目に見えませんが、ブラックライトなどの紫外線をあてると蛍光を発するため、光って見えます。

図6.13.1　バーコードの例

## 手持ち式バーコードリーダーの仕組み

バーコードの縞模様はどのように読みとるのでしょう。図6.13.2に、簡単な**手持ち式バーコードリーダー**の仕組みを示します。このバーコードリーダーは赤色LEDの照明光源と、縞模様を読みとるための**CCDラインセンサー**からできています。赤色LEDの光でバーコードを照射すると、黒い部分は白い部分より光の反射率が小さくなります。バーコードリーダーは反射光の変化を測定するようにつくられています。CCDラインセンサーは、この光の反射の変化を光の強弱として読みとります。光の強弱は、0と1のデジタル信号に変換され、最終的にはコンピュータが情報の解釈をします。最近は、イメージスキャナやデジタルカメラでバーコードを撮影し、画像認識で読み取るものもあります。

図6.13.2　手持ち式バーコードリーダーの仕組み

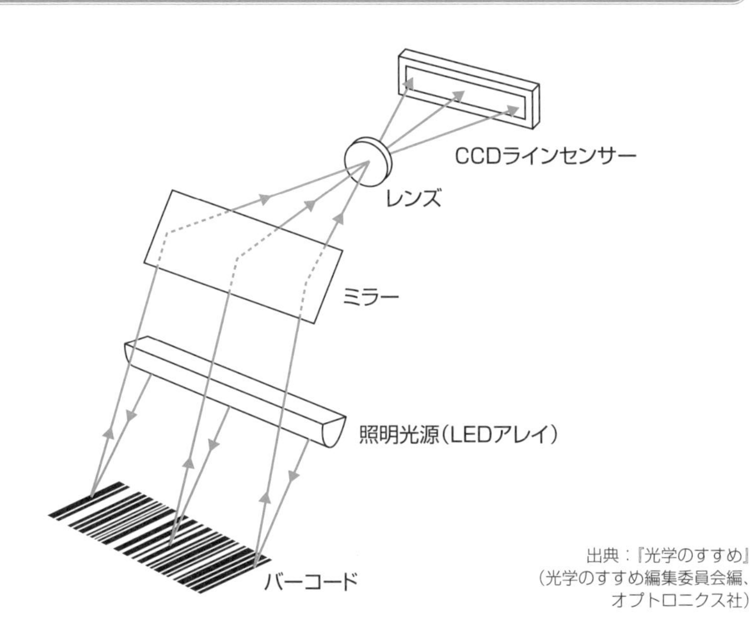


出典：『光学のすすめ』
(光学のすすめ編集委員会編、
オプトロニクス社)

## レーザー走査バーコードリーダーの仕組み

　手持ち式バーコードリーダーの場合、バーコードリーダーをバーコードの上に持っていき、読みとる必要があります。このとき、読みとる角度がずれていると、バーコードを正しく読むことができませんから、人間が意識してバーコードリーダーをバーコードにまっすぐに合わせなければいけません。ところが、スーパーマーケットなどにあるバーコードリーダーは、方向も角度も気にすることなくバーコードをバーコードリーダーに向けるだけで読みとります。このタイプのバーコードリーダーを**レーザー走査型バーコードリーダー**といいます。

　レーザー走査バーコードリーダーは、バーコードをどのような方向に向けて通しても読みとれるように、レーザー光線をいろいろな方向に出しています。

ここでは、図6.13.3に示す回転多面体鏡式のバーコードリーダーの仕組みについて説明します。半導体レーザーから出たレーザー光線は、レンズ1とレンズ2によって集光されます。光は孔あきミラーの穴を通過したあと、回転多面鏡（ポリゴンミラー）で反射され、ミラー1もしくはミラー2で反射します。回転多面鏡の角度を変えたり、ミラーを増やすことにより、いろいろな方向にレーザー光線を出すことができるようになっています。

そのレーザー光の走査線の上をバーコードが通ると、バーコードで反射した光は、やってきた方向に戻っていきます。穴あきミラーで反射したのち、レンズ3を通って検出器に入ります。光の強さはバーコードの白黒によって変わりますので、その光の強弱を検出器で読みとります。光の強弱は0と1のデジタル信号に変換されたのち、コンピュータがその情報を解釈します。

**図6.13.3　回転多面体方式バーコードリーダーの仕組み**

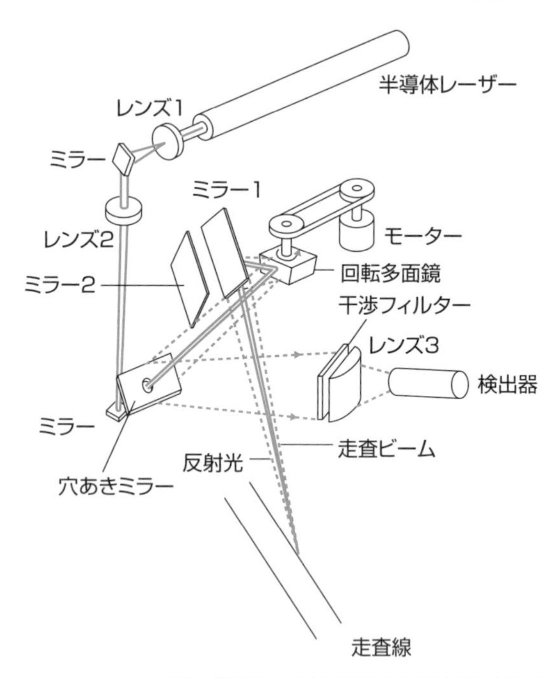


出典：『光学のすすめ』（光学のすすめ編集委員会編、オプトロニクス社）

# 6-14

# 半導体産業を支えるステッパーレンズ

私たちの身の回りには、スマートフォン、パソコンをはじめとする多くの電子機器があります。これらの電子機器は半導体が使われています。IC（半導体集積回路）はどんどん高密度化されていますが、ICを製造するための装置にもレンズが使われています。そのレンズは世界一複雑なレンズといえるかもしれません。

## ICはどのようにつくられるのか

ICが生まれたのは1960年代ですが、この50年間の間に小型化、高集積化、高性能化しながら急速に進化しています。ICが高集積化されたことによって、ICそのものが小型化し、より複雑な回路をひとつのICの中に納めることができるようになりました。最初の頃のICはトランジスタが2000個ほどしか搭載できませんでしたが、最新のものでは数十億個を超えるトランジスタが搭載できます。最先端のICは50 nmを切る微細加工技術でつくられ*、その微細加工は**ステッパー（逐次移動型投影露光装置）**という最先端の装置で行われます。

図6.14.1は、ステッパーの構造を簡単に示したものです。ICをつくるには、薄いシリコンの**ウェハ**の基板に、**フォトレジスト**という感光剤を塗布したものを使います。回路のパターンは、写真でいうとネガにあたる**レクチル**（**フォトマスク**）という透明な板に書き込まれています。照明と投影レンズを使って、レクチルに書き込まれた回路パターンをウェハ上に4分の1～5分の1に縮小して露光します。

1回の露光が終わるたびに、ステージを移動して露光を繰り返し、次々とウェハ上に多数の回路パターンを露光していきます。このように何度も露光を繰り返すので、レクチルとウェハのステージの移動は超精密に行わなければなりません。ステージの位置合わせは光干渉計という装置で行われ、精密にコントロールされます。露光終了後は、現像やエッチング処理が行われ、ICができあがります。

＊…**つくられ**　現在、実用化されている最先端半導体は14 nmまでになっている。

図6.14.1 ステッパーの構造

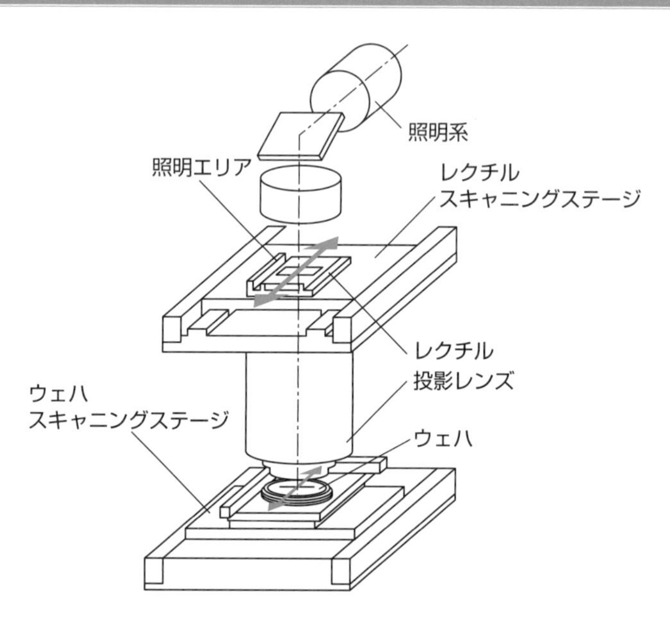


## 投影レンズの解像度とNA

ウェハに露光することができる最小の線幅は、**最小加工寸法**Rを用いて次の式で表すことができます。

$$R = k \cdot \frac{\lambda}{NA}$$

$\lambda$：露光波長、 NA：投影レンズの開口数、 k：定数

Rを小さくするためには、露光に使う光の波長$\lambda$を短くし、投影レンズのNAを大きくする必要があります。微細な回路パターンを露光するためには、光の回折を極力抑えなければなりません。そのため、波長の短い紫外線のKrFエキシマレーザー(248 nm)、ArFエキシマレーザー(193 nm)が露光光源に使われるようになってきました。

高解像度を得るためにNAを大きくしようとすると、縮小倍率を大きくしなければなりません。しかし、露光範囲が制限されることになるので、ステージに移動を何

度も行わなければならなくなり、生産性が落ちることになります。そこで、生産性も考えたうえで、できるだけNAが高く、露光範囲が広い投影レンズが必要となるのです。装置にもよりますが、NAの値は約0.6〜0.9ぐらいになります。NAが1.0を超える液浸ステッパーも実現されています。

また、次世代の技術として波長13.5 nmの紫外線（軟X線）を用いたEUV（極端紫外線）リソグラフィ技術が注目されています。

## 投影レンズ

図6.14.2は、ステッパー装置の内部です。装置中央の黒い円盤が積み重なった形をしているのが投影レンズです。大きなレンズが何重にも重ねられ、その高さは1 mにも達します。レンズの材料には、紫外線領域で極めて高い透過率の最高級の合成石英が使われています。また、コーティングによる反射防止も優れており、紫外線領域で0.1%を実現しているものもあります。一枚一枚のレンズは極めて精密につくられています。ステッパーレンズは、キング・オブ・レンズといってもよいでしょう。

図6.14.2　ステッパーの構造

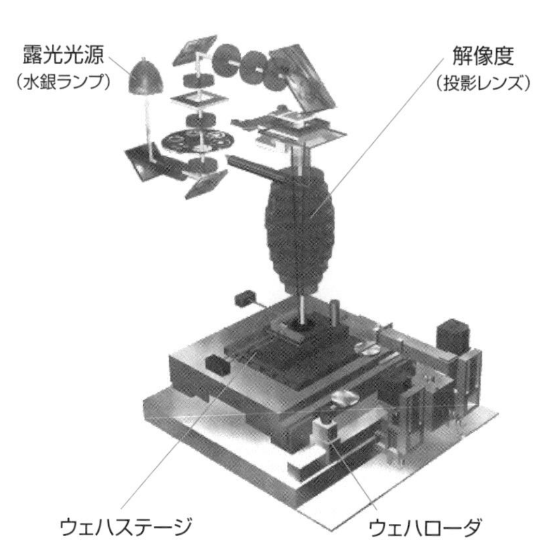


出典：株式会社栃木ニコンのウェブサイト
（http://www.tochigi-nikon.co.jp/business/stepper/）

# 6-15

# 自然現象とレンズ

第6章では、レンズを使った製品と技術について説明してきました。自然が織りなすレンズと似たような現象をいくつか紹介して、この本の締めくくりとしましょう。

## 海に現れる化け物？　…蜃気楼

中国の伝説に、巨大なハマグリの化け物が妖気を吐いて摩天楼をつくるという話があります。また大航海時代には、航海中に海上に突然化け物が現れたという目撃例がたくさんありました。これらの現象は、空気と光のいたずらでできる**蜃気楼**という現象です。蜃気楼はいったいどのような仕組みで起こるのでしょうか。

蜃気楼は、地平線や水平線付近の遠くの景色が上下に伸びて見えたり、空中に浮いて見えたりする現象です。蜃気楼が起きるときには、温度の異なる空気の層が上下にできています。空気は温度が上がると膨張するので、その分密度が小さくなります。したがって、冷たい空気と暖かい空気の間には密度の勾配ができます。光は密度が大きい媒質ほど大きく屈折するという性質がありますから、空気の密度の勾配の中では曲がって進むことになります。

図6.15.1（A）のように、海面近くの空気が冷たく、上方の空気が暖かいときには、物体から出た光が上に凸型に屈折して進みます。そのため、遠くにある建物が上に伸びたように見えたり、ふだん何も見えないところに、物体が現れたかのように見えたりします。この蜃気楼を**上位蜃気楼**といいます。

逆に同図（B）のように海面近くの空気が暖かく、その上方の空気が冷たいときには、実体から出た光が凹型に屈折して進みます。そのため、建物が下に伸びて見えたり、空中に浮いて見えたりします。このような蜃気楼を**下位蜃気楼**といいます。口絵⑯は2004年の暮れに北海道白老町の海岸で観察された下位蜃気楼です。逃げ水や空中に浮いて見える浮島現象も下位蜃気楼です。

## 見えている月がそこにはない？ …大気差

夜空に輝く月が水平線や地平線に沈んでいくとき、その月は、すでにそこにはないといわれたら、あなたは信じることができるでしょうか。

図6.15.1 蜃気楼ができる仕組み

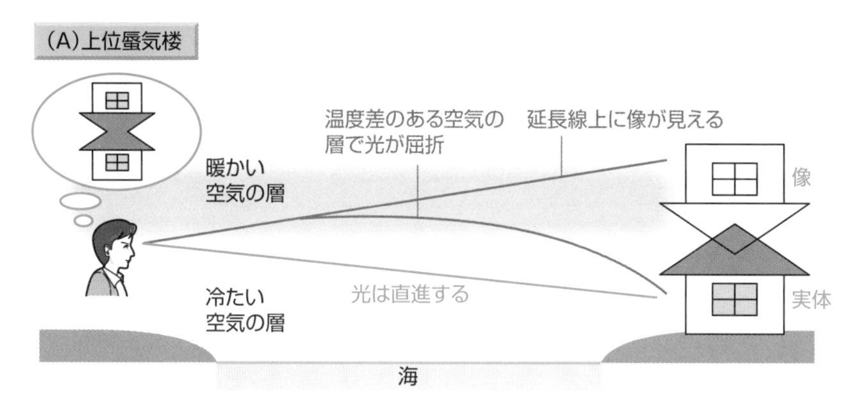


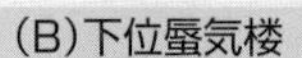


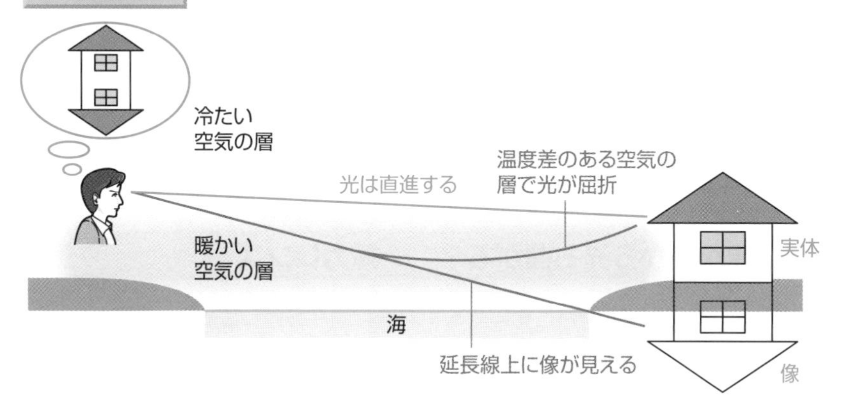

空気の屈折率は1と考えることが多いのですが、分厚い大気の層では、もはや空気の屈折率を無視することはできません。そのため、夜空に輝く星の光は、図6.15.2のように地球の大気で屈折しています。この屈折の度合いは、星の高さが低くなればなるほど大きくなります。そのため、高度の低い星は、実際に星がある位置よりも浮き上がって見えています。この現象を**大気差**といいます。

大気差は水平線（地平線）近くの星では角度にして約0.6°もあります。見掛けの月の直径は、角度にすると約0.5°ですから、月の入り（月没）のときに見えている月は虚像であり、その実体はすでに水平線（地平線）に沈んでいることになるのです*。

図6.15.2 大気差

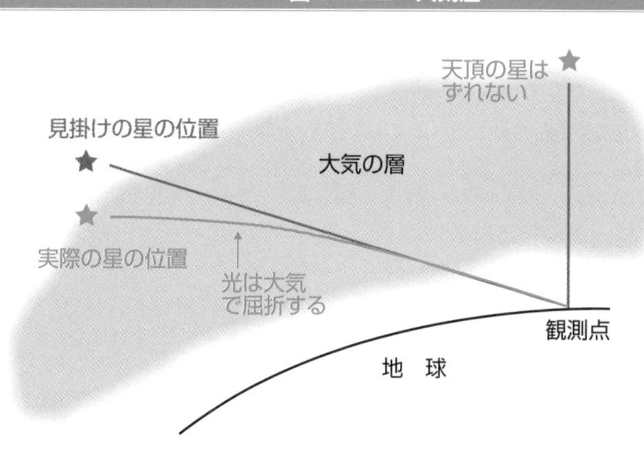


## 空間が曲がるから光も曲がる？ …重力レンズ

**アインシュタイン**は、1915年に一般相対性理論を発表しました。このとき、彼は「重力とは空間の歪みである」と予言しました。柔らかいネットの上に重い鉄球をのせると、ネットがすり鉢状に窪みます。鉄球のまわりのネットは図6.15.3のように曲がりますが、彼はこれを「重力の等高線が曲がる」と説明しました。重い天体のまわりの空間は歪んでおり、そこでは光も曲がると予言したのです。

*…**なるのです** 月から地球に光が届くのに1.3秒かかっているため、その分のずれもある。

図6.15.3　重力レンズ

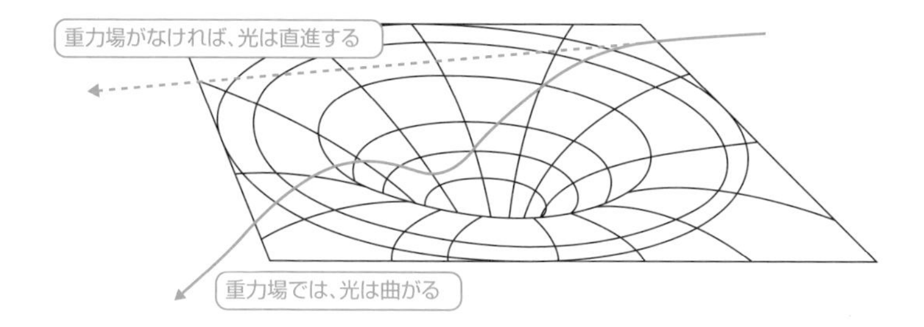


　このことは1919年5月29日の皆既日食のときに、太陽の陰に隠れて見えないはずの星が見えたことによって確かめられました。つまり、星の見える位置がアインシュタインの予言通りにずれていて、光の曲がり具合が太陽のまわりの空間の曲がり具合と同じであることがわかったのです。

　このように、宇宙空間に非常に大きな質量をもつ天体が存在すると、まわりの空間が歪むため、天体の向う側にある別の天体からの光が届くことになります。この現象は、図6.15.4のように、凸レンズで光を集めるのに似ていることから**重力レンズ**と呼ばれます。重力レンズは凸レンズのような働きはありませんが、天体の後ろの背景が見えることになります。

　口絵⑰はアインシュタインの十字架と呼ばれる重力レンズ効果で４個に分裂したクエーサーの写真です。

図6.15.4　凸レンズと重力レンズ

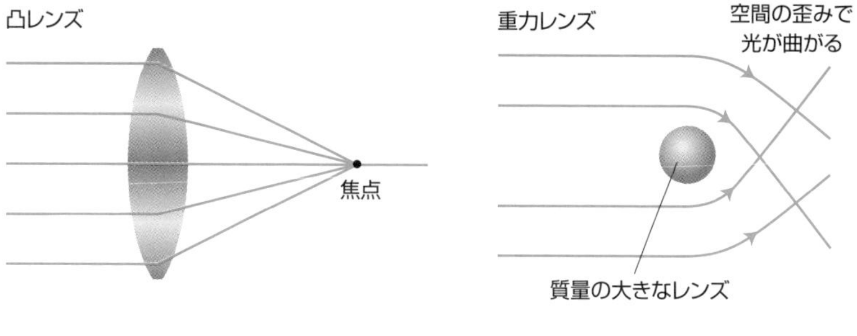

凸レンズ
焦点
重力レンズ
空間の歪みで
光が曲がる
質量の大きなレンズ

## 自然から新しい道具が生まれる

1-3節で自然の中のレンズという話をしました。私たち人類は自然からいろいろなことを学び、いろいろな道具を発明し、文明を発展させてきました。私たちは自然の中から、便利な道具を見つけ出し、いろいろな工夫を加えることによって、よりすぐれた道具をつくり出してきたのです。レンズも最初は水滴や水晶玉が見せる現象にしか過ぎませんでした。人類は、水滴や水晶玉に光を屈折させる働きがあることに気づき、光を自在に屈折させることができるレンズという道具をつくり出しました。そして、レンズを改良してきました。

この本の最後に、最近開発が進んでいる**流体レンズ**を紹介しましょう。眼の水晶体は非常に優れたレンズです。水晶体のもっとも注目すべきところは、その厚さを調節することによって、焦点距離を変えられることです。普通のレンズではそのようなことができませんから、例えば、カメラではレンズを動かしてピントを合わせたり、複数のレンズからなるズームレンズを使って焦点距離を変えたりします。

流体レンズは、屈折率の異なる2つの流体を使い、その厚さや形状を変えることによって、焦点距離を変えることができるレンズです。オランダのPhilips Electronics社が開発したFluidFocusレンズは、図6.15.4のように、短い円筒容器の中に、お互いに混じり合わない導電性流体と絶縁性流体が封入されています。ここに電圧をかけると流体の表面張力が変化し、流体の界面が短時間で下方向に凸型に変化します。この流体レンズは、まるで眼の水晶体のように焦点距離を変化させることができるレンズです。流体レンズが実用化すれば、1枚のレンズで任意の焦点距離の凹レンズと凸レンズを実現できます。また、レンズ光学系全体の大きさを小さくすることができます。また、短時間でピントを合わせることができます。

図6.15.4 流体のレンズの仕組み

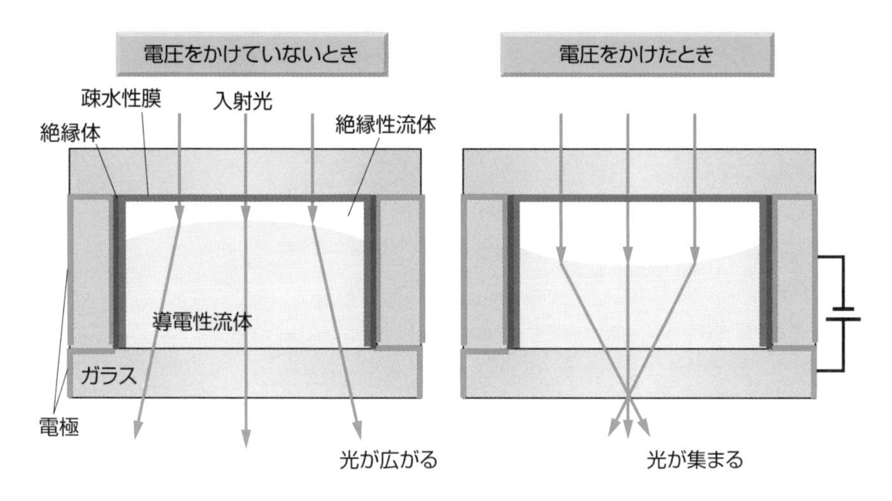


（参考）Philips Research - Technologies / FluidFocus
http://www.research.philips.com/technologies/projects/fluidfocus.html

レンズは、もともとはガラスの表面を球面状に磨いただけのものですが、いまや先端技術を支えるキー・デバイスですから、新しい技術に先回りして進化していかなければならない宿命を背負っています。レンズは、これから先も、新しい材料の開発や加工技術の発達などを背景にどんどん進化していくでしょう。

# 索引

## INDEX

### 英数字



### あ行

## か行

## さ行

## た行

## な行

## は行

## ま行

## や行



## ら行



## わ行

## ●参考文献

### 書籍より参照


『「レンズ」のキホン』(桑嶋幹著、ソフトバンククリエイティブ)
『レンズ　INAX Booklet』(高山宏他著、INAX出版)
『カメラ・オブスクラ年代記』(ジョン・H.ハモンド著、川島昭夫訳、朝日選書)
『カメラ・オブスキュラの時代』(中川邦昭著、ちくま学芸文庫)
『大英博物館アッシリア大文明展－芸術と帝国 図録』(田辺勝美著、朝日新聞社)
『レンズ汎神論』(飯田鉄著、日本カメラ社)
『図解カメラのしくみ』(豊田堅二著、日本実業出版社)
『日本の写真渡来期に対する一考察…いわゆる天保12年説について』(桑嶋洋一著、日本写真学会誌39-6、p337-343)
『光への招待』(岡村康行著、森北出版)
『光と視覚の科学』(アーサーザイセンス著、林大訳、白揚社)
『光学のすすめ』(「光学のすすめ」編集委員会、オプトロニクス社)
『ユーザーエンジニアのための光学入門』(岸川利郎著、オプトロニクス社)
『光学』(アイザック・ニュートン著、島尾永康訳、岩波書店)
『ヘクト光学1 基礎と幾何光学』(ユージン・ヘクト著、尾崎義治・朝倉利光訳、丸善)
『ヘクト光学2 波動光学』(ユージン・ヘクト著、尾崎義治・朝倉利光訳、丸善)
『光学の知識』(山田幸五郎著、東京電機大学出版局)
『図解入門よくわかる光学とレーザーの基本と仕組み』(潮秀樹著、秀和システム)
『光と電波』(好村滋洋著、倍風館)
『光学入門』(青木貞雄著、共立出版)
『光学の基礎』(左貝潤一著、コロナ社)
『光の物理』(小林浩一著、東京大学出版会)
『光と物質のふしぎな理論』(R.P.ファインマン著、岩波書店)
『色彩論』(J.W.V.ゲーテ著、木村直司訳、筑摩書房)
『色のお話』(川上元郎著、日本規格協会)
『身の回りの光と色』(加藤俊二著、裳華房)
『理科年表(平成25年度)』(国立天文台編、丸善)
『物理のABC』(福島肇著、講談社ブルーバックス)
『光と電気のからくり』(山田克哉著、講談社ブルーバックス)
『幾何光学』(三宅和夫著、共立出版)
『幾何光学』(応用物理学会光学懇話会、森北出版)
『光とレンズ』(鶴田匡夫著、日本工業新聞社)
『図解 レンズがわかる本』(永田新一著、日本実業出版社)
『レンズ設計』(高橋友刀著、東海大学出版会)
『レンズ設計工学』(中川治平著、東海大学出版会)
『レンズのしくみ』(中川治平著、ナツメ社)
『レンズ設計法』(松居吉哉著、共立出版)
『レンズ設計のための波面光学』(草川徹著、東海大学出版会)
『レンズ光学—理論と実用プログラム』(草川徹著、東海大学出版会)

『回折光学素子入門』(応用物理学会日本光学会光設計研究グループ、オプトロニクス社)
『光学系の仕組みと応用』(オプトロニクス社編集部、オプトロニクス社)
『新版 屈折望遠鏡光学入門』(吉田正太郎著、誠文堂新光社)
『光技術入門』(堀内敏行著、東京電機大学出版局)
『光工学入門』(小川 力・若木守明著、実教出版)
『実用光キーワード事典』(日本光学測定機工業会、朝倉書店)
『図解入門よくわかる最新プラスチックの仕組みとはたらき[第2版]』(桑嶋幹・工藤保広・木原伸浩著、秀和システム)
『ふしぎな思考実験の世界』(桑嶋幹著、技術評論社)
『光と色の100不思議』(桑嶋幹他著、東京書籍)
『新しい科学の教科書 1巻』(左巻健男著、文一総合出版)
『新・物理ⅠB・Ⅱ』(数研出版)

## ホームページより参照

株式会社住田光学ガラス(http://www.sumita-opt.co.jp/)
SCHOTT(http://www.schott.com/english/index.html)
シグマ光機株式会社(http://www.sigma-koki.com/)
株式会社オハラ(http://www.ohara-inc.co.jp/)
キャノン株式会社　CANON TECHNOLOGY(https://global.canon/ja/technology/)
株式会社ニコン「Enjoyニコン」(http://www.nikon-image.com/enjoy/)
レンズ屋(http://www.lensya.co.jp/)
キリヤ化学株式会社(http://www.kiriya-chem.co.jp/)
写真の歴史(http://contest.thinkquest.jp/tqj2003/60460/rekisi.htm)
光と光の記録(http://www.anfoworld.com/Lights.html)
眼の事典(http://www.ocular.net/jiten/index.html)
ハマノ眼科(http://www.hamano-eye-clinic.com/)
山口眼科(https://www.yamaguchi-eyeclinic.com/)
メニコンコンタクトレンズとは(http://www.menicon.co.jp/whats/)
参天製薬　白内障　眼の病気百科(https://www.santen.co.jp/ja/healthcare/eye/library/cataract/)
Philips Research - Technologies FluidFocus(流体レンズ)
(https://www.researchgate.net/publication/3000792_Through_a_lens_sharply_FluidFocus_lens)
株式会社栃木ニコン(http://www.tochigi-nikon.co.jp/)

## 写真提供

大英博物館
株式会社栃木ニコン
北海道科学サークルWisdom96画像掲示板
(青野裕幸、久保庭敦男、小出成仁、相馬恵子、栃内新、横山光)
日本分光株式会社

●著者紹介

**桑嶋　幹**（くわじま　みき）

1963年生まれ

1982年　北海道立函館工業高等学校卒業

1984年　北海道函館工業高等専門学校卒業

1986年　豊橋技術科学大学物質工学課程卒業

1988年　豊橋技術科学大学大学院工学研究科前期課程修了

1988年　日本分光株式会社入社　現在に至る

主な著書

『光と色の100不思議』（東京書籍）

『図解入門よくわかる最新レンズの基本と仕組み』（秀和システム）

『図解入門よくわかる最新プラスチックの仕組みとはたらき』（秀和システム）

『「レンズ」のキホン』（ソフトバンククリエイティブ

『「機能性プラスチック」のキホン』（ソフトバンククリエイティブ）

『ふしぎな思考実験の世界』（技術評論社）

『これだけは知っておきたい　生きるための科学常識』（東京書籍）

『新しい科学の教科書』（共著、文一総合出版）ほか

●読者サポートページ

http://lens.goryoukaku.com/

図解入門よくわかる
最新レンズの基本と仕組み［第3版］

発行日　2020年4月15日　　第1版第1刷

著　　者　桑嶋　幹

発行者　斉藤　和邦
発行所　株式会社　秀和システム
〒135-0016
東京都江東区東陽2-4-2　新宮ビル2F
Tel 03-6264-3105（販売）Fax 03-6264-3094
印刷所　三松堂印刷株式会社　　Printed in Japan

ISBN978-4-7980-5810-8 C0053